电力行业职业教育专业核心课系列教材

# 线路工程测量

主　编　夏　伟　黄　平
副主编　张和峰　伍家洁
编　写　陈慧彬　赵利民
主　审　胥耀辉

中国电力出版社
CHINA ELECTRIC POWER PRESS

## 内 容 提 要

本书内容包括测量仪器基础知识、架空线路设计与施工基础知识、架空线路测量3篇。其中测量仪器基础知识主要包括测量基础、测量仪器及测量方法；架空线路设计与施工基础知识主要包括输电线路的分类及架空输电线路的组成，架空输电线路设计及施工流程；架空线路测量主要包括架空线路设计阶段测量和施工阶段测量。

本书可作为高职院校输电专业、工程管理专业教学参考，也可作为从事输电工程相关人员工作参考书籍。

**图书在版编目（CIP）数据**

线路工程测量/夏伟，黄平主编．—北京：中国电力出版社，2021.7（2024.11重印）
ISBN 978-7-5198-0839-6

Ⅰ.①线… Ⅱ.①夏…②黄… Ⅲ.①铁路测量—线路测量—高等职业教育—教材 Ⅳ.①U212.24

中国版本图书馆CIP数据核字（2020）第137347号

出版发行：中国电力出版社
地　　址：北京市东城区北京站西街19号（邮政编码100005）
网　　址：http://www.cepp.sgcc.com.cn
责任编辑：牛梦洁（mengjie-niu@sgcc.com.cn）
责任校对：黄　蓓　于　维
装帧设计：王红柳
责任印制：吴　迪

印　　刷：北京锦鸿盛世印刷科技有限公司
版　　次：2021年7月第一版
印　　次：2024年11月北京第五次印刷
开　　本：787毫米×1092毫米　16开本
印　　张：10.5
字　　数：253千字
定　　价：28.00元

# 前　言

本书根据《国家中长期教育改革和发展规划纲要（2010—2020 年）》《国务院关于大力发展职业教育的决定》《教育部关于深化职业教育教学改革　全面提高人才培养质量的若干意见》等文件要求，以培养高素质技能型人才为目标，根据高等职业教育线路专业指导性教学计划及教学大纲，以国家现行工程规程规范为依据编写而成。

本书针对线路工程施工特点，注重线路工程测量仪器的实际操作，力求使读者通过对本书的阅读，掌握常用测量仪器的使用方法，并系统性掌握线路工程测量的工作内容，为从事输电工程相关人员奠定良好的理论基础和实操基础。

本书第 1 篇由重庆电力高等专科学校夏伟、伍家洁编写，第 2 篇由重庆电力高等专科学校夏伟、黄平、伍家洁、陈慧彬、企业专家张和峰编写，第 3 篇由重庆电力高等专科学校夏伟、黄平、企业专家张和峰、赵利民编写。全书由重庆电力高等专科学校夏伟统稿，由重庆电力高等专科学校胥耀辉主审。

本书在编写过程中参考了大量国家、电力行业颁布的有关规程规范文件，在此向作者及主编单位表示感谢。

由于时间紧迫，编者水平所限，书中不足之处在所难免，恳请广大读者批评指正。

编者

2020 年 10 月

# 目　录

# 第1篇 测量仪器基础知识

## 第1章 测量基础

### 1.1 测量的意义与价值

1. 测量工作对于工程建设的意义

测量学是研究地球形状和大小，测定地面点（包括空中和地下）位置和高程，将地球表面的形状及其他信息测绘成地形图的科学。测量学按其研究范围和对象不同，产生了许多分支学科，包括普通测量学、大地测量学、摄影测量学、工程测量学、海道测量学等学科。工程测量学的定义为：在工程建设勘察设计、施工和管理阶段所进行的各种测量工作。为输电线路建设工程所进行的测量就是工程测量学中的一种。

测量工作贯穿项目工程建设的勘察设计、施工建设过程，是开展工程施工的第一步，其工作质量将直接影响建筑、安装工程施工质量。工程各阶段测量工作主要包括：

（1）设计阶段。设计院在进行工程图纸设计之前，需要对工程建设原始地形地貌进行测量勘察，取得准确的原始数据之后，才能开展下一步工程图纸设计工作。

（2）施工阶段。施工人员按照设计图纸进行实体项目建造，首先要按照设计图纸给出的相关数据测设到现场实地，并以此数据为依据进行具体施工；在建筑、安装工程具体施工过程中，测量工作穿插在各类工序中，检验各类施工数据是否合格，是施工人员进行过程质量控制的重要环节。

（3）工程验收阶段。测量工作是质检人员、监理检测施工质量是否合格的必要手段。

数据测量的准确性不但直接影响工程实体质量，测量工作的进度也将影响项目整体进度。测量工作贯穿工程始末，测量工作质量的提高，为工程建设质量打下更加坚实的基础；测量工作效率的提高，为工程紧凑有序地开展和完成提供了有力的技术保障。

2. 工程建设中测量工作的任务

工程建设中的测量工作任务主要包括测定和测设两部分。

（1）测定是通过使用测量仪器得到测点的相关数据，通过这些测点数据绘制地球表面的地形地貌，并制成地形图，建筑物、构筑物等已有物体的数据采集图，供设计、规划、建设使用。例如，设计院开展图纸设计之前，必须对工程建设原始地形进行测量，并绘制成图供设计所用。

（2）测设是将图纸中已设计好的建筑物、构筑物、设备、管道、线路等重要位置坐标在地面上标定出来，作为下一步施工的依据。例如，施工一个长方体水池，将图纸中水池的纵横中心线、标高位置标记于现场地面或邻近建筑物、构筑物上，作为施工水池的数据依据。

测定是取得地形地貌、建筑物、构筑物等原始数据的手段，测设是将图纸设计数据标记于施工现场实体工程的手段。

3. 测量工作在输电线路工程建设中的作用

测量工作在输电线路工程建设中起着十分重要的作用。

（1）在工程规划阶段，要依据地形图确定线路的基本走向，得到线路长度、曲折系数等基本数据，用以编制投资预算，进行工程造价控制，论证规划设计的可行性。

（2）在工程设计阶段，要依据地形图和其他信息进行选择和确定线路路径方案，实地对路径中心进行测定，测量所经地带的地物、地貌，并绘制成具有专业特点的输电线路平断面图，为线路电气、杆塔结构设计、工程施工及运行维护提供科学依据。

（3）在施工阶段，要依据上述平断面图，对杆塔位置进行复核和定位，要依据杆塔中心桩位准确地测设杆塔基础位置。施工完毕后，对基础、杆塔、架空线弧垂的质量必须进行检测，确保施工质量符合设计要求，以保证输电线路的运行安全。

## 1.2 测量学基础知识

1. 测量的水准面和铅垂线

测量的实质是确定地面点的位置，点位置是相对于地球水准面和铅垂线来进行描述的。例如，一个点坐标为（$x$，$y$，$z$），$x$、$y$ 为点在水准面上的投影坐标，$z$ 为点在投影面上铅垂线方向上的高程。

（1）水准面：地球表面79%被海水包围，陆地占21%。可以把地球想象成一个水延伸至陆地，全由海水包围的球体，这个静止状态的海水面即为水准面，水准面处处与重力方向正交。

（2）大地水准面：由于潮涨潮落，海水面高低起伏，人们通过长期观察计算出海水面的平均高度，即平均海水面高度，称为大地水准面。大地水准面是确定高程的基准面，由于地球表面起伏不平和内部质量分布不均，大地水准面并非理想的球体，而是起伏不规则的曲面，如图1-1所示。

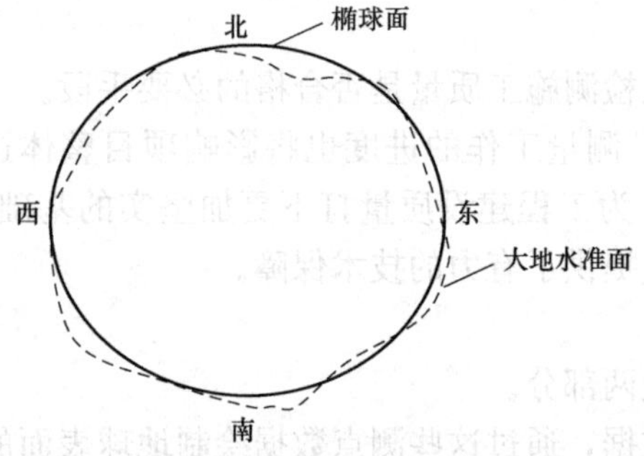

图1-1 大地水准面

（3）铅垂线：重力的方向线即为铅垂线，在测量工作中，可通过线绳悬挂一重物得到该点的铅垂线。

（4）地球椭球体：大地水准面起伏不平，不便于进行测量计算，为此，人们选择了一个很接近大地水准面的参考椭球面来代替它。我国目前采用1975年第16届国际大地测量与地球物理协会联合推荐的参考椭球，数据是长半径 $a=6378140$m，短半径 $b=6356755$m，扁率 $\alpha=1:298.257$。在普通测量计算时，可以忽略地球扁率，将地球看成圆球体，其平均半径约为6371km。

2. 地面点的表示方法

地面点位置的三维坐标表示是建立在参考椭球面和铅垂线基础上，即该点在参考椭球面上投影位置为地面点坐标，该点到大地水准面的铅垂距离为地面点高程。

（1）坐标的表示方法：确定地面点在地球大地水准面上的位置使用地理坐标；在广大区域内确定点的位置使用高斯平面直角坐标；当测区半径不大于10km的范围时，可将地球表面看成水平面，使用平面直角坐标系，工程建设主要使用此坐标系。

1）地理坐标：将整个地球作为一个坐标系统，采用经度和纬度来表示地面点上的位置。

地理坐标是球面坐标，它的测量计算相对复杂。

2）高斯平面直角坐标：由经度线将地球划分成若干个带（每 3°或 6°划分为一带），然后将每带投影到平面上，这样就把复杂的球面坐标转换为近似的平面坐标，如图 1-2 所示。

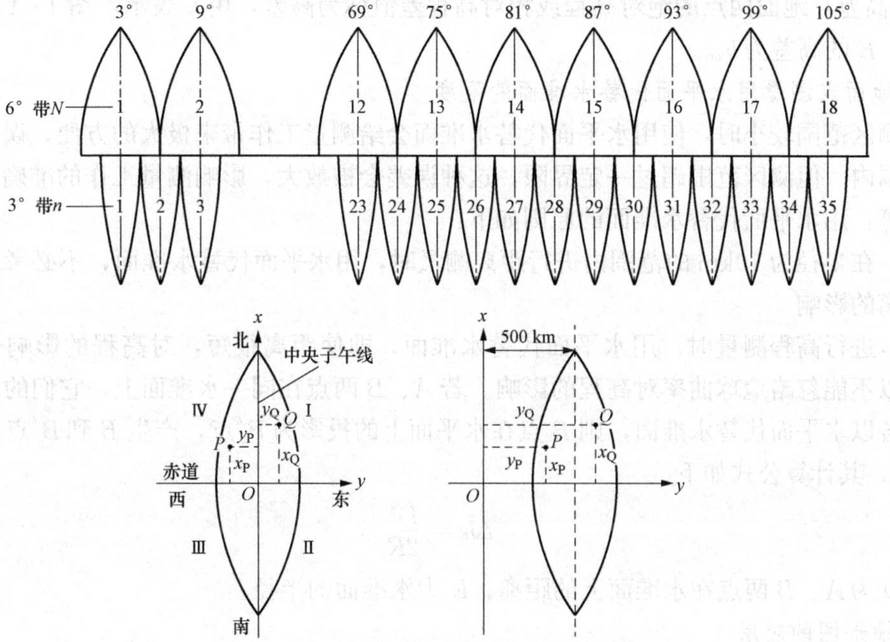


图 1-2 高斯平面直角坐标

3）平面直角坐标系：小范围区域测量时，可将该区域地球表面近似看成水平面，不考虑球面的影响，直接将地面点沿铅垂线方向投影到水平面，如图 1-3 所示。

(2) 高程的表示方法：高程即地面点到基准面的铅垂距离，大地水准面是高程的投影基准面。目前我国采用 1985 年国家高程基准，它是利用青岛验潮站 1953～1979 年的观测成果推算的黄海平均海水面作为高程零点，起算高程为 72.2604m，这是我国统一规定的大地水准面，称为黄海高程系。根据测量要求不同，高程可以表示为绝对高程、相对高程和高差。

1）绝对高程：地面点沿铅垂线方向到大地水准面的距离称为绝对高程，简称高程或海拔，用 $H$ 表示，图 1-4 所示的地面点 $A$、$B$ 的绝对高程为 $H_a$、$H_b$。

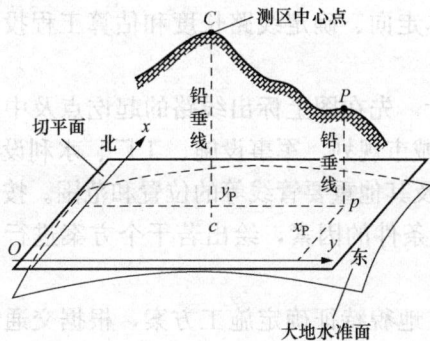

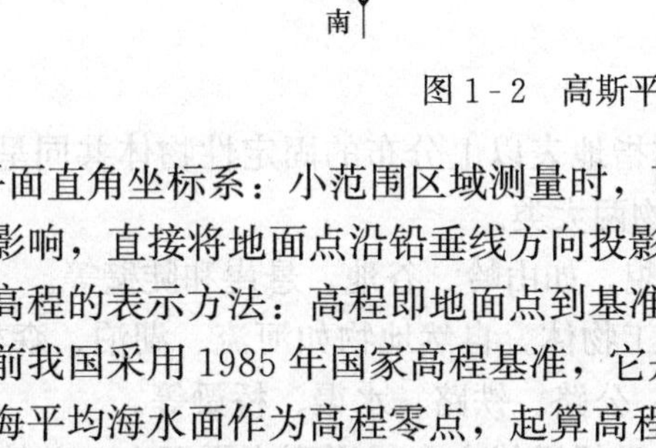


图 1-3 平面直角坐标系

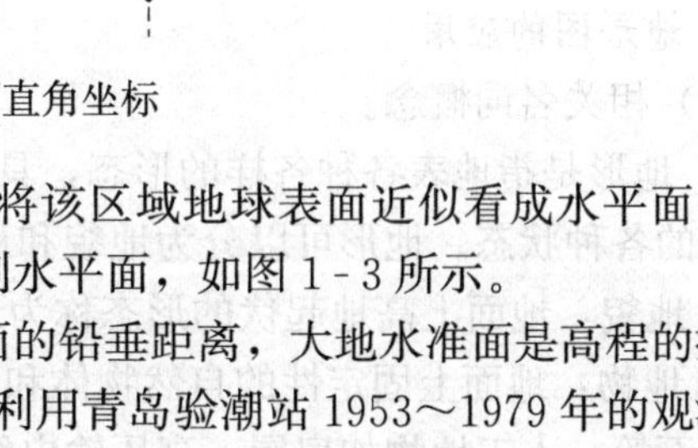


图 1-4 高程

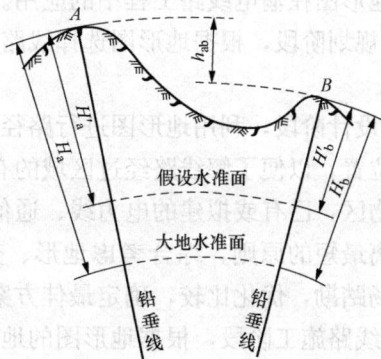

2）相对高程：地面点到假设水准面的铅垂距离称为相对高程或假定高程，用于测区范围内没有已知水准点或仅需比较参照点的情况，用 $H'$ 表示，图 1-4 所示的地面点 $A$、$B$ 的相对高程为 $H'_a$、$H'_b$。

3）高差：地面两点的绝对高程或相对高程差值称为高差，用 $h$ 表示，图 1-4 所示的地面点 $A$、$B$ 的高差为 $h_{ab}$。

3. 地面点测量用水平面代替水准面的限度

当测区范围较小时，使用水平面代替水准面会给测量工作带来极大的方便，误差也在可接受范围内。但测区范围超过一定界限，这种误差会被放大，影响测量工作的准确性。所以通过测算，用水平面代替水准面的原则如下：

（1）在半径为 10km 的范围内进行距离测量时，用水平面代替水准面，不必考虑地球曲率对距离的影响。

（2）进行高程测量时，用水平面代替水准面，即使距离很短，对高程的影响也是很大的，所以不能忽略地球曲率对高程的影响。若 $A$、$B$ 两点在同一水准面上，它们的高程是相等的，若以水平面代替水准面，则 $B$ 点在水平面上的投影为 $B'$ 点，产生 $B$ 到 $B'$ 点的高差误差为 $\Delta h$，其计算公式如下

$$\Delta h = \frac{D^2}{2R} \tag{1-1}$$

式中：$D$ 为 $A$、$B$ 两点在水准面上的距离；$R$ 为水准面的半径。

4. 地形图的应用

（1）相关名词概念。

1）地形是指地表各种各样的形态，具体指地表以上分布的固定性物体共同呈现出的高低起伏的各种状态。地形可以分为地貌和地物两大类。

a. 地貌：地面上高地起伏的形态称为地貌，如山岭、谷地、悬崖和陡壁等。

b. 地物：地面上固定性的自然物体和人工物体。自然地物如河流、湖泊、森林、草地、独立岩石等，人工地物如房屋、高压输电线、公路、铁路、水渠、桥梁等。

2）地形图：将地面上所有的地貌、地物沿铅垂线方向投影到水平面上，并按一定的比例缩小绘制成图，以图的形式来表示地面的状况，图上反映出地物的平面位置，并用图式符号表示地球表面起伏不平的地貌状态，这种图称为地形图。

（2）地形图在输电线路工程中的应用。

1）在规划阶段，根据地形图选择线路基本走向、确定线路长度和估算工程投资，进行电网规划。

2）在设计阶段，利用地形图进行路径设计，先在图上标出线路的起讫点及中间必须经过的点的位置，以便了解线路经过区域的有关城市规划、军事设施、工厂、水利设施、林区及经济作物区，已有或拟建的电力线、通信线及其他重要管线等的位置和范围。按照线路起讫点间距离最短的原则，综合考虑地形、交通条件的因素，绘出若干个方案进行比选。然后，经现场踏勘，优化比较，确定最佳方案。

3）在线路施工阶段，根据地形图的地物、地貌特征确定施工方案，根据交通情况选择运输工具和方式，根据线路沿线情况确定材料堆放站和施工人员驻地。

4）在维护管理阶段，利用地形图可以掌握线路通道和各塔位的地物、地貌情况，以便

对线路通道走廊进行管理。当线路发生短路故障时，通过距离保护装置可迅速确定事故地点，有效地组织检修。

(3) 输电线路平面图图例符号如表 1-1 所示，输电线路断面图图例符号见表 1-2。

**表 1-1　　　　输电线路平面图图例符号**

| 序号 | 符号名称 | 图形及尺寸 | 简要说明 |
| --- | --- | --- | --- |
| 1 | 房屋：<br>a. 按比例尺的<br>b. 不按比例尺的 | 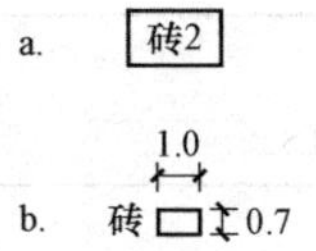 | 符号按实际方向绘出，并注记房屋的结构和层数 |
| 2 | 大车路：<br>a. 不按比例尺的<br>b. 按比例尺的 | 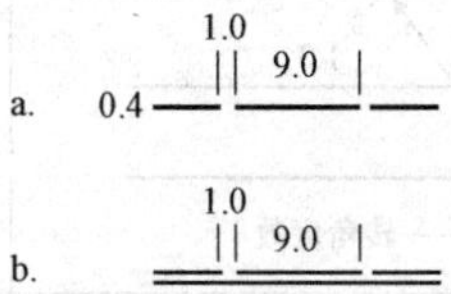 | 路宽超过 5m 时，依比例尺绘制 |
| 3 | 架空索道：<br>a. 图内有支架的<br>b. 图内无支架的 | 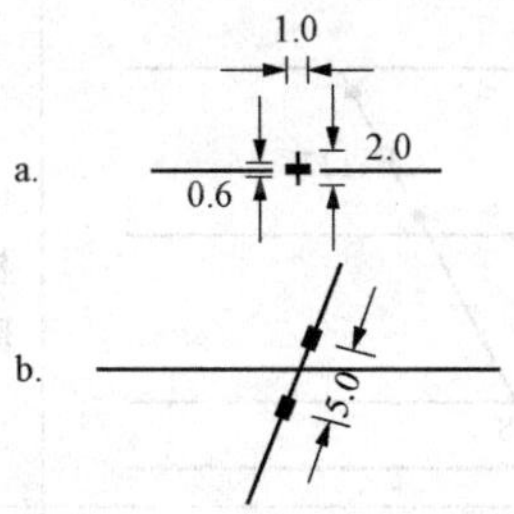 | 架空索道支架位置按实测表示，图内无支架时，用符号 b 表示，符号绘在线路中心线处 |
| 4 | 电力线：<br>a. 图内有杆塔的<br>b. 图内无杆塔的 | 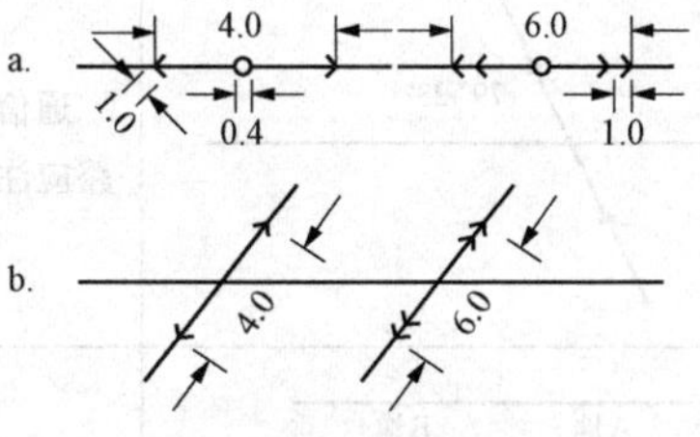 | 电力线按电压等级，380V 以内用单箭头，10kV 以上用双箭头，杆塔位置按实测表示。<br>图内无杆塔时，用符号 b 表示，绘在线路中心线处 |
| 5 | 通信线：<br>a. 图内有线杆的<br>b. 图内无线杆的 | 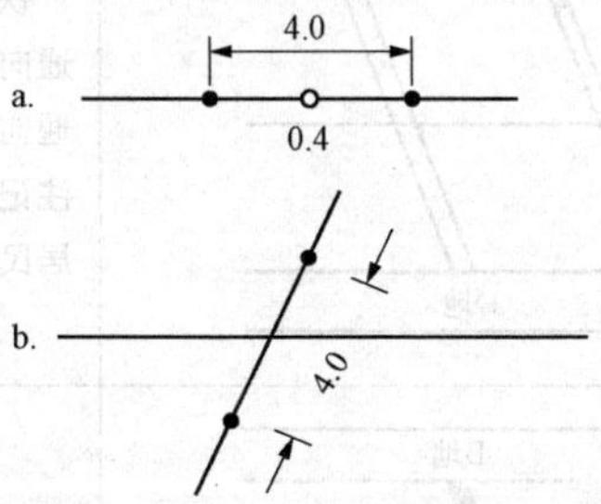 | 通信线线杆位置按实测表示。<br>图内无线杆时，用符号 b 表示，绘在线路中心线处 |
| 6 | 地下电缆：<br>a. 地下电力线<br>b. 地下通信线 | 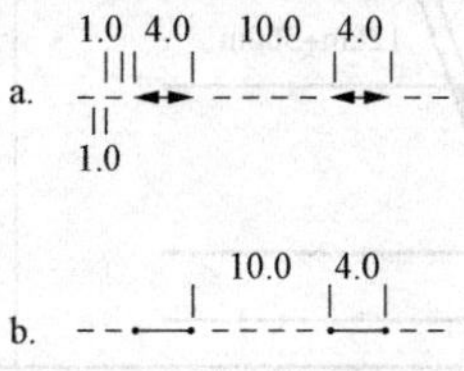 | 地下电力线按电压等级，380V 以内用单箭头，10kV 以上用双箭头 |

续表

| 序号 | 符号名称 | 图形及尺寸 | 简要说明 |
|---|---|---|---|
| 7 | 地下管道 | 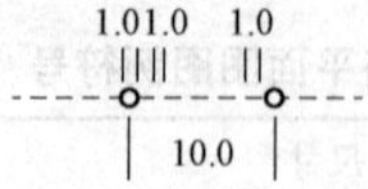 | 架设在地面上或地面下用以输送石油、煤气、水蒸气及工农业用水等的各种管道，并加注输送物名称。左图虚线部分表示地下管道 |
| 8 | 埋设标桩 | 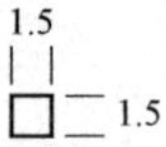 | 埋设的永久性和半永久性的桩位用此符号表示 |
| 9 | 转角 | 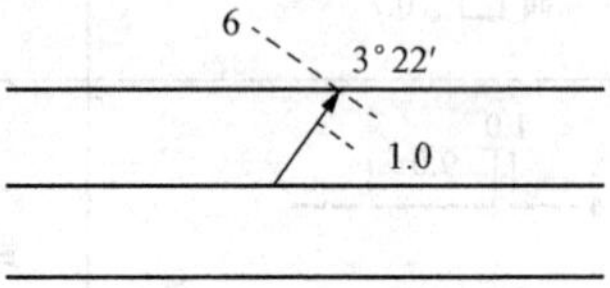3°22′——转角度数 | 符号在线路中心线之上表示路径左转，符号在线路中心线之下表示路径右转 |
| 10 | 杆塔号注记 | 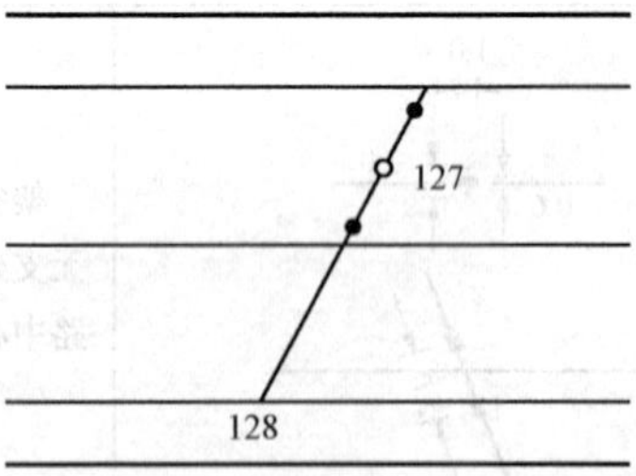 | 一、二级通信线，35kV以上等级的电力线应注记与线路交叉处线路两侧的杆塔号。杆塔不在图内时，注记在平面图内外栏线之间 |
| 11 | 交叉角注记 | 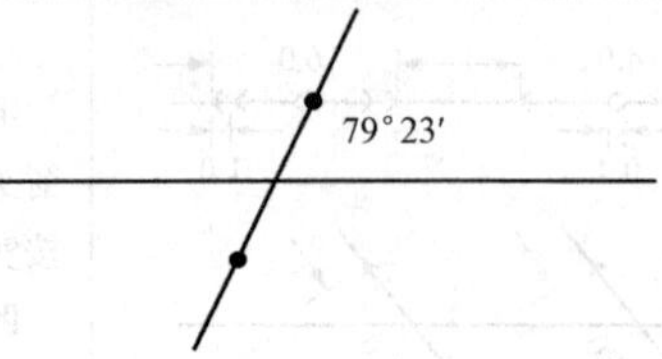 | 通信线、地下通信线、铁路、高速公路应注记与线路交叉的锐角或直角 |
| 12 | 通向注记 | 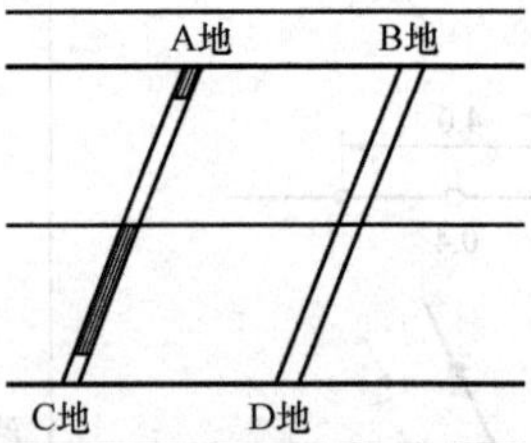 | 铁路、高速公路和等级公路应当注明通向，注记在平面内外栏线之间。铁路通向可注记大的客站，高速公路通向可注记出入口，等级公路通向可注记大的居民点 |
| 13 | 里程注记 | 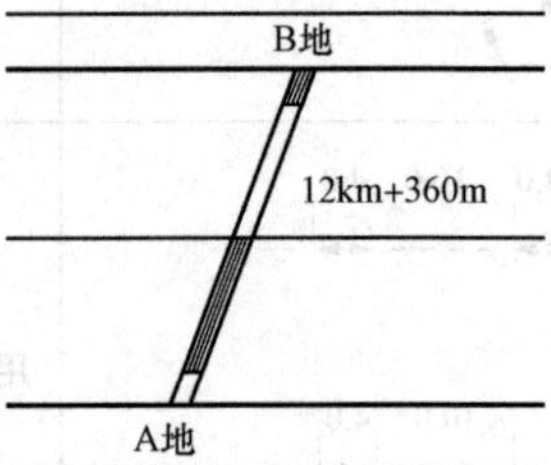 | 铁路、高速公路等应注记与线路交叉处的里程，精确到10m。注记注在平面图中心线交叉空白处 |

**表 1-2　　输电线路断面图图例符号**

| 序号 | 符号名称 | 图形及尺寸 | 简要说明 |
|---|---|---|---|
| 1 | 中心断面线：<br>a. 依比例尺的深渠或小沟<br>b. 不依比例尺的深渠或小沟<br>c. 河流水位线<br>d. 深沟或山谷 | 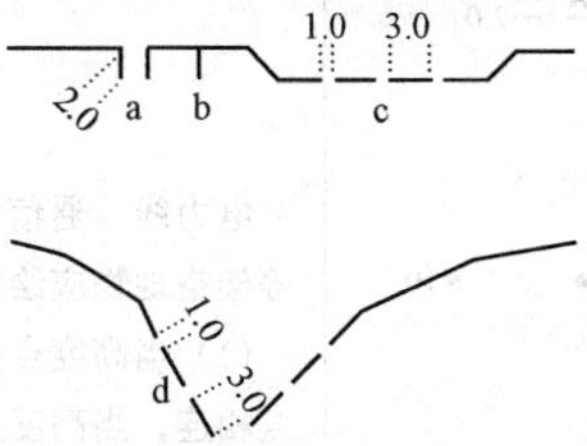 | 反映线路中心地面起伏形状的地面线称为中心断面线。对未测深度的渠或宽度不大于未测深度的小沟用符号 a 或 b 表示。河流现有的水位线用符号 c 表示，洪水位线也用此符号表示。对山谷、深沟等未实测之处用符号 d 表示，虚线的长度和角度依实际情况而定 |
| 2 | 边线断面线：<br>a. 左边线<br>b. 右边线 | 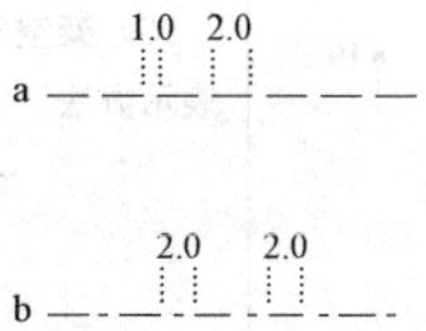 | 反映线路边导线地面起伏形状的地面线，称为边线断面线，边线位置根据实际的导线间距而定 |
| 3 | 风偏横断面：<br>a. 中心线有测点的<br>b. 中心线无测点的 | 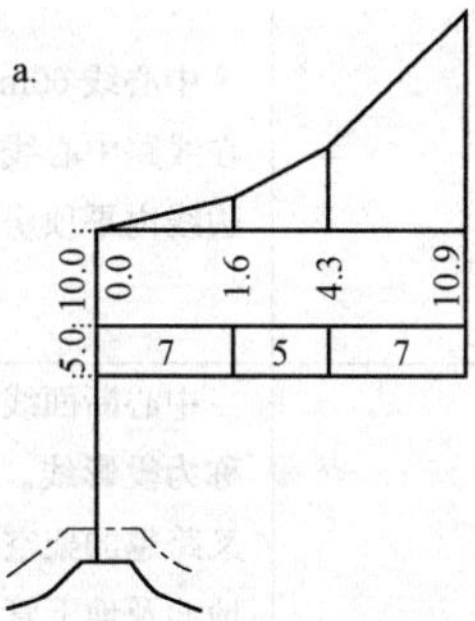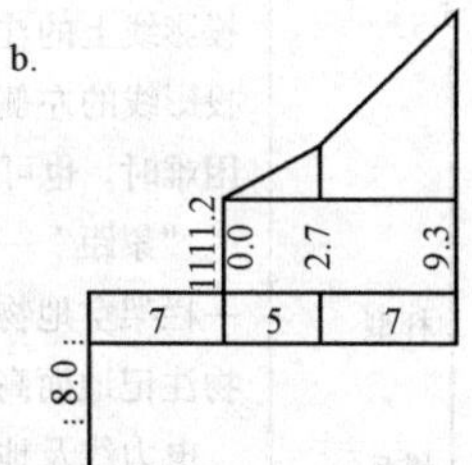 | 横断面图以线路中心线为起点，图形底部下面一栏注记距离，上面一栏注记高差。高差注记为垂直字列，字头朝左。左横断面绘在起点的右侧。当中心线有测点时，图的起点与中心线测点相连；当中心线无测点时，用图 b 表示，距离栏的第一个数字表示第一个测点至中心线的距离。横断面图宜布置在中心线断面线之上，起点线向下画；当断面线上比较拥挤，布置有困难时，也可绘于中心断面线之下，起点线向上画 |
| 4 | 风偏点 | ⊙$\frac{35.0}{L20}$ | 风偏点是指有风偏影响的地形点。需要注明点在线路中心线的哪一侧及点至线路中心线的距离。L 表示该点在中心线的左侧，R 表示该点在中心线的右侧，35.0 为高程，20 为点至中心线的距离 |

续表

| 序号 | 符号名称 | 图形及尺寸 | 简要说明 |
|---|---|---|---|
| 5 | 架空交叉跨越高度点：<br>(1) 最高线高度点<br>a. 点在中心线<br>b. 点在边线以内(含边线)<br>c. 点在边线以外<br>(2) 杆高点<br>(3) 其他高度点 | 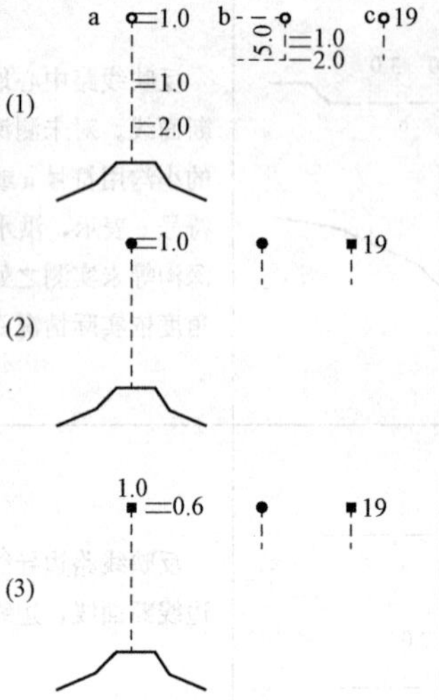<br>19——点至中心线距离 | 电力线、通信线、架空索道、架空管道、渡槽等架空地物应绘制交叉跨越高度点。<br>(1) 当高度点在中心线上时，与中心线地面测点相连；当高度点在边线以外时，标注该点到中心线的距离。<br>(2) 杆高以实心圆表示。<br>(3) 架空管道、渡槽等架空地物的交叉高度点表示方法 |
| 6 | 房屋断面 | 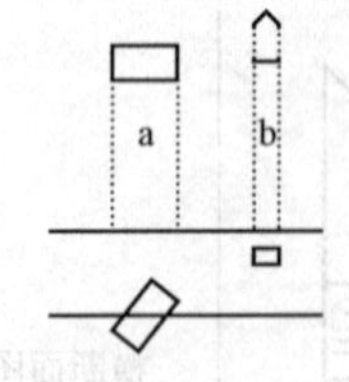 | 中心线60m以内的房屋应绘制房屋断面。房屋在线路中心线上最宽的投影作为符号的宽度，a为边线内平顶房屋，b为边线外尖顶房屋 |
| 7 | 投影线：<br>a. 桩位<br>b. 杆塔位或门型架<br>c. 电力线或通信线<br>d. 其他交叉跨越 | 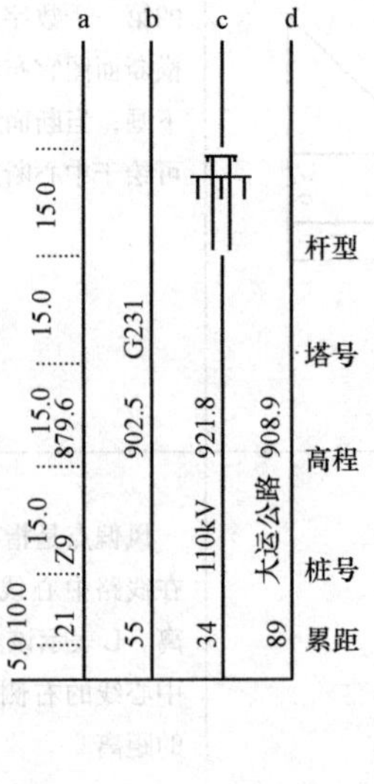 | 中心断面线上的点至断面图高程起点线的垂线称为投影线。在桩位、杆塔位及门型架、线路交叉跨越的架空地物、主要公路及铁路、地下电缆、地面及地下管道的中心线交叉点位置绘制投影线。投影线上的注记为垂直字列，字头朝左，宜放在投影线的左侧。当投影线过于密集，放在左侧有困难时，也可放在右侧，或断开投影线放在中心。<br>“累距”一栏注记累距百米后的零头；“高程”一栏架空地物注记中心线交叉点的高程，其他地物注记地面高程。<br>电力线及地下电力线注记电压等级。一、二级通信线注记等级、杆的材料。材料注记跟在等级之后并用括号括起来，如一级（木）。电力线和通信线还要绘制杆塔型。杆塔型符号根据需要自行设计，但高度统一为13mm，宽度不得超过6mm。<br>主要公路及铁路注记专有名称。电气化铁路注记接触网线高。<br>管道注记输送物名称，架空和地面管道还要注记管道材料。材料注记跟在名称之后并用括号括起来，如水（水泥） |

# 第 2 章　测量仪器及测量方法

为了确定地面未知点的坐标，需要以已知点为基准，通过测量地面未知点与已知点之间的距离、角度、高差来计算确定未知点的坐标、高程。确定距离、角度、高差的测量仪器一般有尺、水准仪、经纬仪、全站仪、全球定位系统（Global Positioning System，GPS）等，本章将重点介绍水准仪、经纬仪、全站仪、GPS 的结构和测量方法。

## 2.1　水　准　仪

1. 水准仪简介

水准仪是建立水平视线测定地面两点间高差的仪器，其根据水准测量原理测量地面点间高差。水准仪主要由望远镜、管水准器或补偿器、垂直轴、基座、脚螺旋等组成，按结构分为微倾水准仪、自动安平式水准仪和数字水准仪（又称电子水准仪）等，如图 2-1 所示；按精度分为精密水准仪和普通水准仪。水准仪型号都以 DS 开头，分别为“大地”和“水准仪”的汉语拼音第一个字母，其精度可分为 DS05、DS1、DS3、DS10 四个等级（数字表示精度）DS3、DS10 级水准仪用于国家三等、四等水准及普通水准测量，DS05、DS1 用于国家一等、二等精密水准测量。

(a)　(b)　(c)

图 2-1　水准仪
(a) 微倾水准仪；(b) 自动安平式水准仪；(c) 数字水准仪

几类水准仪主要结构特点如下。

(1) 微倾水准仪：望远镜与管水准器连接为一体，通过微倾螺旋调整管水准器，使望远镜获得水平视线。

(2) 自动安平式水准仪：利用补偿器的重力作用自动获取水平视线，用自动安平补偿器代替管水准器，减少管水准器的调整步骤，测量效率比微倾水准仪高，精度稳定。

(3) 激光水准仪：利用激光束代替人工读数的一种水准仪。将激光器发出的激光束导入望远镜筒内，使其沿视准轴方向射出水平激光束，与配有光电接收靶的水准尺配合，完成水准测量，测量效率、精度高。

(4) 数字水准仪：集机电、计算机和图像处理等高新技术为一体，同时具备电子读数与人工读数。电子读数直接显示测量数据结果，避免了传统水准仪的人为误差，是现代化科技最新发展的成果。

2. 与水准仪配合测量的工具

水准仪在使用时，还需配备三脚架、水准尺和尺垫如图 2-2 所示。三脚架与仪器配套使用，起支撑稳定仪器的作用，脚架各支腿可伸缩调整长度；水准尺是水准仪测量读数的参照标尺，由优质木材或铝合金制成；尺垫一般由三角形的铸铁块制成，上部中央有突起的半球，下面有三个尖角以便踩入土中，使水准尺稳固地放置在非水准点上，防止水准尺下沉。

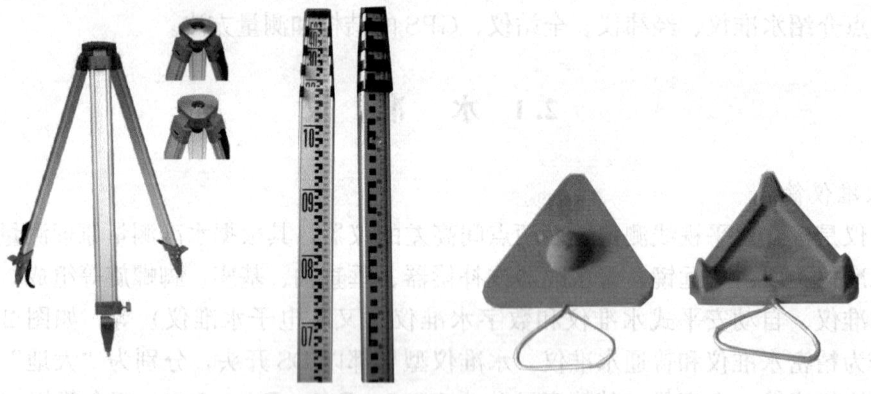


图 2-2 与水准仪配合测量的工具

(a) 三脚架；(b) 水准尺；(c) 尺垫

3. 微倾水准仪

下面以微倾水准仪为例，介绍水准仪的结构及调整步骤。

(1) 微倾水准仪的结构及作用。微倾水准仪（DS3 型）的结构如图 2-3 所示。

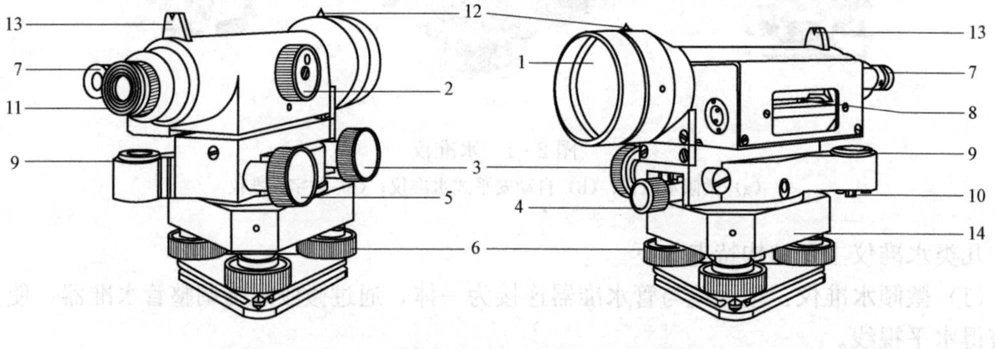


图 2-3 微倾水准仪（DS3 型）的结构

1—物镜；2—物镜调焦螺旋；3—水平微动螺旋；4—制动螺旋；5—微倾螺旋；6—脚螺旋；7—管水准器观察窗；8—管水准器；9—圆水准器；10—圆水准器校正螺旋；11—目镜；12—准星；13—粗瞄准器；14—基座

微倾水准仪各结构的作用如下：

1) 物镜：靠近被测物体，与目镜配合使用以放大观察物体。

2）物镜调焦螺旋：调整物镜视窗目标清晰度。

3）水平微动螺旋：控制仪器在水平方向上的细微转动，达到精确瞄准物体的目的。

4）制动螺旋：粗瞄准物体后，锁定仪器使其不能在水平方向上做大幅转动。

5）微倾螺旋：通过观察管水准器成像，调整视线使其水平。

6）脚螺旋：粗略调整仪器水平。

7）管水准器观察窗：观察管水准器成像情况。

8）管水准器：显示仪器视线水平情况，配合微倾螺旋精确调整仪器水平。

9）圆水准器：显示基座上部仪器水平情况，配合脚螺旋粗略调整仪器水平。

10）圆水准器校正螺旋：圆水准器存在误差时进行校正调整。

11）目镜：靠近眼睛观察侧，与物镜配合使用以放大观察物体。

12）准星：与粗瞄准器配合使用，用于粗瞄准水准尺。

13）粗瞄准器：与准星配合使用，用于粗瞄准水准尺。

14）基座：支撑上部仪器。

（2）水准仪的主要轴线。水准仪共有四条轴线，分别为视准轴$CC$、管水准器轴$LL$、圆水准器轴$L'L'$和竖轴$VV$，如图2-4所示。视准轴与管水准器轴相平行，调整管水准器气泡居中，即使视准轴处于理想水平位置；竖轴与圆水准器轴相平行，调整圆水准器气泡居中，即使竖轴大致处于理想铅垂位置。

4. 微倾水准仪测量操作步骤

微倾水准仪测量操作步骤包括安置水准仪、粗略整平、瞄准水准尺、精平、读数，并可以完成待测对象的高程、视距、水平角的测量。

（1）安置水准仪：旋开三脚架各支腿伸缩螺旋，大致调整各支腿长度使其高于或接近安置后的理想观测水平视线，旋紧各支腿伸缩螺旋；然后打开三脚架，安置于$A$、$B$两点之间（图2-8），并将架脚的脚尖踩入土中，调整支腿使架头大致水平，各支腿角度不宜张开过大或过小；检查脚架是否安置稳固，各支腿伸缩螺旋是否拧紧；再打开仪器箱取出水准仪，置于三脚架上，并将脚架架头上的连接螺旋与水准仪底座连接牢固。

（2）粗略整平：调整脚螺旋使圆水准器气泡居中，使仪器竖轴大致铅垂，从而使视准轴粗略水平。在调整脚螺旋移动气泡过程中，注意气泡的移动方向与左手大拇指的运动方向是一致的，如图2-5所示。

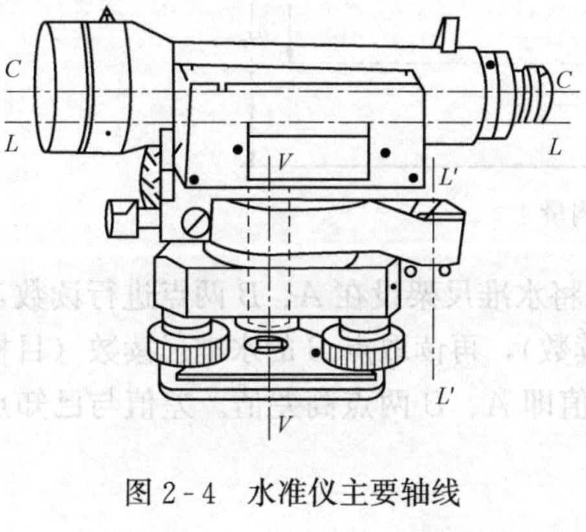


图2-4　水准仪主要轴线

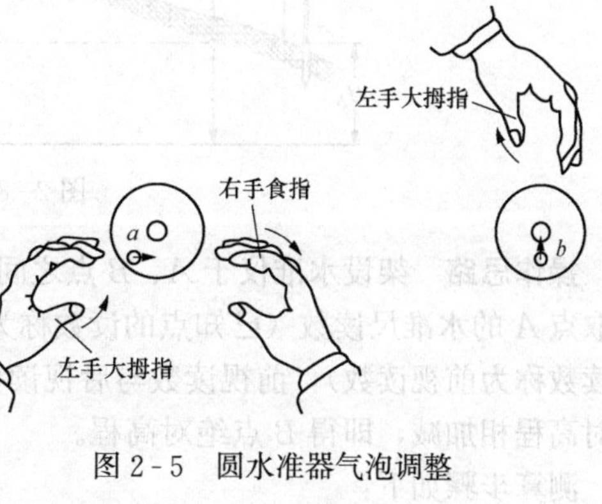


图2-5　圆水准器气泡调整

（3）瞄准水准尺：将望远镜瞄准光线充足景象，旋转目镜直至能清晰地看见十字刻线为止，十字丝上有横丝（中丝）、竖丝、上视距丝和下视距丝。转动望远镜，通过粗瞄准器瞄准 $A$ 点标尺，旋转物镜调焦螺旋，直到标尺清晰无视差成像于十字刻线上，锁定制动螺旋；调整水平微动螺旋，使标尺影像中心与十字线重合，如图 2-6 所示。

（4）精平：通过调整管水准器气泡使其居中的方式来完成仪器视准轴的水平。自管水准器观察窗看管水准器气泡成像情况，调整微倾螺旋，使左右两边气泡圆弧吻合，即管水准器气泡居中，完成水准仪的精平调整，如图 2-7 所示。

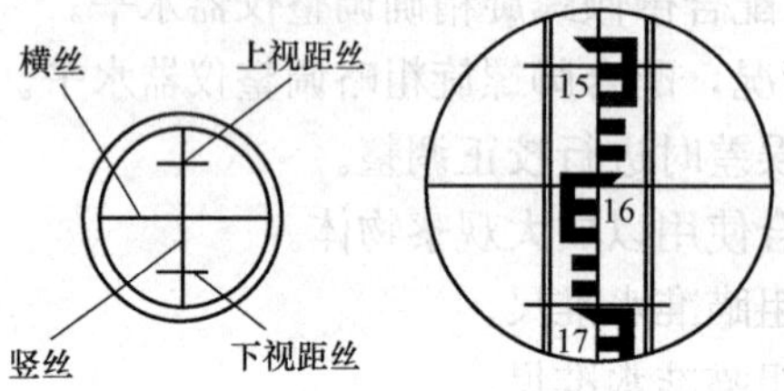


图 2-6 望远镜标尺读数调整

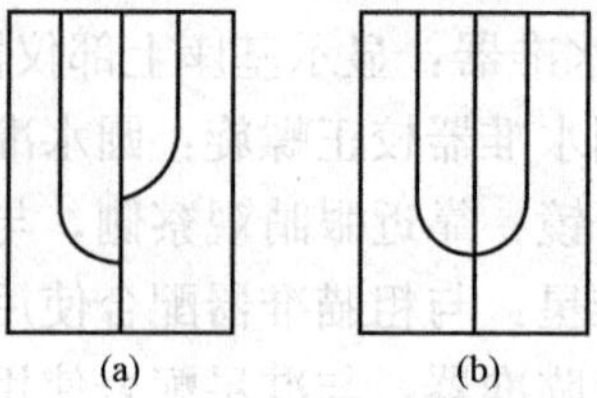


图 2-7 气泡精平

(a) 气泡未居中；(b) 气泡居中

（5）读数：精平完成后就可以进行读数，读数后还要检查管水准器气泡是否完全吻合，这样才能保证读数准确。

5. 高程、视距、水平角的测量

（1）高程测量。

**［案例 1］** 已知地面控制点 $A$ 绝对高程 $H_A$ 为 103m，使用微倾水准仪测量附近未知点 $B$ 绝对高程，如图 2-8 所示。

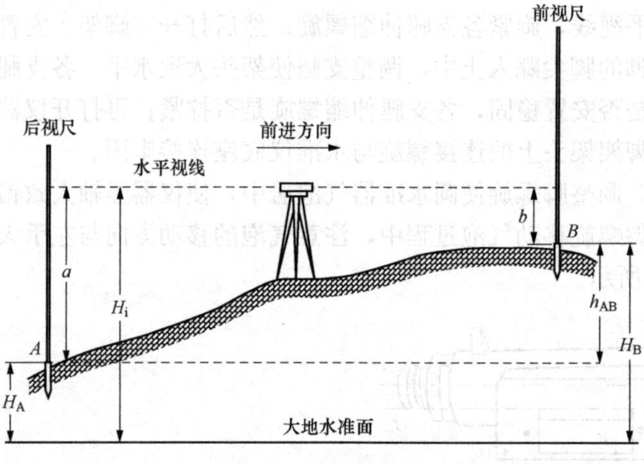


图 2-8 高程测量 1

**操作思路** 架设水准仪于 $A$、$B$ 点之间，分别将水准尺架设在 $A$、$B$ 两点进行读数，先读取点 $A$ 的水准尺读数（已知点的读数称为后视读数），再读取点 $B$ 的水准尺读数（目标点的读数称为前视读数），前视读数与后视读数的差值即 $A$、$B$ 两点高差值。差值与已知点 $A$ 绝对高程相加减，即得 $B$ 点绝对高程。

测算步骤如下：

1）读数。安置仪器完毕并精平后，即可进行 $A$ 点水准尺读数。因目前水准仪多采用倒像望远镜，读数应从上往下读，即从小值往大值方向进行读数，图 2-6 物镜视窗显示横丝位置数据即读数，为 1.607m。读数完成后再次检查管水准器观察窗气泡是否完全吻合，确保读数准确。$A$ 点读数完毕，松开水准仪制动螺旋，使物镜初部瞄准 $B$ 点位置水准尺，检查调整圆水准器气泡居中（微倾水准仪测量操作步骤 2），重复操作步骤 3～5 完成 $B$ 点读数，假定读数为 1.121m。

2）计算 $B$ 点绝对高程。

a. 高差法：计算 $A$、$B$ 两点间的高差 $h_{AB}=a-b=1.607-1.121=0.486(m)$

$$B\text{点绝对高程}=H_A+h_{AB}=103+0.486=103.486(m)$$

b. 仪高法：计算仪器水平视线高程 $H_i=H_A+a=103+1.607=104.607(m)$

$$B\text{点绝对高程}=H_i-b=104.607-1.121=103.486(m)$$

**[案例 2]**　如图 2-9 所示，已知 $A$ 点的高程 $H_A=32.432$m，现要求测定 $B$ 点的高程 $H_B$。

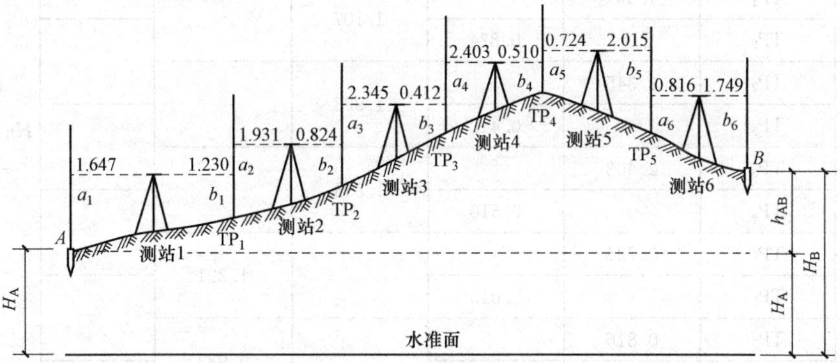


图 2-9　高程测量 2

**操作思路**　当地面两点间的高差较大或两点间的距离较远，超过允许的视线长度时，或两点间地形复杂、通视困难，安置一次水准仪不能测出两点间的高差时，必须在其间安置多次水准仪分段进行观测。这就需要两点间增设若干个转点，转点的作用是传递高程，是临时立尺点。

测算步骤如下：

1）后司尺员在 $A$ 点立尺，前司尺员视地形情况在前方选择转点 $TP_1$ 放置尺垫立尺，在距两尺大致相等的地面设置测站 1，安置水准仪。当视线水平时先对 $A$ 点的水准尺读数为 $a_1$，并记入数据表 2-1 中；然后对转点 $TP_1$ 的水准尺读数为 $b_1$，记入数据表 2-1 中。至此，测站 1 的工作结束。

2）$TP_1$ 点的水准尺保持不动，将水准仪移到测站 2，持 $A$ 点的水准尺前进，选定 $TP_2$ 点立尺。当视线水平时，对 $TP_1$ 点的水准尺读数为 $a_2$，记入数据表 2-1 中；对 $TP_2$ 点的水准尺读数为 $b_2$，记入数据表 2-1 中，测站 2 工作结束。

3）按以上方法依次安置测站 3～6，直至 $B$ 点。

4）计算各测站高差。假设测站 1～6 各高差分别为 $h_1$、$h_2$、…、$h_6$，则

$$h_1=a_1-b_1$$

$$h_2=a_2-b_2$$

$$\cdots$$

$$h_6 = a_6 - b_6$$

将上几式相加得

$$\sum h = \sum a - \sum b \tag{2-1}$$

由式（2-1）可知，两点的总高差等于各站高差之和，也等于后视读数之和减去前视读数之和。

**表 2-1　水准仪测量数据记录表**

| 测站 | 测站点号 | 后视读数 $a$ (m) | 前视读数 $b$ (m) | 高差 $h$ (m) ＋ | 高差 $h$ (m) － | 高程 $H_A$ (m) | 备注 |
|---|---|---|---|---|---|---|---|
| 1 | $A$ | 1.647 | | 0.417 | | 32.432 | $H_B = H_A + \sum h = 35.558$(m) |
| | $TP_1$ | | 1.230 | | | | |
| 2 | $TP_1$ | 1.931 | | 1.107 | | | |
| | $TP_2$ | | 0.824 | | | | |
| 3 | $TP_2$ | 2.345 | | 1.933 | | | |
| | $TP_3$ | | 0.412 | | | | |
| 4 | $TP_3$ | 2.403 | | 1.893 | | | |
| | $TP_4$ | | 0.510 | | | | |
| 5 | $TP_4$ | 0.724 | | | 1.291 | | |
| | $TP_5$ | | 2.015 | | | | |
| 6 | $TP_5$ | 0.816 | | | 0.933 | | |
| | $B$ | | 1.749 | | | 35.558 | |
| 总和 | | 9.866 | 6.740 | +3.126 | | | |
| 计算的校核 (m) | $\sum h = \sum a - \sum b = 9.866 - 6.740 = +3.126$<br>$H_B - H_A = 35.558 - 32.432 = +3.126$ | | | | | | |

（2）视距测量：通过上、下视距丝在标尺上的读数，可以得到测站点与标尺之间的距离。如图 2-10 所示，$A_1$、$A_2$ 分别为上、下视距丝的读数（单位：cm），则测站 $A$ 与 $B$ 的距离为

$$S = (A_2 - A_1) \times 100 = (164.3 - 112.4) \times 100 = 51.9(\text{m})$$

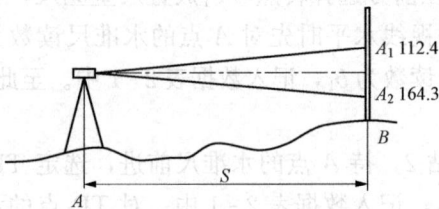

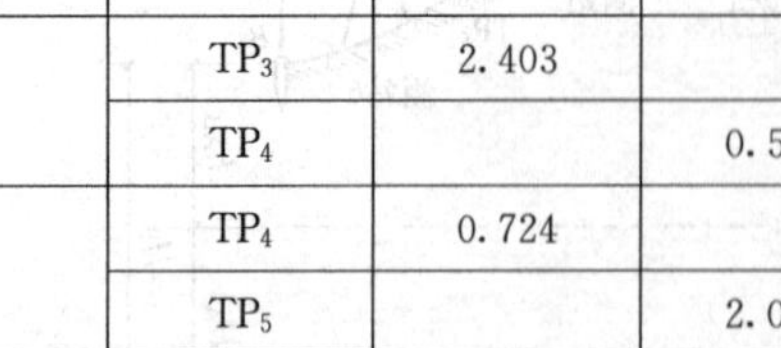


图 2-10　视距测量

（3）水平角测量：水平角的测量仅针对有度盘的水准仪，如自动安平式水准仪，如图 2-11 所示。测量 $A$、$B$ 两点间水平角时，先将仪器瞄准 $A$ 点，并转动刻度盘使 0°对准指标线，再转动望远镜瞄准 $B$ 点，此时刻度盘显示的读数即为 $A$、$B$ 间的水平角。

6. 水准仪的检验及校正

为了确保水准仪测量数据的准确性，必须消除仪器自身误差，主要是确保水准仪的四条轴线、十字丝满足如下条件：

(1) 竖轴 $VV$ 与圆水准器轴 $L'L'$ 平行。

(2) 十字丝横丝应垂直于仪器的竖轴。

(3) 视准轴 $CC$ 与管水准器轴 $LL$ 平行。

针对上述三个条件，分别进行如下检验和校正。

(1) 竖轴 $VV$ 与圆水准器轴 $L'L'$ 平行的检验与校正。

1）检验与校正原理：如果竖轴与圆水准器轴平行，旋转仪器，圆水准器即以竖轴为中心旋转，气泡所显示位置不因仪器旋转而变化；若不平行，旋转仪器，圆水准器气泡所显示位置会随着仪器旋转角度的变化而变化，偏差原理图如图 2-12 所示。

图 2-11　自动安平式水准仪

2）检验：调整仪器脚螺旋使圆水准器气泡居中，将仪器绕竖轴水平旋转 180°，如果气泡不居中，则证明圆水准器轴与竖轴不平行，需对圆水准器进行整定。

3）校正：调整圆水准器底部三个校正螺钉（图 2-13），使气泡向居中位置移动偏离量的一半。再次重复检验程序，检查气泡居中情况并进行校正程序，直至达到仪器旋转至任何位置气泡都在居中位置。

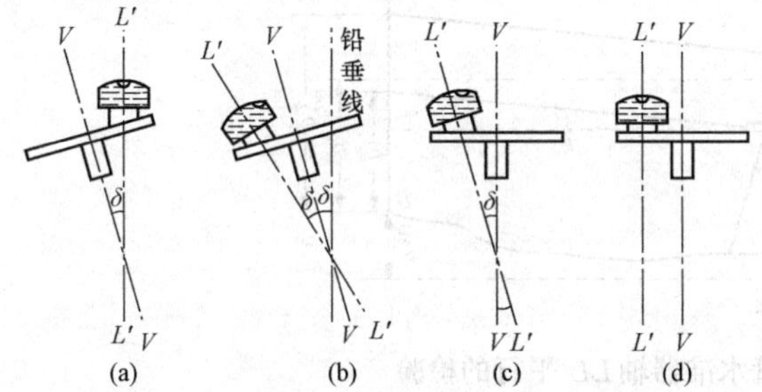


图 2-12　偏差原理图

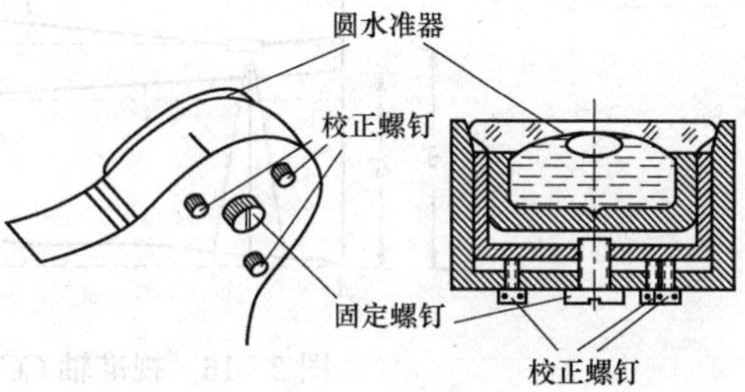


图 2-13　竖轴 $VV$ 与圆水准器轴 $L'L'$ 平行校正

此检验校正工作难以一次完成，需重复几次才能完成。

(2) 十字丝横丝垂直于仪器竖轴的检验与校正。

1）检验：通过目镜参照十字丝横丝瞄准某静止点状目标（图 2-14 中点 $P$），固定制动螺旋，转动微动螺旋使仪器水平旋转，看目标是否偏离十字丝。如果不偏离十字丝，则证明十字丝横丝垂直于仪器竖轴，如图 2-14（a）、（b）所示；如果偏离十字丝，则证明十字丝横丝不垂直于仪器竖轴，如图 2-14（c）、（d）所示，会造成仪器读数误差，需对十字丝进行校正。

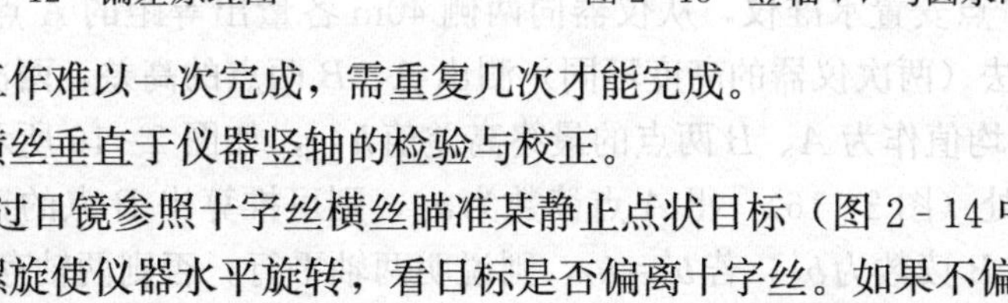

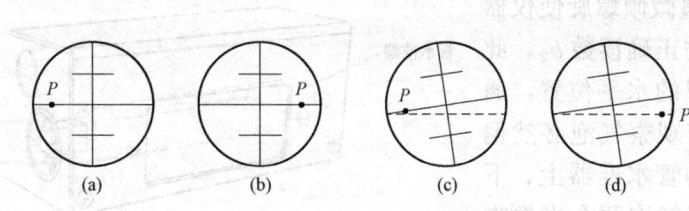


图 2-14　十字丝横丝垂直于仪器竖轴的检验

（a）垂直 1；（b）垂直 2；（c）不垂直 1；（d）不垂直 2

2）校正：用螺钉旋具松开十字丝分划板校正螺钉，通过目镜观察转动十字丝分划板座，调整偏移量，再次重复检验、校正程序，直到达到要求为止，最后拧紧校正螺钉，如图 2-15 所示。

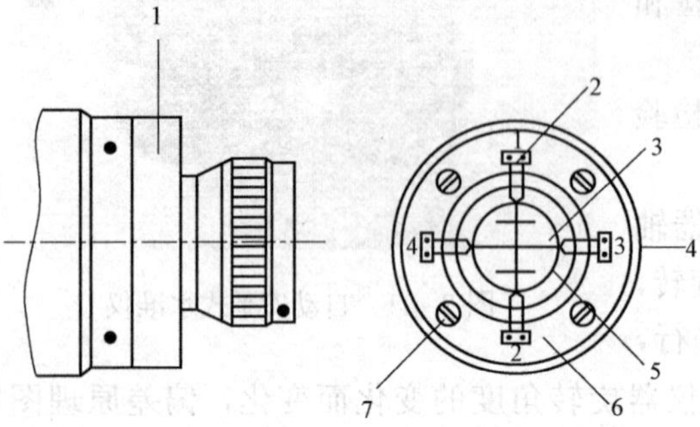


图 2-15　十字丝横丝垂直于仪器竖轴的校正
1—十字丝分划板护罩；2—十字丝校正螺钉；
3—十字丝分划板；4—望远镜筒；
5—分划板座；6—压环；7—压环螺钉

（3）视准轴 $CC$ 与管水准器轴 $LL$ 平行的检验与校正。

1）检验与校正原理：如果视准轴 $CC$ 与管水准器轴 $LL$ 不平行，即存在夹角 $i$ 的偏差，会导致读数的偏差。将仪器置于参照点 $A$ 和测量点 $B$ 之间的中点 $C$，读取测量点 $B$ 的读数，因 $AC$ 与 $CB$ 等距，可以抵消因夹角 $i$ 造成的误差，得到真实的高差值 $h_{AB}$；将仪器置于其他位置，使水准仪离 $A$ 点约 3m 左右，此时 $AC$ 与 $CB$ 不等距，夹角 $i$ 造成的读数偏差依然存在，得到读数值 $a_2$、$b_2'$。因仪器靠 $A$ 点较近，可忽略因夹角 $i$ 引起的 $a_2$ 读数误差。将 $a_2$ 与（$b_2'-h_{AB}$）读数值进行对比，若相等，则视准轴 $CC$ 与管水准器轴 $LL$ 平行；若不等，则需要对管水准器轴进行校正，如图 2-16 所示。

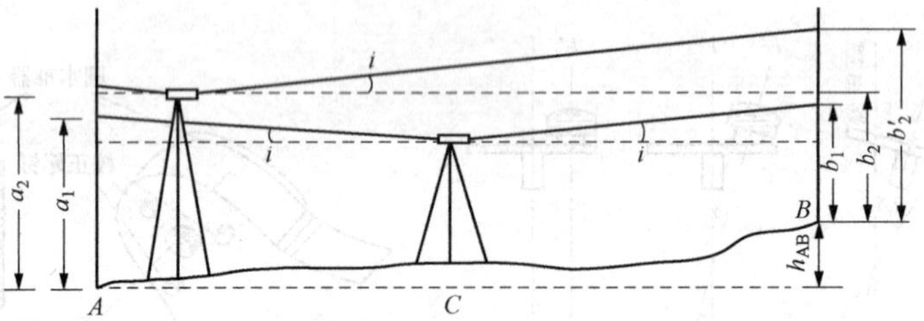


图 2-16　视准轴 $CC$ 与管水准器轴 $LL$ 平行的检验

2）检验：在 $C$ 点安置水准仪，从仪器向两侧 40m 各量出等距的 $A$ 点与 $B$ 点，做好标记。采用变动仪高法（两次仪器的高度不同）测出 $A$、$B$ 两点的高差，两次高差值误差不应超过 3mm，取其平均值作为 $A$、$B$ 两点的最终高差值 $h_{AB}$，如图 2-16 所示。再次将仪器安置至靠近 $A$ 点 3m 处（图 2-16），得 $A$ 点读数为 $a_2$，则可推算出 $B$ 点的正确读数 $b_2=a_2+h_{AB}$。再将仪器瞄准 $B$ 读数为 $b_2'$，若 $b_2'=b_2$，则说明两轴平行，否则两轴存在夹角 $i$。通过三角函数关系可计算出 $i$ 值，规范规定用于三、四等水准测量的水准仪，其 $i$ 角不得大于 20″，否则需要对管水准器轴进行校正。

3）校正：调整微倾螺旋使仪器中丝对准 $B$ 点上的正确读数 $b_2$，此时视准轴处于理想的水平位置，通过管水准器观察窗观察气泡必然偏离。使用拨针拨动管水准器上、下两个校正螺钉，使气泡两个半像吻合，如图 2-17 所示。

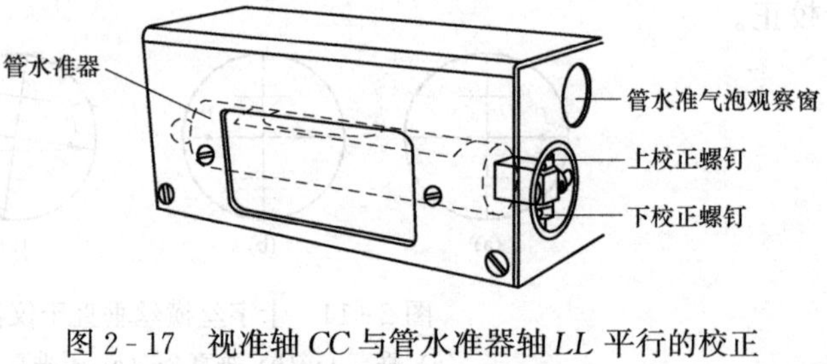


图 2-17　视准轴 $CC$ 与管水准器轴 $LL$ 平行的校正

7. 水准仪测量实训任务

水准仪测量实训任务如下：

(1) 完成所使用仪器的圆水准器、十字丝横丝、水准管平行于视准轴三项基本检验。

(2) 选择一块场地，在区域内任意选择具有明显高差且距离约 100m 左右的 A、B 两点，假定 A 点绝对高程为 103.57m，利用水准仪测量出 B 点的绝对高程，并通过测量求得 A、B 两点的距离、水平角度。

(3) 选择一坡地，在区域内选择不通视的 A、B 两点，假定 A 点绝对高程为 105.07m，参照本章［案例 2］，测量出 B 点的高程。

## 2.2 经　纬　仪

1. 经纬仪简介

经纬仪是测量水平角和竖直角的仪器，主要由基座、水平度盘、照准部三大部分组成。根据结构、读数方式的不同，经纬仪分为光学经纬仪、电子经纬仪和激光经纬仪，如图 2-18 所示。光学经纬仪按其精度划分的型号有 DJ07、DJ1、DJ2、DJ6、DJ30，其中字母 D、J 分别为“大地测量”和“经纬仪”汉语拼音的第一个字母，07、1、2、6、30 分别为该仪器观测误差的秒数。施工测量使用的经纬仪，其最小角度读数应不大于 1′。

三类经纬仪的优点如下：

(1) 光学经纬仪利用集合光学的放大、反射、折射等原理进行度盘人工读数，具有体积小、质量小、密封性好、精度高等优点。

(2) 电子经纬仪是在光学经纬仪的基础上发展起来的一种现代高科技高度集成的产品，利用物理光学、电子学和光电转换等原理在电子显示屏上自动显示度盘读数，并记录在储存器中，大大提高了测量工作效率。

(3) 激光经纬仪将激光器发射的激光束导入经纬仪的望远镜筒内，使其沿视准轴方向射出，以此为准进行定线、定位和测设角度、坡度等。

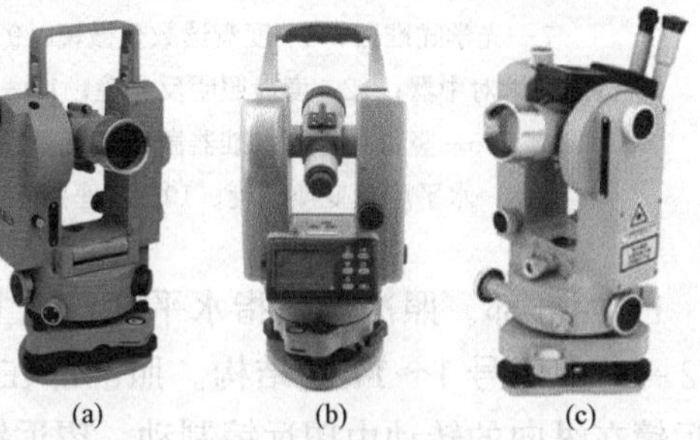

图 2-18　经纬仪

(a) 光学经纬仪；(b) 电子经纬仪；(c) 激光经纬仪

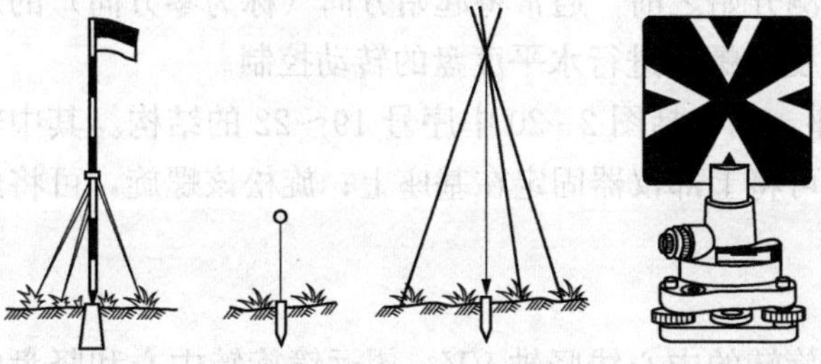

图 2-19　与经纬仪配合测量的工具

(a) 标杆；(b) 测钎；(c) 吊垂球；(d) 觇牌

2. 与经纬仪配合测量的工具

经纬仪在使用时，除了配备固定仪器的三脚架外，还需配备测角时的照准标志，一般是竖立于测点的标杆、测钎、用三根竹竿悬吊垂球的线或觇牌，如图 2-19 所示。

3. 光学经纬仪结构与几何轴线

本节将重点介绍光学经纬仪。

(1) 光学经纬仪结构。光学经纬仪的结构如图 2-20 所示。

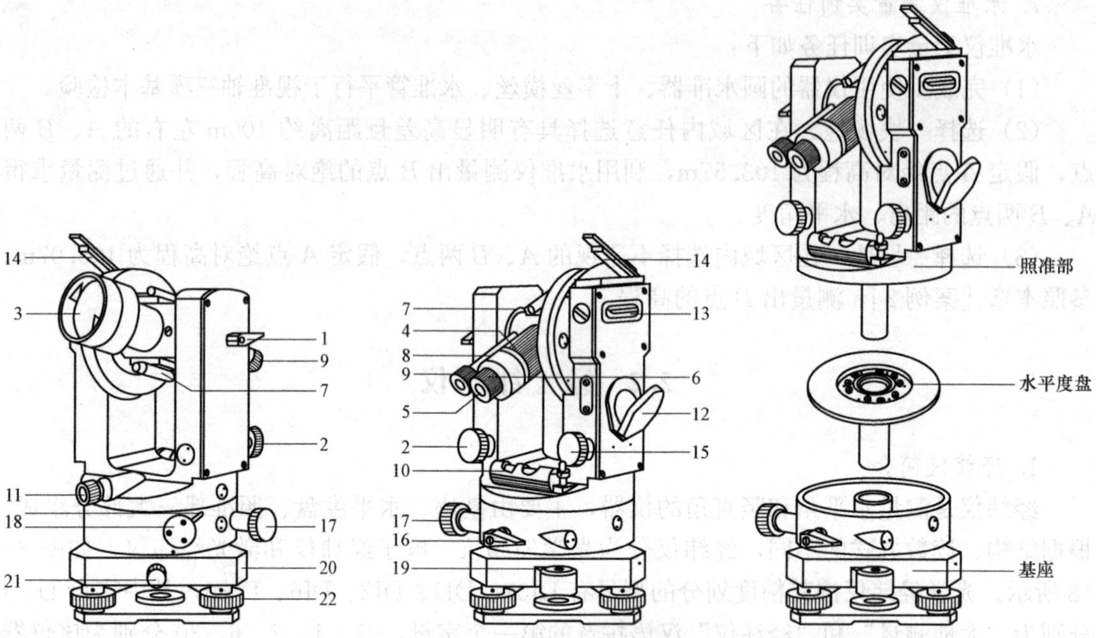


图 2-20 光学经纬仪的结构

1—望远镜制动螺旋；2—望远镜微动螺旋；3—物镜；4—物镜调焦螺旋；5—目镜；6—目镜调焦螺旋；7—光学瞄准器；8—度盘读数显微镜；9—度盘读数显微镜调焦螺旋；10—照准部管水准器；11—光学对中器；12—度盘照明反光镜；13—竖盘指标管水准器；14—竖盘指标管水准器观察反射镜；15—竖盘指标管水准器微动螺旋；16—水平方向制动螺旋；17—水平方向微动螺旋；18—水平度盘变换螺旋；19—基座圆水准器；20—基座；21—轴套固定螺旋；22—脚螺旋

1）照准部。照准部是指水平度盘之上，能绕其旋转轴旋转的全部部件的总称，包括图 2-20 中序号 1～17 的结构。照准部在水平方向的转动由水平制动、水平微动螺旋控制；望远镜在纵向的转动由望远镜制动、望远镜微动螺旋控制；光学对中器使水平度盘中心位于测站铅垂线上，通过光学瞄准器、光学对中器观察；读数显微镜显示水平度盘和竖直度盘的读数。

2）水平度盘。水平度盘是一个圆环形的光学玻璃盘片，盘片边缘刻划并按顺时针注记有 0°～360°的角度数值，用来测量水平角。它包括图 2-20 中序号 18 的结构，水平度盘变换螺旋的作用是为了角度计算的方便，在观测开始之前，通常将起始方向（称为零方向）的水平度盘读数配置为 0°左右，这就需要使用变换螺旋进行水平度盘的转动控制。

3）基座。基座是支撑仪器上部的底座，它包括图 2-20 中序号 19～22 的结构。其中轴套固定螺旋的作用是拧紧轴套固定螺旋，可将上部仪器固定在基座上；旋松该螺旋，可将经纬仪水平度盘连同照准部从基座中拔出。

（2）光学经纬仪的主要轴线。

光学经纬仪的主要轴线包括水平方向旋转的中心线竖轴 $VV$、望远镜旋转中心和竖盘中心连线横轴 $HH$、望远镜及目镜光心连线视准轴 $CC$ 和水准管轴 $LL$，如图 2-21 所示。

4. 光学经纬仪的测量操作步骤

光学经纬仪的测量操作步骤包括对中、整平、瞄准、读数。使用光学经纬仪测量点位时，首先要将经纬仪安置在测站上。

（1）对中。对中的目的是使仪器度盘中心与测站点保持在同一铅垂线上，即仪器竖轴中心线与观测点重合。光学经纬仪主要采用光学对中器装置进行对中，也可以辅助使用垂球或线锤进行对中，绝大部分仪器都具有光学对中器装置。对中的具体操作步骤如下：

1）将三脚架安置在测站上，三脚架的脚尖安插在观测点桩位的周围土地上，成等三角形分布。调节脚螺旋，使三脚架顶面基本水平，高度适当（架顶不宜超过观测者的下颚），同时使三脚架顶面中心大致对准观测点（木桩上的小钉），然后将经纬仪轻轻地放在脚架面上，拧紧中心螺旋。

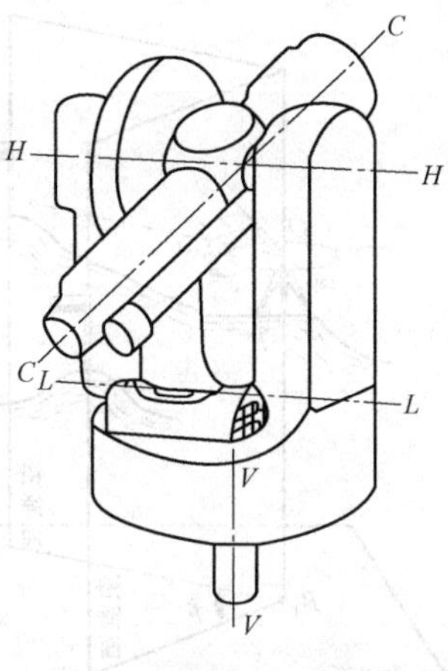

图 2 - 21　光学经纬仪的主要轴线

2）采用垂球对中时，挂上垂球。如果垂球尖偏离测站点较大，可用两手各持三脚架的一脚，使仪器进退或左右移动基本对准测站点，均匀用力依次将三脚架的一脚踩入土中；如果垂球尖偏离测站点较小，可松动中心螺旋，将仪器在三脚架顶的圆孔中移动，使垂球尖对准桩上的小钉，拧紧中心螺旋，并保持水平度盘略成水平。采用光学对中器对中时其操作基本与上述相同，也可用两手各持三脚架的一脚的方法，并同时在光学对中器的目镜中观察，使木桩上的小钉基本落在对中器的圆圈附近。由于对中与整平互相影响，因此应再整平仪器，再观察。微量调整时可松开中心螺旋，使仪器在架顶移动，直至对中、整平同时满足要求为止，最后将中心螺旋拧紧。

（2）整平。整平的目的是使仪器竖轴铅垂，水平度盘水平，主要是使照准部上的水准管在任何方位时，管内的气泡中心（最高点）与管壁上刻划线的中点重合，即称气泡居中。此时仪器的竖轴竖直、水平度盘处于水平位置。整平的具体操作步骤：先进行粗平，伸缩脚架腿，使圆水准器气泡居中；再进行精平，旋转脚螺旋使照准部管水准器气泡居中，转动照准部 90°，检查调整照准部管水准器气泡居中，最终使照准部管水准气泡在相互垂直的两个方向上都居中。精平操作会略微破坏之前已完成的对中关系，再次进行仪器的精对中，旋松脚架与仪器的连接螺旋，眼睛观察光学对中器，平移仪器基座（此时应注意不要有旋转运动），使对中标志准确对准测站点的中心，拧紧连接螺旋。反复检查调整整平、精对中，直至同时满足照准部管水准器气泡居中、光学对中装置对准测站点为止。

（3）瞄准。瞄准的操作步骤为先松开望远镜制动螺旋和水平制动螺旋，将望远镜对向明亮的背景，转动目镜调焦螺旋使十字丝显示清晰；用望远镜上的光学瞄准器瞄准目标，旋紧制动螺旋，转动物镜调焦螺旋使目标清晰，旋转水平微动螺旋和望远镜微动螺旋，使十字丝交点精确瞄准目标；观察有无视差，如有视差，应重新进行目镜、物镜调焦调整，消除误差。

（4）读数。读数时先打开度盘照明反光镜，调整反光镜的开度和方向，使读数窗亮度适中，旋转度盘读数显微镜的目镜使刻划线清晰，然后读数。

5. 角度、视距和高差测量

（1）角度测量。

1）水平角测量。水平角是空间两相交直线投影到水平面上所形成的夹角，如图 2 - 22 中的 $\beta$。常用的水平角测量方法有测回法和方向观测法，测回法用于观测两个方向之间的单角，方向观测法用于当测站上的方向观测数在三个或三个以上时。为了提高测角精度，一般

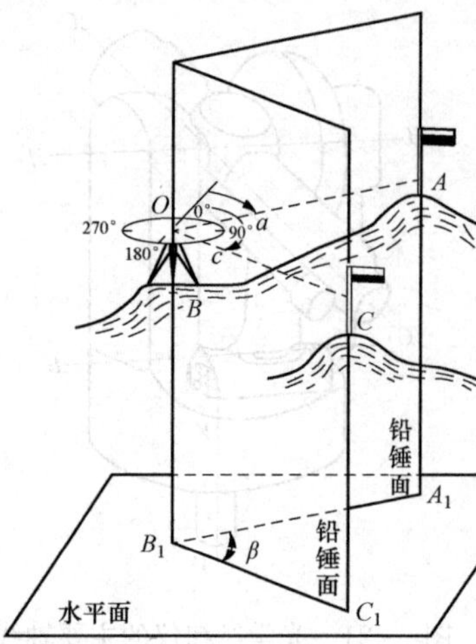

图2-22　水平角测量

要用盘左和盘右两个位置进行观测。竖盘在望远镜的左边称为盘左位置（又称正镜），竖盘在望远镜的右边称为盘右位置（又称倒镜）。盘左、盘右位置两次测量合起来称为一测回。

［**案例3（测回法）**］如图2-23所示，使用经纬仪测量∠ABC间的水平角β。

测量步骤如下。

a. 在B点安置经纬仪，进行对中、整平。

b. 如图2-24所示，在盘左位置瞄准，读取A点的水平角初始读数（或者旋转水平度盘变换螺旋使读数显示为0°0′0″），假定读数为0°01′12″；再松开水平制动螺旋，转动经纬仪瞄准C点，读取水平角读数为123°11′18″。

图2-23　角度测量（测回法）

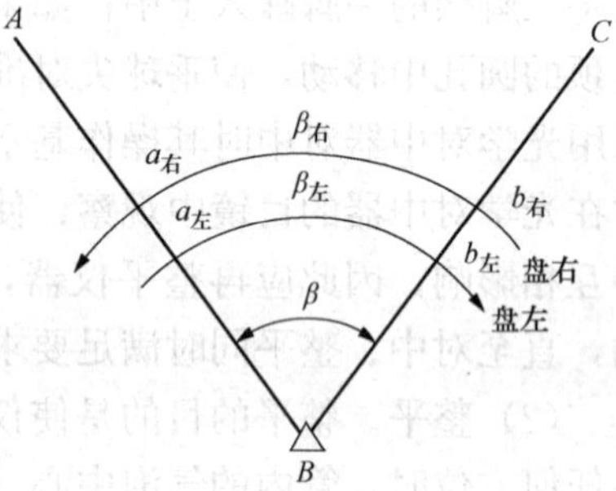

图2-24　测回法观测水平角示意图

c. 调整仪器使其处于盘右位置，瞄准C点读取水平角读数为303°11′18″；松开水平制动螺旋，转动经纬仪瞄准A点，读取水平角读数为180°01′06″。

d. 分别计算水平角度值为

$$\beta_{左}=123°11'18''-0°01'12''=123°10'06''$$

$$\beta_{右}=303°11'18''-180°01'06''=123°10'12''$$

若两个半测回角差值不超过限差（输电线路测量中应不大于1′），则取其平均值作为最终结果$\beta=1/2\ (\beta_{左}+\beta_{右})=123°10'09''$，并将各个数据填入记录表，如表2-2所示。

**表2-2**　**测回法测角记录表**

| 测站 | 盘位 | 目标 | 水平度盘读数 | 水平角 | |
|---|---|---|---|---|---|
| | | | | 半测回角 | 测回角 |
| 1 | 2 | 3 | 4 | 5 | 6 |
| B | 左 | A | 0°01′12″ | 123°10′06″ | 123°10′09″ |
| | | C | 123°11′18″ | | |
| | 右 | A | 180°01′06″ | 123°10′12″ | |
| | | C | 303°11′18″ | | |

注意：当测角精度要求较高时，往往需要观测几个测回。为了减小水平度盘分划误差的影响，各测回间应根据测回数 $n$，按照 180°/$n$ 变换水平度盘起始位置，即若观测二测回，则第二测回观测时，$A$ 方向的水平度盘应配置为 90°左右。如果第二测回的半测回角差符合要求，则取两测回角值的平均值作为最后结果。

［**案例 4（方向观测法）**］　如图 2-25 所示，测量∠$AOB$、∠$BOC$、∠$COD$的水平角度。

测量步骤如下。

a. 在 $O$ 点安置经纬仪，进行整平、对中。

b. 选择零方向，应选择距离适中、通视良好、成像清晰稳定、俯仰角和折光影响较小的方向，本案例假定 $A$ 方向为零方向。

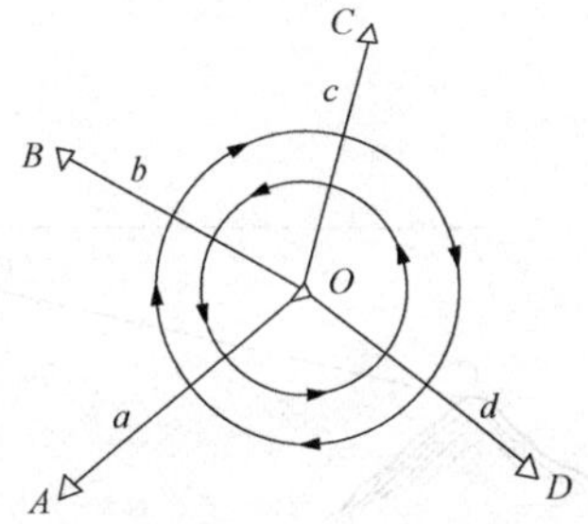


图 2-25　方向观测法测水平角

c. 上半测回观测：盘左位置，瞄准目标 $A$，将水平度盘读数配置在 0°左右，检查瞄准情况后读取水平方向度盘并记录角度值 $a$；松开制动螺旋，顺时针转动照准部，依次瞄准 $B$、$C$、$D$ 点的照准标志，读取水平度盘值 $b$、$c$、$d$ 并记入记录表中；最后转动照准部，由 $D$ 点回到起始方向 $A$，再读取水平度盘值 $a'$，这一步称为"归零"，其目的是检查水平度盘在观测过程中是否发生变动，如果 $a$ 与 $a'$之差（归零差）不超过允许限值，则数据可用。

d. 下半测回观测：盘右位置，按逆时针方向旋转照准部，依次瞄准 $A$、$D$、$C$、$B$、$A$ 点照准标志，分别读取水平度盘读数，记入表 2-3 中，并计算盘右归零差是否满足要求。

**表 2-3**　　**方向观测法测角记录表**

| 测站 | 测回数 | 目标 | 读数 | | 2$c$=<br>左−(右±180°) | 平均读数=<br>[左+(右±180°)]/2 | 归零后<br>方向值 | 各测回归零方向<br>值的平均值 |
|---|---|---|---|---|---|---|---|---|
| | | | 盘左 | 盘右 | | | | |
| 1 | 2 | 3 | 4 | 5 | 6 | 7 | 8 | 9 |
| $O$ | 1 | | | | | 0°02′06″ | | |
| | | $A$ | 0°02′06″ | 180°02′00″ | +6″ | 0°02′03″ | 0°00′00″ | |
| | | $B$ | 51°15′42″ | 231°15′30″ | +12″ | 51°15′36″ | 51°13′30″ | |
| | | $C$ | 131°54′12″ | 311°54′00″ | +12″ | 131°54′06″ | 131°52′00″ | |
| | | $D$ | 182°02′24″ | 2°02′24″ | 0″ | 182°02′24″ | 182°00′18″ | |
| | | $A$ | 0°02′12″ | 180°02′06″ | +6″ | 0°02′09″ | | |
| $O$ | 2 | | | | | 90°03′32″ | | |
| | | $A$ | 90°03′30″ | 270°03′24″ | +6″ | 90°03′27″ | 0°00′00″ | 0°00′00″ |
| | | $B$ | 141°17′00″ | 321°16′54″ | +6″ | 141°16′57″ | 51°13′25″ | 51°13′28″ |
| | | $C$ | 221°55′42″ | 41°55′30″ | +12″ | 221°55′36″ | 131°52′04″ | 131°52′02″ |
| | | $D$ | 272°04′00″ | 92°03′54″ | +6″ | 272°03′57″ | 182°00′25″ | 182°00′22″ |
| | | $A$ | 90°03′36″ | 270°03′36″ | 0″ | 90°03′36″ | | |

e. 限差：为了提高测量精度，在同一测站上观测几个测回时，为了减少度盘分化误差影响，每测回起始方向的水平度盘读数值应配置在 180°/$n$ 的倍数（$n$ 为测回数），且 2$c$ 误差不能超过限差要求（输电线路测量不大于 1′）。

2）竖直角测量。竖直角是在同一竖直面内视线与水平视线之间的夹角，如图 2-26 所示。视线在水平线上方的称为仰角，角值为正；视线在水平线下方的称为俯角，角值为负。竖直度盘装置由竖盘、竖盘水准管及竖盘水准管微调螺旋三部分组成。其中，竖盘注记为 0°～360°，分顺时针和逆时针注记两种形式，图 2-26 所示为顺时针注记竖盘；测微尺零分划线是读取竖盘读数的指标，它是和竖盘水准管固定在一起的，起始读数通过竖盘微调螺旋调整竖盘水准管气泡居中来确定。经纬仪设计时，一般使视线水平时的竖盘读数为 0°或 90°的倍数。测量竖直角时，只要瞄准目标，读出竖盘读数并减去仪器视线水平时的竖盘读数就可以计算出视线方向的竖直角。

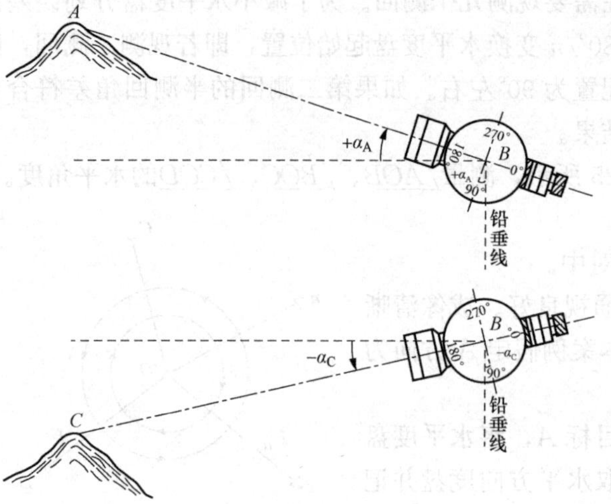

图 2-26 竖直角测量

［案例 5］ 如图 2-27 所示，使用光学经纬仪（竖盘为顺时针）测量竖直角 $\alpha$ 值。

测量步骤如下。

a. 在 $A$ 点安置经纬仪，进行对中、整平，在 $B$ 点竖立标杆。

b. 盘左位置，调整望远镜十字丝瞄准目标点 $B$ 的顶部，转动竖盘指示水准管微调螺旋，使竖盘指标水准管气泡居中，假定竖盘读数为 $L=41°48'42''$。竖盘读数变化如图 2-28 所示，即 $L$ 读数实际为望远镜轴线与垂直轴线方向的角度，则盘左位置望远镜轴线与水平视线形成竖直角 $\alpha$，其计算公式如下，并将读数及计算值记入记录表 2-4 中。

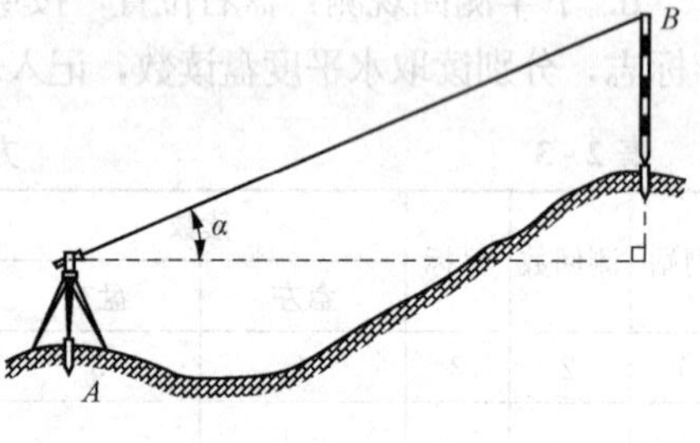

图 2-27 竖直角测量

$$\alpha_L = 90° - L = 90° - 41°48'42'' = 48°11'18''$$

c. 倒转望远镜使竖盘处于盘右位置，重复盘左位置操作程序，假定竖盘读数为 $R=318°11'30''$，竖盘读数变化如图 2-29 所示，则盘右位置竖直角计算公式如下，同样将读数及计算值记入表 2-4 中。

$$\alpha_R = R - 270° = 318°11'30'' - 270° = 48°11'30''$$

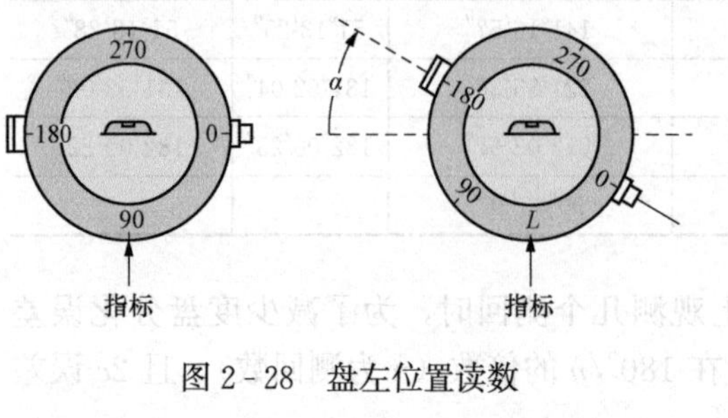

图 2-28 盘左位置读数

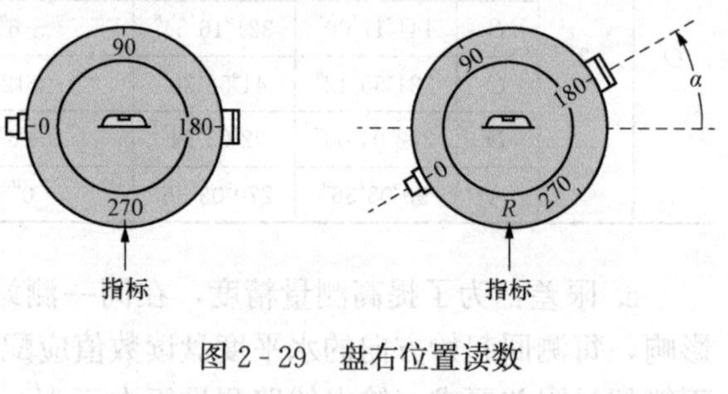

图 2-29 盘右位置读数

**表 2-4**　　**竖直角测量数据记录表**

| 测站 | 竖盘位置 | 目标 | 起始读数 | 竖盘读数 | 半测回角度值 | 指标差 | 一测回角度值 |
|---|---|---|---|---|---|---|---|
| 1 | 2 | 3 | 4 | 5 | 6 | 7 | 8 |
| $A$ | 左 | $B$ | 90° | 41°48′42″ | 48°11′18″ | +6″ | 48°11′24″ |
| | 右 | | 270° | 318°11′30″ | 48°11′30″ | | |

d. 竖盘指标差消除：仪器在实际使用过程中，由于仪器长期使用和运输，竖盘指标不会恰好显示在 90°、270°位置上，这就存在一个小角度 $\varphi$，称为竖盘指标差。假定盘左时指标处于 $90°+\varphi$、盘右时指标处于 $270°+\varphi$，则竖直角正确值为 $\alpha$，公式如下

$$\alpha=(90°+\varphi)-L=\alpha_{L}+\varphi \tag{2-2}$$

$$\alpha=R-(270°+\varphi)=\alpha_{R}-\varphi \tag{2-3}$$

从式（2-2）和式（2-3）可以看出，为了消除竖盘指标差的存在，可将盘左、盘右读数值相加求平均值得竖直角正确值

$$\alpha=1/2(\alpha_{L}+\alpha_{R})=(R-L-180°)/2 \tag{2-4}$$

通过上述公式，也可求出指标差值，即

$$\varphi=(\alpha_{R}-\alpha_{L})/2=(R+L-360°)/2 \tag{2-5}$$

(2) 视距测量。视距测量是利用经纬仪望远镜中的视距丝，根据光学原理间接地同时测定地面上两点的距离和高差的一种方法。这种方法虽然精度较低（其测距误差为 1/300～1/200），但它操作简单，而且不受地形起伏的限制，因此，在精度要求不高的测量工作中得到了广泛的应用。虽然目前有更先进的全站仪和全球定位进行测量，但使用经纬仪测量还是一种基本的方法。

使用经纬仪加塔尺视距法测量，其视距长度不宜大于 400m，当受地形条件限制时可适当放长；当距离大于 600m 时，宜采用光电测距或卫星定位测量。

视距法测距相对误差：同向应不大于 1/200，对向应不大于 1/150。

1) 视距测量类型。

a. 水平视距测量。在平坦地区测量两点间的水平距离，是使望远镜的视线水平而进行测量的。当调整望远镜的视线水平时，望远镜的视线与视距尺面彼此垂直。经纬仪水平测距方法与水准仪相同。

b. 倾斜视距测量。在地形起伏较大的地区进行视距测量时，就必须把望远镜视线放在倾斜位置才能看到视距尺，如图 2-30 所示。视距尺仍垂直地竖立于地面，而视线不再与视距尺面垂直，因而水平视距测量计算公式就不再适用。为此，下面将讨论当望远镜视线倾斜时的视距测量公式。

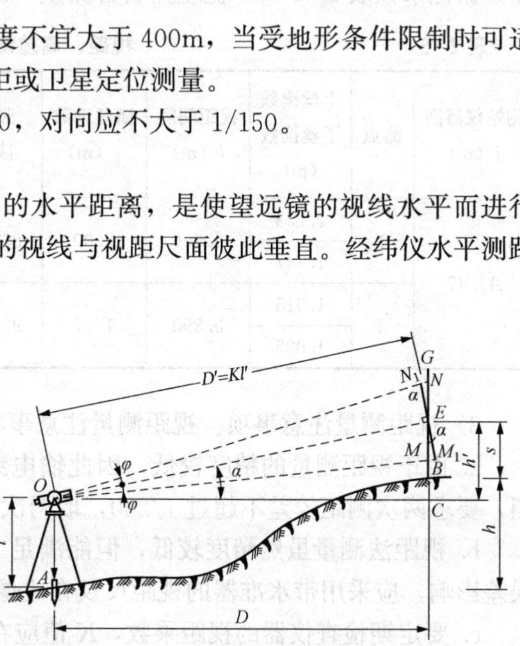


图 2-30　视线倾斜时视距测量

如图 2-30 所示，将仪器安置在 $A$ 点，在 $B$ 点竖立视距尺 $G$。设 $MN=l$ 为倾斜视线时视距丝在 $G$ 上的截尺间隔，$\alpha$ 为竖直角观测值。因为视线 $OE$ 不垂直 $MN$，所以 $A$、$B$ 两点间的水平距离 $D\neq Kl$。

过$E$点作$OE$的垂线，与上、下视距丝（简称上、下丝）交于$M_1$和$N_1$点，设$M_1N_1=l'$，可得倾斜距离$D'=Kl'$，则水平距离$D$为

$$D=D'\cos\alpha=Kl'\cos\alpha \tag{2-6}$$

由于实际上不能读取$l'$，只能根据假设条件求得$l'$与$l$的关系。

在三角形$EM_1M$和$EN_1N$中

$$\angle MEM_1=\angle NEN_1=\alpha, \angle EM_1M=90°-\varphi, \angle EN_1N=90°+\varphi$$

式中：$\varphi$为望远镜的上（或下）视距丝与中线之间的夹角，其值一般约为17′。

因此，图2-30中的$\angle EM_1M$和$\angle EN_1N$可近似地认为是直角，于是可得

$$l'=M_1N_1=EM\cos\alpha+EN\cos\alpha=(EM+EN)\cos\alpha$$

而$EM+EN=MN=l$，故有$l'=l\cos\alpha$，代入水平距离公式，得水平距离为

$$D=Kl\cos^2\alpha \tag{2-7}$$

2）视距测量步骤。视距测量步骤如下：

a. 将经纬仪安置在测站$A$，如图2-30所示，进行对中和整平。

b. 量取仪器高$i$。

c. 盘左位置使望远镜瞄准$B$点上竖立的视距尺，先后读取上、下丝读数$N$、$M$值，视距间隔$l=N-M$。

d. 调节竖盘水准管微调螺旋使气泡居中，然后在读数显微镜中读取竖直角的角值，并计算竖直角。

e. 根据测得的视距间隔$l$、竖直角观测值$\alpha$、横丝在视距尺上的切尺读数$s$和仪器高$i$，按相关公式计算水平距离和高差，再根据测站的高程计算出测点的高程，并将观测数据和计算数据记录在表2-5中。盘左盘右各测量一次。

**表2-5　　视距、高差测量数据记录表**

| 测站仪器高 $i$（m） | 测点 | 上丝读数<br>下丝读数<br>（m） | 视距间隔 $l$（m） | 横丝读数 $s$（m） | 竖盘读数 | 竖直角 | 水平距离 $D$（m） | 初算高差 $h$（m） | 高差 $h$（m） | 测点高程 $H$（m） |
|---|---|---|---|---|---|---|---|---|---|---|
| A1.47 | 1 | 2.253<br>1.747 | 0.506 | 2.00 | 86°59′ | +3°01′ | 50.46 | +2.66 | +2.13 | 49.49 |
| | 2 | 1.915<br>1.025 | 0.890 | 1.47 | 95°17′ | −5°17′ | 88.25 | −8.16 | −8.16 | 39.20 |

3）视距测量注意事项。视距测量注意事项如下：

a. 由于视距测量的精度较低，因此输电线路测量技术规定，还需用盘左、盘右位置观测，要求两次测距较差不超过1/200，取两次观测的平均值作为结果。

b. 视距法测量虽然精度较低，但能满足工程测量的精度要求。为了克服视距测量中的误差影响，应采用带水准器的视距尺及在成像稳定后进行观测。

c. 要定期检查仪器的视距乘数，$K$值应在100±0.1之内，否则要加以改正。

（3）高差测量。

1）水平高差测量同水准仪。

2）倾斜视线高差测量。倾斜视线时横丝在视距尺上的切点到望远镜水平视线的垂直高

度 $EC$ 称为初算高差，记为 $h'$。$h'$通过下列关系求得

$$h' = D'\sin\alpha = Kl\cos\alpha\sin\alpha \tag{2-8}$$

$$h' = \frac{1}{2}Kl\sin2\alpha \tag{2-9}$$

或

$$h' = D\tan\alpha \tag{2-10}$$

由图 2-30 中可以看出，$A$、$B$ 两点的高差 $h$ 为

$$h = h' + i - s \tag{2-11}$$

$$h = \frac{1}{2}Kl\sin2\alpha + i - s \tag{2-12}$$

式中：$i$ 为仪器高；$s$ 为横丝在视距尺上的切尺读数（中丝读数）。

观测中，当竖直角为仰角时，$h'$值为正；竖直角为俯角时，$h'$值为负。

6. 经纬仪的检验及校正

为了保证经纬仪测角的精度，经纬仪的几何轴线应满足下述条件，并严格按照以下顺序逐个进行：

（1）照准部水准管轴 $LL$ 应垂直于仪器竖轴 $VV$。

（2）十字丝纵丝应垂直于横轴 $HH$。

（3）视准轴 $CC$ 应垂直于横轴 $HH$。

（4）横轴 $HH$ 应垂直于仪器竖轴 $VV$。

（5）竖盘指标差应为零。

（6）光学对中器的视准轴应与仪器竖轴重合。

针对上述六个条件，分别进行如下检验和校正。

（1）照准部水准管轴 $LL$ 垂直于仪器竖轴 $VV$ 的检验与校正。

1）目的：照准部水准管气泡居中时，水平度盘应水平，垂直于竖轴。

2）检验：将仪器安置好后，使照准部水准管平行于一对脚螺旋的连线，调整脚螺旋使气泡居中，再将照准部水平旋转 180°，若气泡仍居中，说明条件满足，否则应进行校正。

3）校正：转动平行于水准管的两个脚螺旋，使气泡退回偏离零点的格数 1/2，再用拨针拨动水准管校正螺钉，使气泡居中。反复检验校正，直至满足要求。

（2）十字丝竖丝垂直于横轴 $HH$ 的检验与校正。

1）目的：当横轴居于水平位置时，使竖丝处于铅垂位置。

2）检验：用十字丝竖丝的一端精确瞄准远处某点，固定水平制动螺旋和望远镜制动螺旋，慢慢转动望远镜微动螺旋。如果目标不离开竖丝，说明条件满足，否则需要校正。

3）校正：松开压环固定螺钉，再松开十字丝校正螺钉，转动十字丝板座进行调整，再慢慢转动望远镜微动螺旋进行检查，直至满足要求，然后旋紧固定螺钉。部件结构如图 2-15 所示。

（3）视准轴 $CC$ 垂直于横轴 $HH$ 的检验与校正。

1）目的：使望远镜的视准轴垂直于横轴，如果视准轴不垂直于横轴，其偏离垂直位置的角值 $C$ 称为视准轴误差或照准差。

2）检验：选一长约100m的平坦地区，经纬仪安置于$O$点，$A$点竖立测量标志，$B$点水平横置一根水准尺，尺身垂直于视线$OB$并与仪器同高。盘左位置，视线瞄准$A$点，固定照准部，然后纵转望远镜，在$B$点的横尺上读取读数$B_1$；盘右位置，瞄准$A$点，固定照准部，然后纵转望远镜，读出$B_2$。若$B_1=B_2$，则说明视准轴与横轴相互垂直，否则需要校正。如图2-31所示。

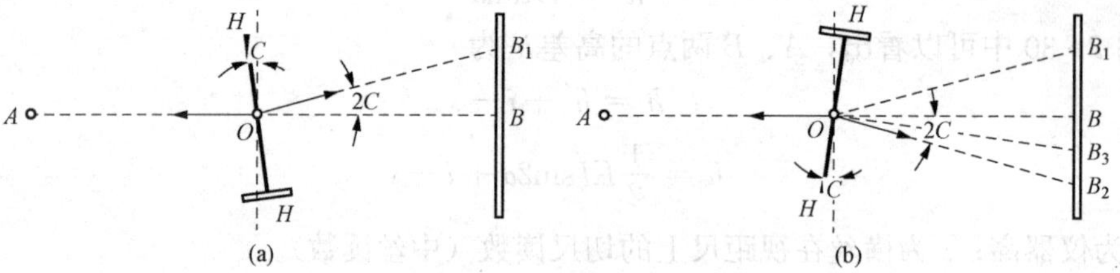


图2-31　视准轴$CC$垂直于横轴$HH$的检验

(a) 盘左；(b) 盘右

3）校正：若存在误差角度$C$，望远镜是以图2-31（a）中有误差角的$HH$轴为中心纵转的，则$B_1$所产生的是2倍视准误差，$B_1$与$B_2$所产生的差数是4倍视准误差，$B_3$为单倍视准误差，如图2-31（b）所示。拨针拨动十字丝的左右两个校正螺钉，注意先松其中一个校正螺钉，再紧另一个校正螺钉，使十字丝交点对准$B_3$点的读数即可。

（4）横轴$HH$垂直于仪器竖轴$VV$的检验与校正。

1）目的：使横轴垂直于仪器竖轴。

2）检验：距离一垂直墙面20～30m处，安置好经纬仪；盘左位置，瞄准墙面上高处一明显目标$P$，仰角宜在30°左右，固定照准部，将望远镜置于水平位置，制动后根据十字丝交点在墙上定出点$P_1$；盘右位置，瞄准$P$点，固定照准部，将望远镜置于水平位置，制动后定出$P_2$点。若$P_1$、$P_2$两点重合，则横轴是水平的，否则需要校正，如图2-32所示。

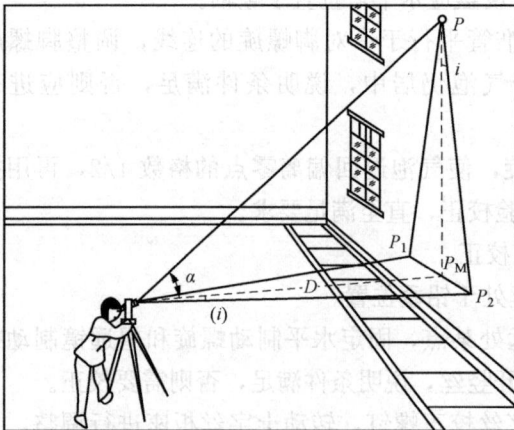

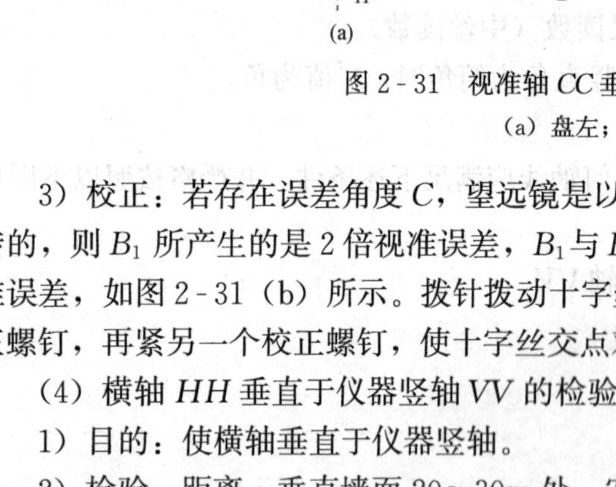


图2-32　横轴$HH$垂直于仪器竖轴$VV$的检验

3）校正：此项校正一般应由厂家或专业仪器修理人员进行。

（5）竖盘指标水准管的检验与校正。

1）目的：使竖盘指标差$\varphi$为零，指标处于正确位置。

2）检验：用望远镜在盘左、盘右两个位置观测同一目标，当竖盘指标水准管气泡居中后，分别读取竖盘读数$L$、$R$，求出差值平均值，进行校正。

3）校正：根据竖盘读数平均值设定盘右读数值，此时水准管气泡必然不居中。通过拨针拨动竖盘指标水准管上、下校正螺钉使气泡居中。该校正程序也需反复进行。

（6）光学对中器的检验与校正。

1）目的：使光学对中器视准轴与仪器竖轴重合。

2）检验方法如下。

a. 光学对中器在照准部上：在地面上放一张白纸，白纸上画一个十字形的标志 $P$，以 $P$ 点为对中标志安置好仪器，将照准部水平旋转 180°，如果 $P$ 点的像偏离了对中器分划板中心而对准了 $P$ 点旁另一点 $P'$，则说明对中器的视准轴与仪器竖轴不重合，需要校正。

b. 光学对中器在基座上：将经纬仪放在特制的夹具上，使得照准部固定不动，而基座能自由旋转。距离仪器不小于 2m 的墙壁上固定一张白纸，同 a. 检验方法，白纸上画一个十字形的标志 $P$，以 $P$ 点为对中标志安置好仪器。将基座水平旋转 180°，如果 $P$ 点的像偏离了对中器分划板中心而对准了 $P$ 点旁另一点 $P'$，则说明对中器的视准轴与仪器竖轴不重合，需要校正。

3）校正：用直尺在白纸上定出 $P$、$P'$点的中点 $O$，转动对中器的校正螺钉，使对中器分划板的中心对准 $O$ 点。光学对中器上的校正螺钉随仪器类型不同而各异，有些是校正视线转向的直角棱镜，有些是校正分划板。反复进行校正程序，直至分化板中心与 $P$ 点重合为止。

7. 经纬仪测量实训任务

经纬仪测量实训任务如下。

（1）完成所使用经纬仪检验任务：照准部水准管轴、十字丝竖丝、视准轴、横轴、光学对中器、竖盘指标差。

（2）训练在 3min 以内完成仪器的对中、整平。

（3）选择一块场地，在区域内任意选择具有明显高差、角度且距离约 100m 的 $A$、$B$ 两点，假定 $A$ 点绝对高程为 107.6m，通过经纬仪测量出 $B$ 点的绝对高程，并通过测量求得 $A$、$B$ 两点的距离、水平角度及竖直角度。

## 2.3 全站仪

1. 全站仪简介

全站仪是集测角、测距、自动记录于一体的先进测量仪器，又称全站型电子速测仪。它主要由光电测距仪、电子微处理机、数据终端三大部分组成，借助于机内固化的软件，可以组成多种测量功能。全站仪通过一次观测可获得水平角、竖直角和倾斜距离三种基本数据，在测量时，可以自动完成平距、高差、坐标增量计算和其他专业需要的数据计算，并显示在显示屏上；也可以配合电子记录手簿，实现自动记录、存储、输出测量成果，使测量工作大为简化，实现全野外数字化测量。

2. 与全站仪配合测量的工具

除与经纬仪相同的基本测量工具如三脚架、标杆、测钎、垂球之外，与全站仪配合使用的主要测量工具是反射棱镜（见图 2-33），有单棱镜和三棱镜。棱镜的作用是将全站仪发射的电磁波反射回全站仪，由全站仪的接收装置接收，全站仪的计时器可记录出电磁波从发射到接收的时间差，从而求得全站仪与棱镜之间的距离。

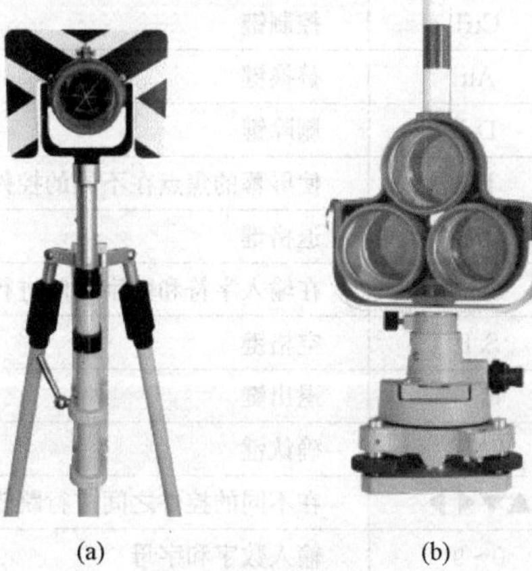

(a)　(b)

图 2-33　反射棱镜

(a) 单棱镜；(b) 三棱镜

3. 全站仪的结构与功能

（1）全站仪的结构。全站仪的结构及作用与经纬仪相似，现以 NTS-340 全站仪为例，其结构如图 2-34 所示。

（2）操作键。全站仪的操作键如图 2-35 所示。各按键功能如表 2-6 所示。

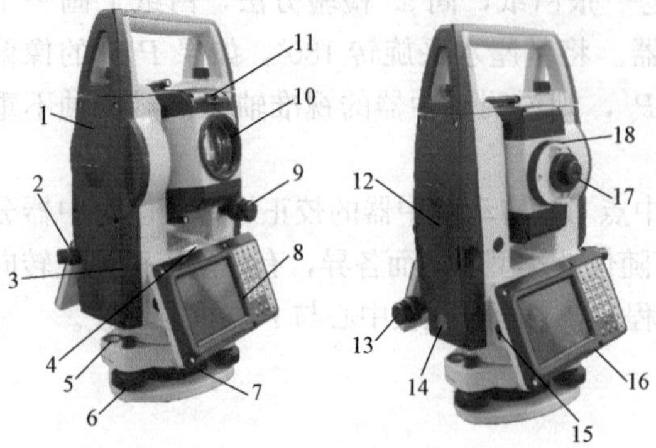


图 2-34 全站仪的结构

1—仪器中心标志；2—对点器；3—接口；4—管水准器；
5—圆水准器；6—脚螺旋；7—基座锁定钮；8—键盘、屏幕；
9—垂直制微动；10—物镜；11—影像；12—电池；13—水平制微；
14—测量键；15—RS232 电缆；16—温度气压传感器；
17—目镜；18—望远镜把手

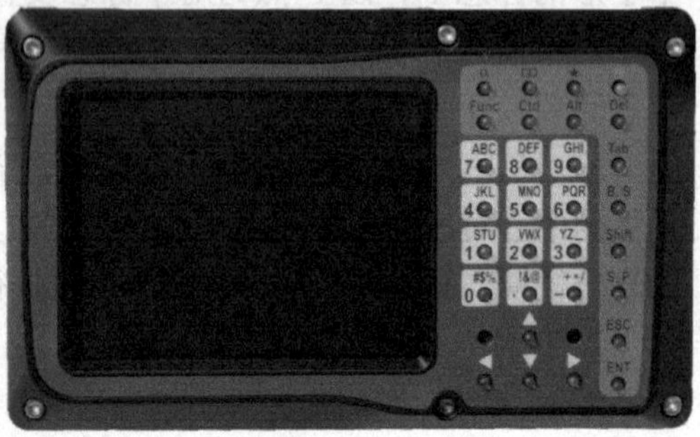

图 2-35 操作键

**表 2-6 全站仪按键功能**

| 按键 | 功 能 |
|---|---|
| α | 输入字符时，在大小写输入之间进行切换 |
| ⊡ | 打开软键盘 |
| ★ | 打开和关闭快捷功能菜单 |
| ⏻ | 电源开关，短按切换不同标签页，长按开关电源 |
| Func | 功能键 |
| Ctrl | 控制键 |
| Alt | 替换键 |
| Del | 删除键 |
| Tab | 使屏幕的焦点在不同的控件之间切换 |
| B.S | 退格键 |
| Shift | 在输入字符和数字之间进行切换 |
| S.P | 空格键 |
| ESC | 退出键 |
| ENT | 确认键 |
| ▲▼◀▶ | 在不同的控件之间进行跳转或者移动光标 |
| 0～9 | 输入数字和字母 |
| — | 输入负号或者其他字母 |
| · | 输入小数点 |
| 测量键 | 在特定界面下触发测量功能（此键在仪器侧面） |

（3）显示符号意义。显示符号意义如表 2-7 所示。

**表 2-7　显示符号意义**

| 显示符号 | 意　义 |
|---|---|
| V | 垂直角 |
| V% | 垂直角（坡度显示） |
| HR | 水平角（右角） |
| HL | 水平角（左角） |
| HD | 水平距离 |
| VD | 高差 |
| SD | 斜距 |
| N | 北向坐标 |
| E | 东向坐标 |
| Z | 高程 |
| m | 以米为距离单位 |
| ft | 以英尺为距离单位 |
| dms | 以度分秒为角度单位 |
| gon | 以哥恩为角度单位 |
| mil | 以密为角度单位 |
| PSM | 棱镜常数（以 mm 为单位） |
| PPM | 大气改正值 |
| PT | 点名 |

（4）常用基础功能图标。

：显示电池电量，点击进入电源、背光及声音相关设置。

：快捷方式，点击可以快速地进行一些常用的设置和操作。

：打开或关闭软键盘。

：显示当前的时间和日期，点击可以进入时间和日期设置。

：点击显示仪器信息。

：不保存当前页面的修改并退回到上一个页面。

：保存当前的页面所做的修改并退回到上一个页面。

（5）基础操作说明。

1）开机：按电源开关键。

关机：按住电源键 1s 左右，直到弹出关机菜单为止。要尽量保证正常关机，否则可能导致数据丢失。

2）按▲▼◀▶键可以在不同的菜单之间进行切换。

3）在主界面下按数字键1～5，选择对应菜单下的子菜单选项。

4）按Tab键可以在屏幕的不同区域之间进行跳转。

5）ESC对应屏幕中的按钮，按下可以返回到上一个页面。

6）ENT在一些页面下对应按钮，保存当前页面的设置及修改。

7）在输入时要先选择要输入的文本框，当光标闪烁时开始输入。

8）如果发现触摸屏的点击位置有所偏差，应进行触摸屏的检校。

9）除了在常规测量界面下，其他的度数显示格式为“度．分秒”。例如，12.2345为12°23′45″。当需要输入角度时，输入的格式同上。

10）当弹出警告、提示或者错误信息时，请等待1s左右，消息将自动消失，然后可进行下一步操作。

（6）高级功能。全站仪除了具有同时测距、测角的基本功能外，还具有三维坐标测量、后方交会测量、对边测量、悬高测量、坐标放样测量、偏心测量等高级功能。

1）三维坐标测量。将测站$A$坐标、仪器高和棱镜高输入全站仪中，后视$B$点并输入其坐标或后视方位角。完成全站仪测站定向后，瞄准$P$点处的棱镜，经过观测觇牌精确定位，按测量键，仪器可显示$P$点的三维坐标。

2）后方交会测量。将全站仪安置于待定点上，观测两个或两个以上已知的角度和距离，并分别输入各已知点的三维坐标和仪器高、棱镜高后，全站仪即可计算出测站点的三维坐标。由于全站仪后方交会既测角度，又测距离，多余观测数多，测量精度也就较高，也不存在位置上的特别限制，因此，全站仪后方交会测量也可称为自由设站测量。

3）对边测量。在任意测站位置，分别瞄准两个目标并观测其角度和距离，选择对边测量模式，即可计算出两个目标点间的平距、斜距和高差，还可根据需要计算出两个点间的坡度和方位角。

4）悬高测量。要测量不能设置棱镜的目标高度，可在目标的正下方或正上方安置棱镜，并输入棱镜高。瞄准棱镜并测量，再仰视或俯视瞄准被测目标，即可显示被测目标的高度，如图2-36所示。

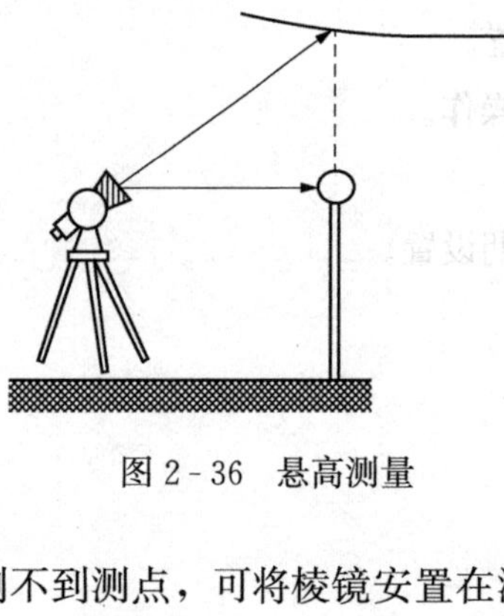

图2-36 悬高测量

5）坐标放样测量。安置全站仪于测站，将测站点、后视点和放样点的坐标输入全站仪中，置全站仪于放样模式下，经过计算可将放样数据（距离和角度）显示在液晶屏上，照准棱镜后开始测量。此时，可将实测距离与设计距离的差、实测量角度与设计角度的差、棱镜当前位置与放样位置的坐标差显示出来，观测员依据这些差值指挥司尺员移动方向和距离，直到所有差值为零，此时棱镜位置就是放样点位。

6）偏心测量。若测点不能安置棱镜或全站仪直接观测不到测点，可将棱镜安置在测点附近通视良好、便于安置棱镜的地方，并构成等腰三角形。瞄准偏心点处的棱镜并观测，再旋转全站仪瞄准原先测点，全站仪即可显示出所测点位置，如图2-37所示。

4. 全站仪测量准备工作

用全站仪进行控制测量，其基本原理与经纬仪进行控制测量相似，所不同的是全站仪能在一个测站上同时完成测角和测距工作。将全站仪安置于测站，开机时，仪器先进行自检，观测员完成仪器的初始化设置后，全站仪一般先进入测量基本模式或上次关机时的保留模式。在基本测量模式下，可适时显示出水平角和垂直角。照准棱镜，按距离测量键，数秒钟后，完成距离测量，并根据需要显示出水平距离或高差或斜距。除了基本功能外，全站仪还具有自动进行温度、气压、地球曲率等改正功能。由于全站仪一般都有自动记录测量数据的功能，因此，外业测量数据不必用表格记录；为便于查阅和认识全站仪的测量过程，也可用表格记录。

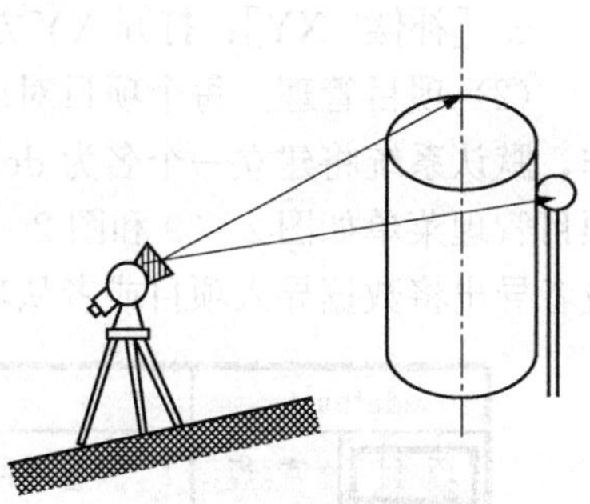

图 2-37 偏心测量

全站仪对中有光学对中和激光对中两种方式，现以 NTS-340 全站仪激光对中类型为例介绍全站仪操作步骤。

（1）利用激光对点器对中。

1）架设三脚架。将三脚架伸到适当高度，确保三脚架三条腿等长、打开，并使三脚架顶面近似水平，且位于测站点的正上方。将三脚架腿支撑在地面上，使其中一条腿固定。

2）安置仪器和对点。将仪器小心地安置到三脚架上，拧紧中心连接螺旋，打开激光对点器。双手握住另外两条未固定的架腿，通过对激光对点器光斑的观察调节该两条腿的位置。当激光对点器光斑大致对准测站点时，使三脚架三条腿均固定在地面上。调节全站仪的三个脚螺旋，使激光对点器光斑精确对准测站点。

3）利用圆水准器粗平仪器。调整三脚架三条腿的高度，使全站仪圆水准气泡居中。

4）利用管水准器精平仪器。松开水平制动螺旋，转动仪器，使管水准器平行于某一对角螺旋 $A$、$B$ 的连线。通过旋转角螺旋 $A$、$B$，使管水准气泡居中。将仪器旋转 90°，使其垂直于角螺旋 $A$、$B$ 的连线。旋转角螺旋 $C$，使管水准气泡居中。

5）精确对中与整平。通过对激光对点器光斑的观察，轻微松开中心连接螺旋，平移仪器（不可旋转仪器），使仪器精确对准测站点。再拧紧中心连接螺旋，再次精平仪器。重复此项操作，直到仪器精确整平对中为止。

6）按 Esc 键退出，激光对点器自动关闭。

注意：也可使用电子气泡代替上面的管水准器精平仪器部分。超出±4′范围会自动进入电子水泡界面。利用水准气泡图可以查看和设置双轴补偿的当前状态，如图 2-38 所示。

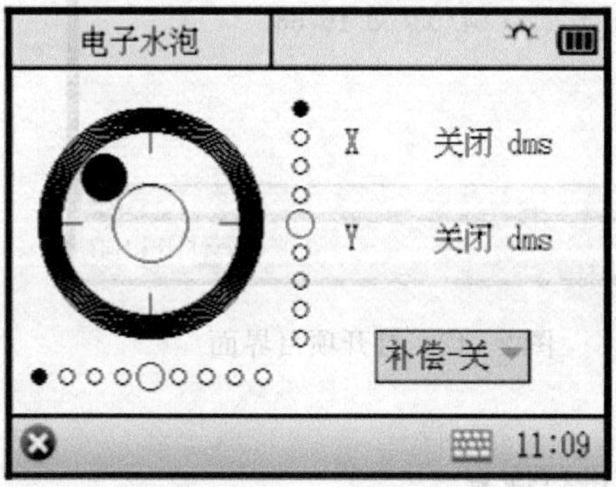


图 2-38 电子水泡

a. X：显示 $X$ 方向的补偿值。

b. Y：显示 $Y$ 方向的补偿值。

c. [补偿-关]：关闭双轴补偿，点击将进入[补偿-X]。

d. [补偿-X]：打开 $X$ 方向补偿，点击将进入[补偿-XY]。

e. [补偿-XY]：打开 $XY$ 方向补偿，点击将进入 [补偿-关]。

(2) 项目管理。每个项目对应一个文件，必须要先建立一个项目才能进行测量和其他操作，默认系统将建立一个名为 default 的项目。每次开机将默认打开上次关机时打开的项目。项目管理菜单如图 2-39 和图 2-40 所示。项目中将保存测量和输入的数据，可以通过导入或者导出将数据导入项目或者从项目中导出。

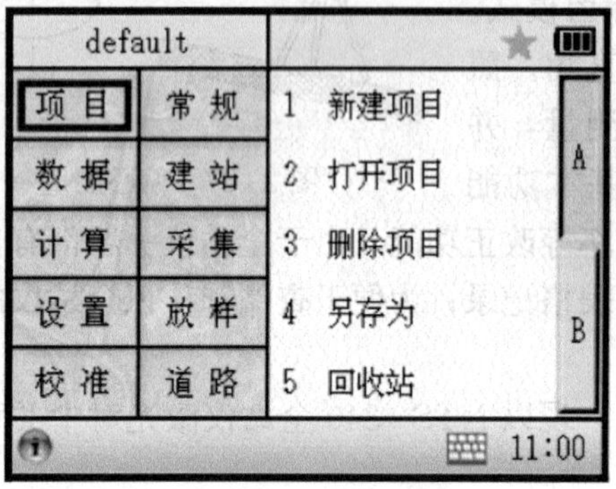


图 2-39　项目管理菜单 A

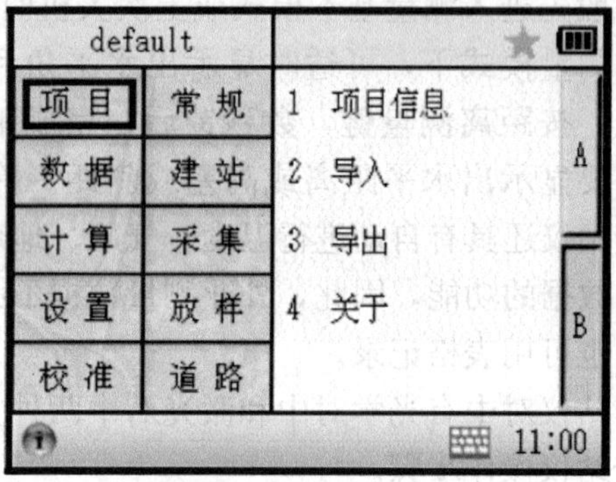


图 2-40　项目管理菜单 B

1）新建项目（图 2-41）。建立一个新的项目并打开该项目，且对之前的项目进行保存。不能建立两个项目名称相同的项目。项目名称最长为八个字符，文件的扩展名为 job。

a. 名称：输入项目名称，默认会以当前的时间作为项目名称。

b. 作者：输入项目者的名称。

c. 注释：为项目添加注释。

2）打开项目（图 2-42）。

a. 打开一个已有项目，同时会保存当前的项目。

b. 打开项目前要先选择一个项目。

c. 打开当前的项目将不会进行任何操作，当前项目变色显示。

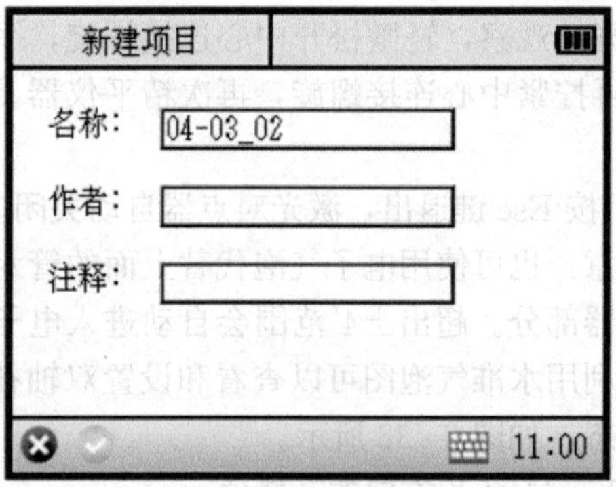


图 2-41　新建项目界面

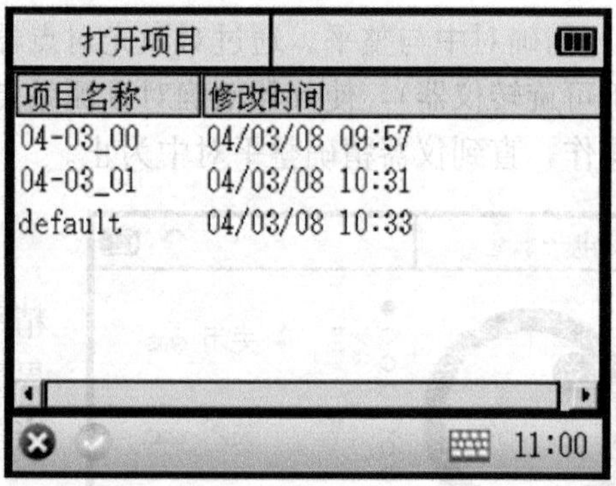


图 2-42　打开项目界面

3）删除项目（图 2-43）。

a. 删除选择的项目到回收站，可在回收站中对其进行恢复。

b. 删除项目前要先选择一个项目。

c. [删除]：删除选择的项目到回收站。

4）另存为（图 2-44）。

a. 将当前项目另存为一个新的项目，并且打开这个新的项目。

b. 名称：输入另存为项目的名称。

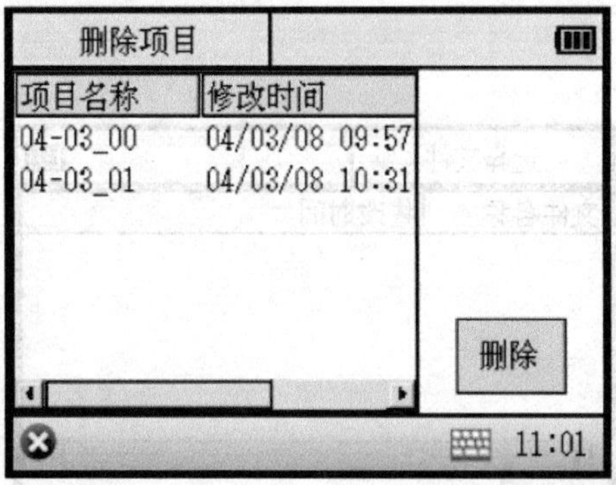


图 2-43　删除项目界面

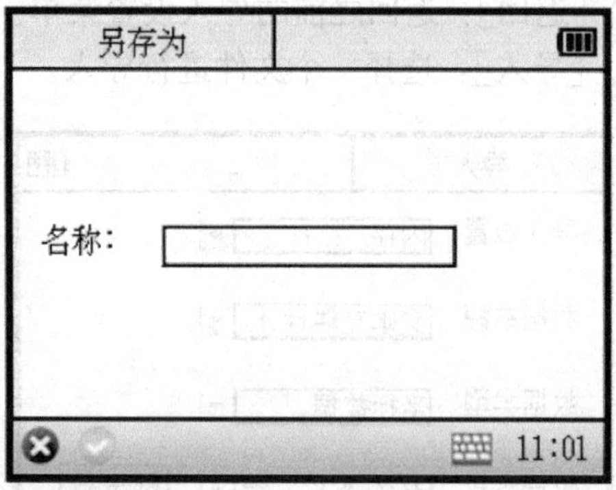


图 2-44　另存为界面

5）回收站（图 2-45），对已经删除的项目进行操作。

a.［恢复］：将选择的删除项目进行恢复。

b.［删除］：将项目彻底删除，删除的项目将不能再恢复。

6）项目信息（图 2-46），显示当前的项目信息。

a. 项目名称：显示当前项目的名称。

b. 点数：显示当前项目中的坐标点的个数。

c. 编码个数：显示当前项目中编码的个数。

d. 作者：项目的创建者。

e. 备注：项目的备注信息。

f. 创建时间：当前项目的创建时间。

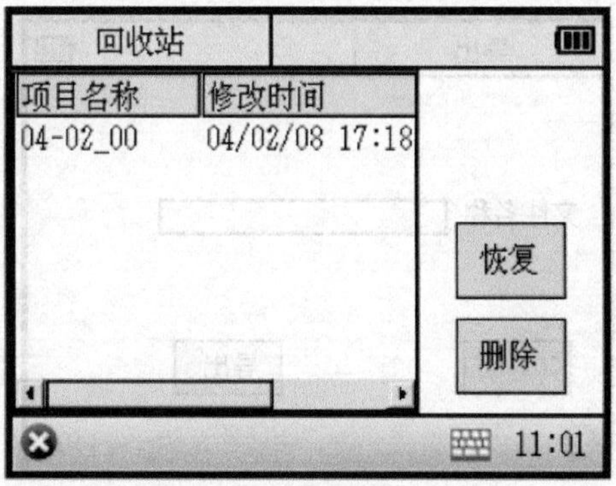


图 2-45　回收站界面

图 2-46　项目信息界面

7）导入（图 2-47）。

a. 将数据导入当前项目中。

a）导入位置：选择不同的存储介质。

b）数据来源：选择不同的文件格式。

c）数据类型：选择导入数据的类型。

d）数据格式：选择不同的数据格式。

e）［继续］：进入选择文件界面（图 2-48）。

b. 选择导入的文件。

a）［返回］：返回之前的导入设置菜单。

b）［导入］：选择一个文件进行导入。

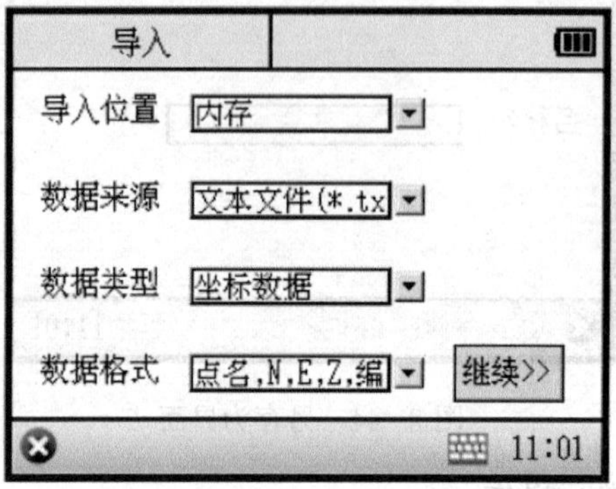


图 2-47　导入界面

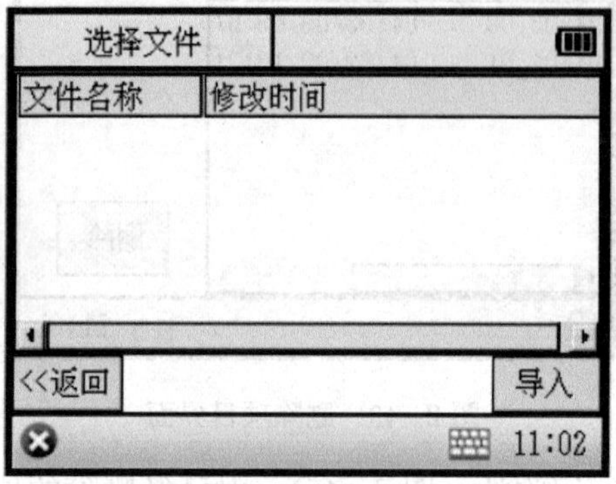


图 2-48　选择文件界面

8）导出（图 2-49），将当前项目中的数据导出。

a. 导出位置：选择导出文件存放的介质。

b. 数据类型：导出的数据类型。

c. 数据格式：导出数据的数据格式。

d. ［继续］：进入输入文件名称界面（图 2-50）。

e. 文件名称：输入导出数据所保存的文件的名称。

f. ［返回］：返回导出设置界面。

g. ［导出］：开始导出数据。

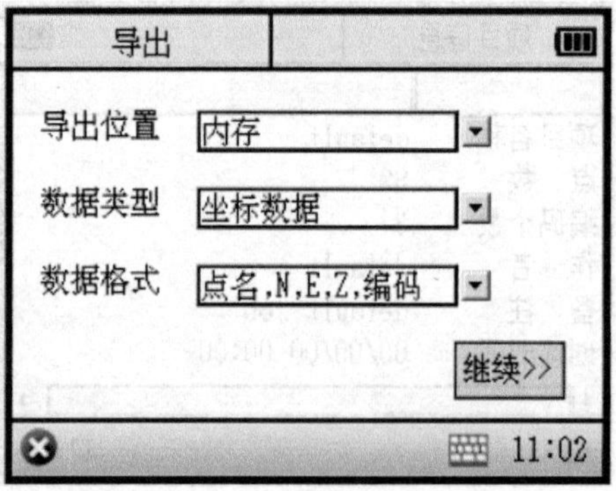


图 2-49　导出界面

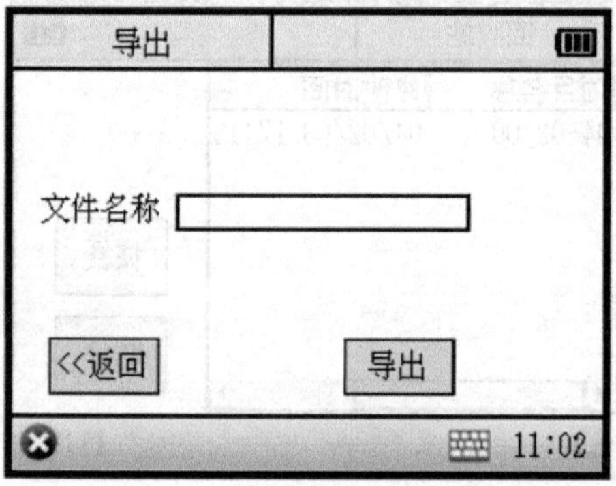


图 2-50　输入文件名称界面

h. ［搜索］：搜索蓝牙。

i. ［返回］：返回导出设置界面。

j. ［导出］：搜索蓝牙（图 2-51）。

9）仪器信息。

a. 显示当前仪器的一些信息（图 2-52）。

a）软件版本：程序软件版本号。

b）仪器型号：显示仪器型号。

c）仪器编号：显示仪器的编号。

d）设备编号：显示仪器的设备编号。

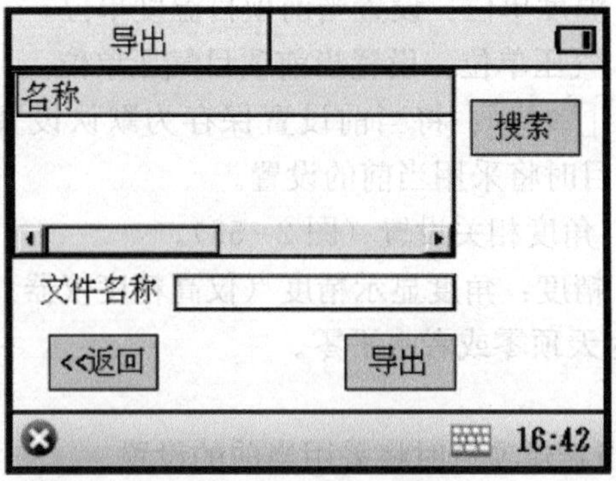


图 2-51　导出界面

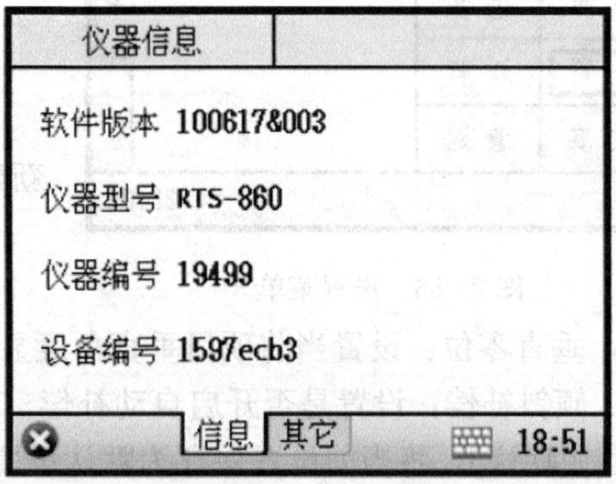


图 2-52　信息界面

b. 显示仪器、固件、版本号（图 2-53）。

a）MAIN：主板固件版本号。

b）BOOT：引导固件版本号。

c）ANGLE：角度固件版本号。

d）EDM：测距固件版本号。

e）TILT：补偿器固件版本号。

f）T&P：温度气压固件版本号。

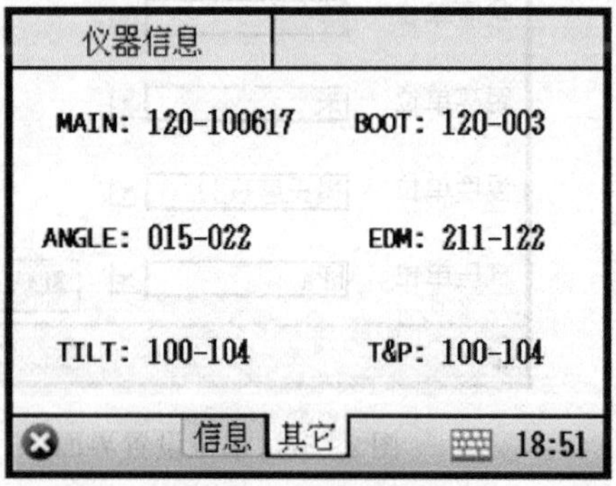


图 2-53　其他界面

（3）相关设置。设置分为两类：第一类是和项目相关的设置，修改这些设置只会影响到当前的项目；第二类是和项目无关的设置，修改这些设置会影响到所有项目。进入以下设置子目菜单内容，说明设置当前项目的为第一类，没有说明的为第二类。出现的［默认］键将以当前的设置保存为默认的设置，当下次建立一个新的项目时，则用当前的第一类的项目相关设置作为新建项目的参数设置。设置菜单如图 2-54～图 2-56所示。

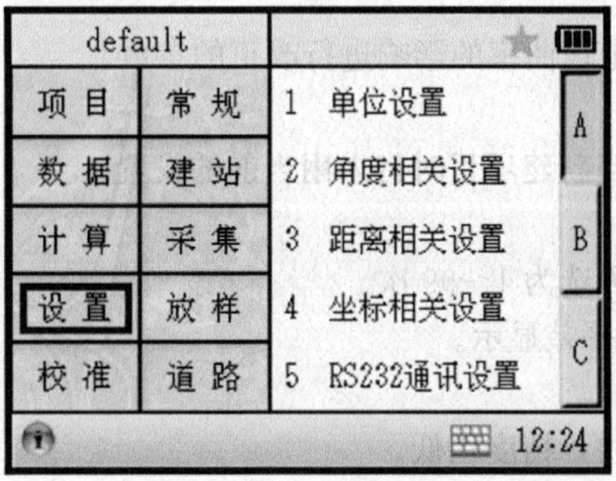


图 2-54　设置菜单 1

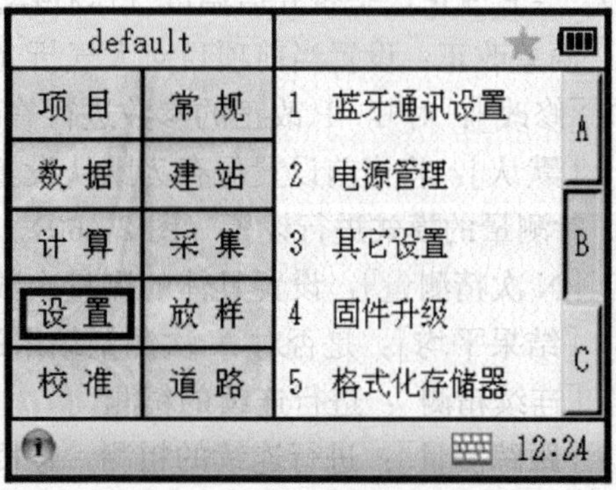


图 2-55　设置菜单 2

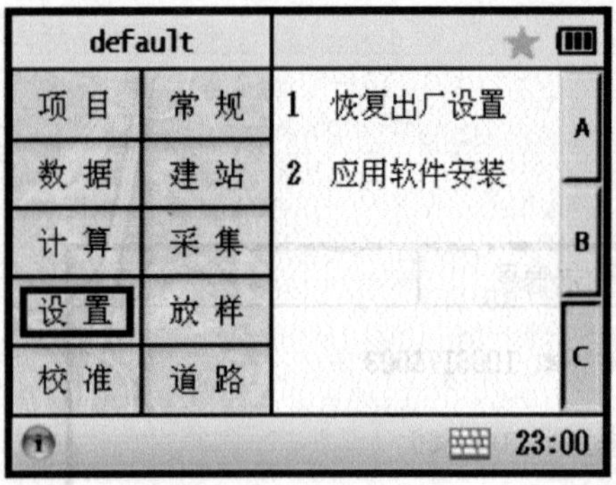


图 2-56 设置菜单 3

1）单位设置（图 2-57）。单位和具体的项目相关，项目不同，单位可能也不相同。

a. 角度单位：设置当前项目角度单位。

b. 距离单位：设置当前项目距离单位。

c. 温度单位：设置当前项目温度单位。

d. 气压单位：设置当前项目气压单位。

e. ［默认］：将当前设置保存为默认设置，当新建项目时将采用当前的设置。

2）角度相关设置（图 2-58）。

a. 精度：角度显示精度（仅高精度仪器）。

b. 垂直零位：设置当前项目垂直角度显示为天顶零或者水平零。

c. 倾斜补偿：设置是否开启自动补偿。

d. ［默认］：将当前设置保存为默认设置，当新建项目时将采用当前的设置。

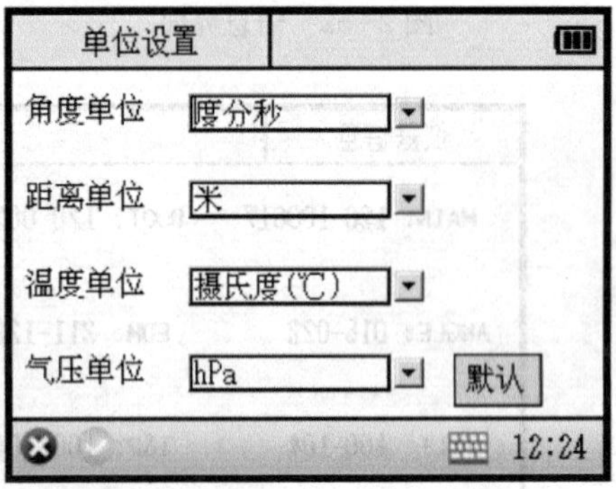


图 2-57 单位设置界面

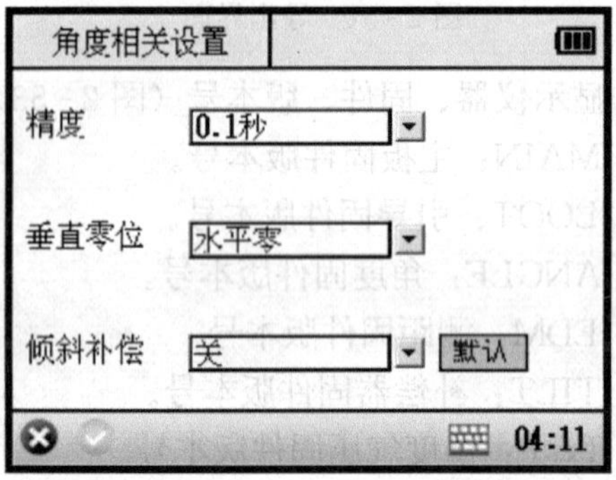


图 2-58 角度相关设置界面

3）距离相关设置。

a. 设置与距离相关的参数（图 2-59）。

a）精度：距离值显示精度（只支持高精度）。

b）比例尺：设置当前项目测站位置的比例尺因子。

c）高程：设置当前项目测站位置的高程。

d）T-P 改正：是否开启温度气压补偿。

e）两差改正：设置当前项目对大气折光和地球曲率的影响进行改正的参数。

f）［修改］：对 T-P 改正的参数进行修改。

g）［默认］：将当前设置保存为默认设置，当新建项目时将采用当前的设置。

b. 对测量的模式进行设置（图 2-60）。

a）［N 次精测量］：设置具体的测量次数，可选为 1～99 次。

b）［结果平均］：是否对 $N$ 次测量结果进行平差显示。

c）［连续精测］：进行连续的精测。

d）［跟踪测量］：进行连续的粗测，速度稍快，精度稍低。

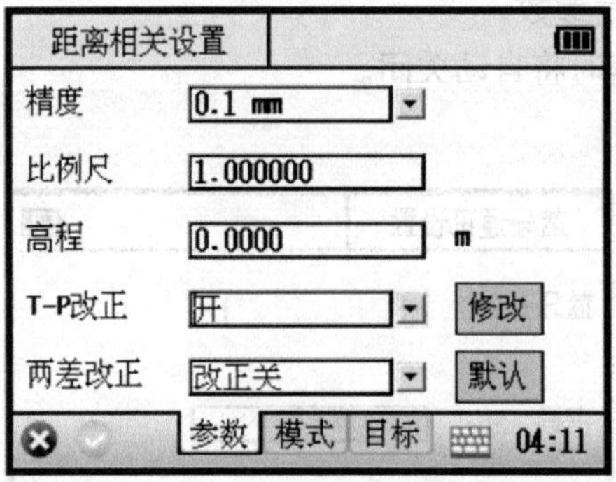


图 2-59　参数设置界面

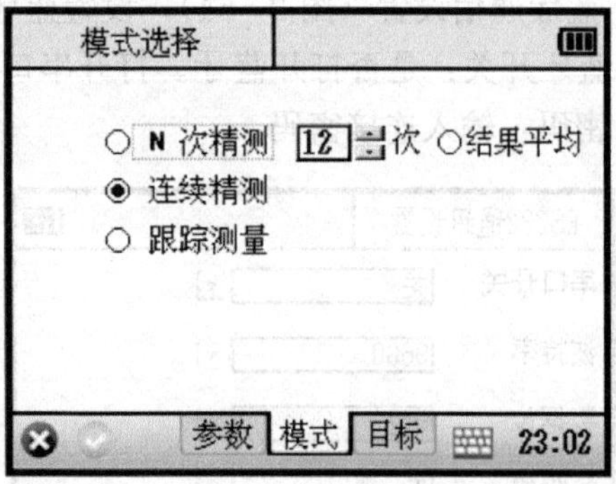


图 2-60　模式选择界面

c. 测距合作目标的设置（图 2-61），如果测距头为红外，则不选中反射板和无合作单选按钮。

a）[棱镜]：设置测距合作目标为棱镜。

b）常数：设置棱镜的常数。

c）[反射板]：设置合作目标为反射板。

d）[无合作]：设置合作目标为其他物体。

d）[测程增强]：增强测程，同时精度降低。

4）坐标相关设置（图 2-62）。

a. 坐标顺序：设置坐标的显示顺序。

b. 盘左右：测量的坐标值是否与盘左或者盘右相关，设置为不相关，则盘左和盘右测量的结果相同。

c. [默认]：将当前设置保存为默认设置，当新建项目时将采用当前的设置。

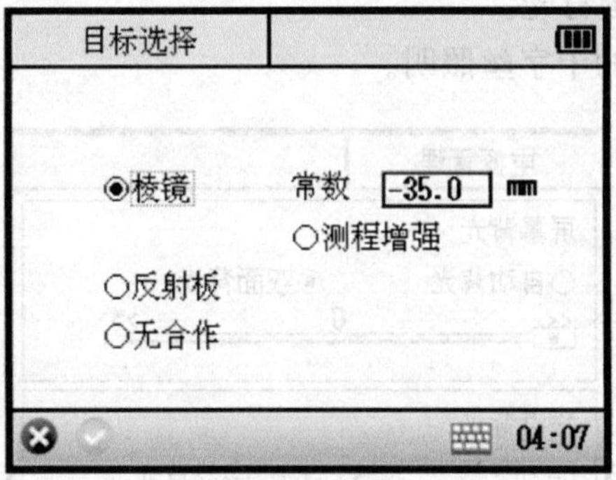


图 2-61　目标选择界面

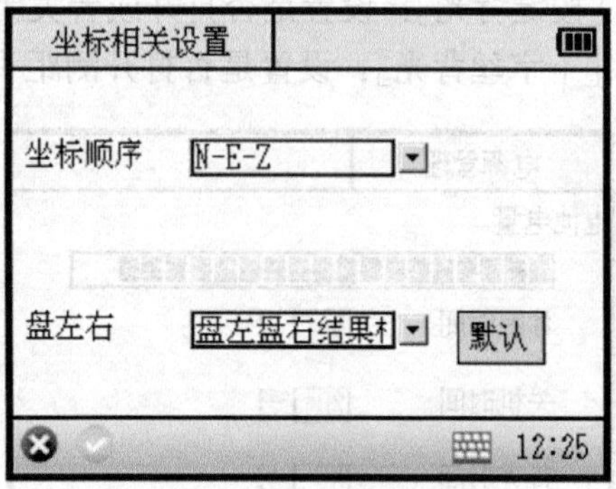


图 2-62　坐标相关设置界面

5）RS232 通信设置（图 2-63），设置串口通信参数。

a. 串口开关：是否打开串口，当打开蓝牙时，将自动关闭。

b. 波特率：设置串口通信的波特率。

c. 数据位：设置串口通信的数据位。

d. 检验位：设置串口通信的检验位。

e. 停止位：设置串口通信的停止位。

6）蓝牙通信设置（图2-64），设置蓝牙通信参数。

a. 蓝牙开关：是否打开蓝牙。打开串口通信时将自动关闭。

b. 密码：输入连接密码。

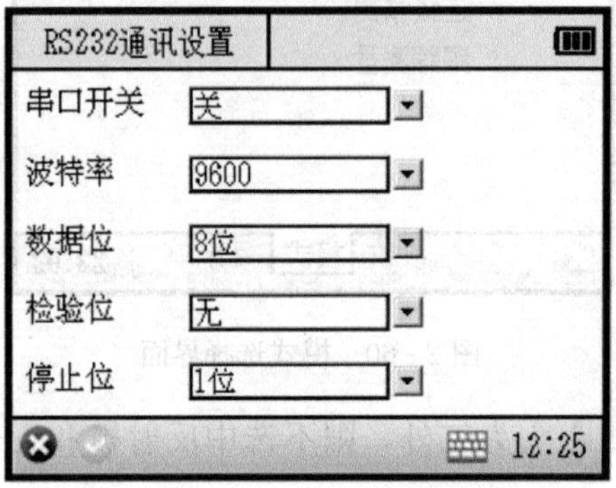


图2-63　RS232通信设置界面

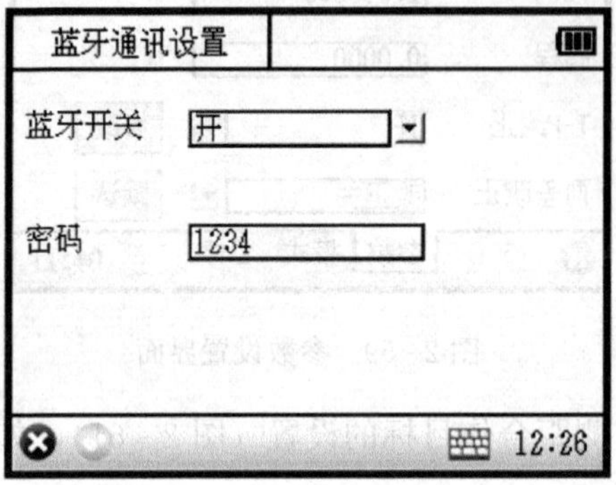


图2-64　蓝牙通信装置界面

7）电源设置。

a. 电源相关设置（图2-65）。

a）电池电量：显示电池的剩余电量。

b）休眠时间：设置仪器无操作时进入休眠的时间。

c）关机时间：设置仪器无操作时关机的时间。

d）背光时间：设置仪器无操作时关闭背光的时间。

b. 背光相关设置（图2-66）。

a）[自动背光]：仪器根据当前环境自动设置屏幕背光。

b）[双面背光]：选择打开或者两个屏幕背光。

c）[按键背光]：设置是否打开或者关闭按键背光。

d）[十字丝背光]：设置是否打开测距头内的十字丝照明。

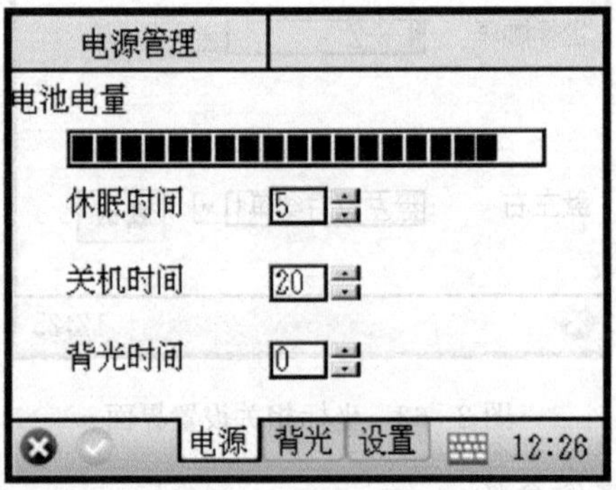


图2-65　电源界面

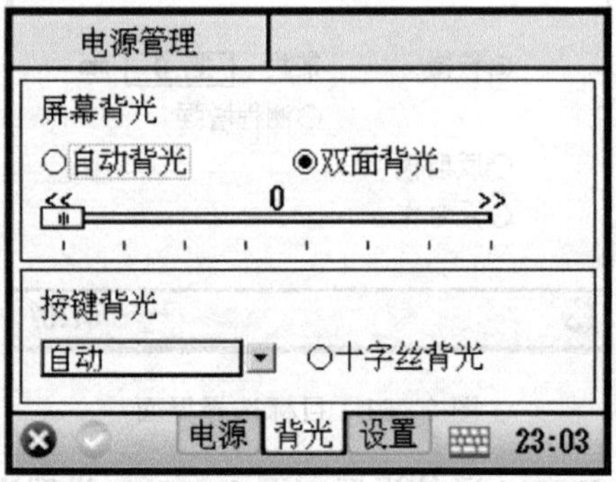


图2-66　背光界面

c. 电源管理的其他设置（图2-67）。

a）电池类型：根据当前电池选择电池的类型。

b）声音设置：设置声音是否开关。

8）其他设置（图2-68）。

语言选择：选择仪器显示的语言。

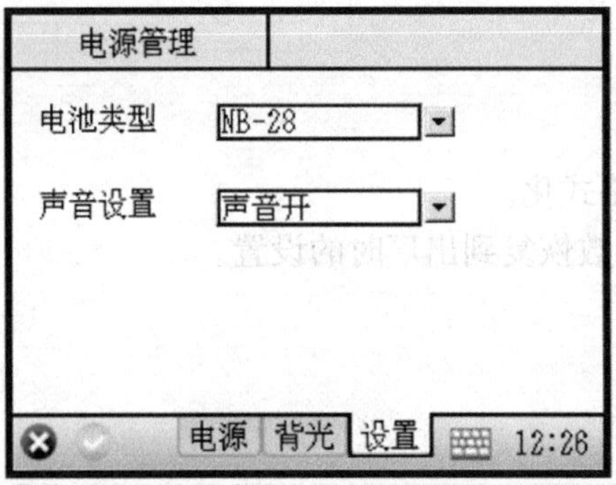


图 2-67　设置界面

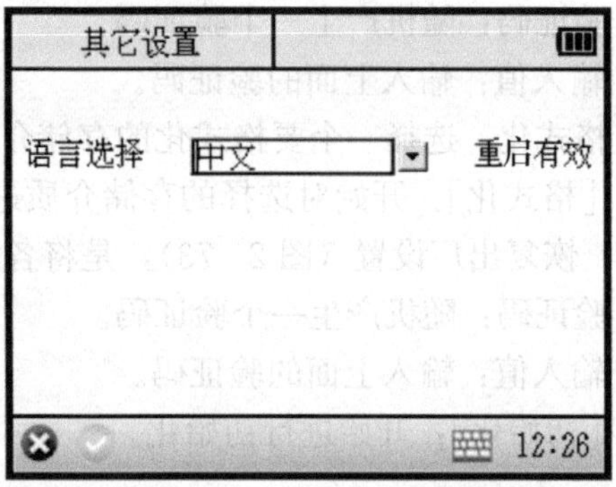


图 2-68　其他设置界面

9）固件升级（图 2-69～图 2-71），对仪器的各种硬件程序进行升级。首先到官方网站下载对应硬件的升级包，复制到内存、SD 卡或者 U 盘中，单击对应按钮进行升级。在升级前将显示当前硬件的版本，如果硬件版本不一致，将不能升级。升级包不能改名，在同一个存储介质中只能放一个硬件的升级包。

a. 系统固件：升级系统固件。

b. 其他：升级其他固件。

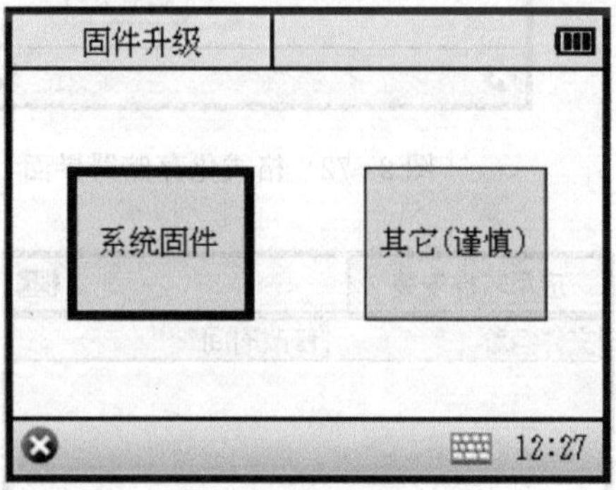


图 2-69　固件升级界面 1

选择其他固件升级类型。

a. ［测角固件］：升级测角固件。

b. ［测距固件］：升级测距固件。

c. ［双轴补偿固件］：升级双轴补偿固件。

d. ［温度气压固件］：升级温度气压固件。

升级界面如下。

a. 文件来源：选择升级包保存的存储介质位置。

b. 当前硬件版本：显示当前要升级硬件对应的硬件版本。

c. 当前软件版本：显示当前要升级硬件的软件版本号。

d. 升级软件版本：当前软件包的软件版本。

e. 系统固件：显示当前要升级的固件为系统固件，其他类推。

f. ［开始升级］：开始对当前固件进行升级。

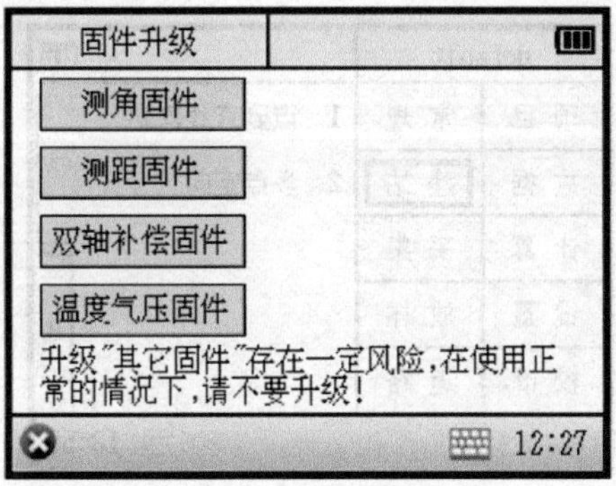


图 2-70　固件升级界面 2

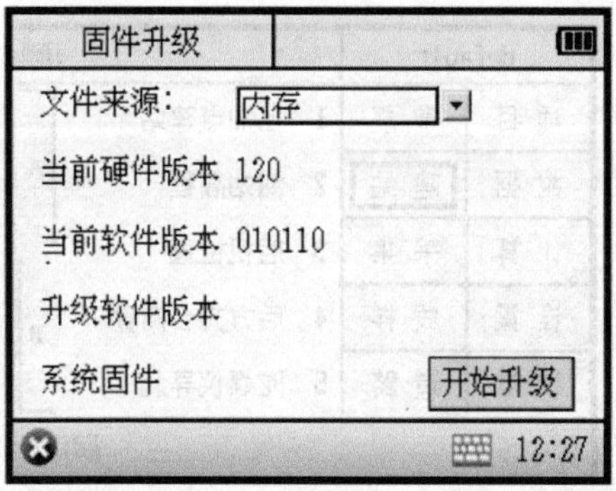


图 2-71　固件升级界面 3

10）格式化存储器（图2-72），对当前的存储器进行格式化。

a. 验证码：随机产生一个验证码。

b. 输入值：输入上面的验证码。

c. 格式化：选择一个要格式化的存储介质。

d. [格式化]：开始对选择的存储介质进行格式化。

11）恢复出厂设置（图2-73），是将各种参数恢复到出厂时的设置。

a. 验证码：随机产生一个验证码。

b. 输入值：输入上面的验证码。

c. [初始化]：开始进行初始化。

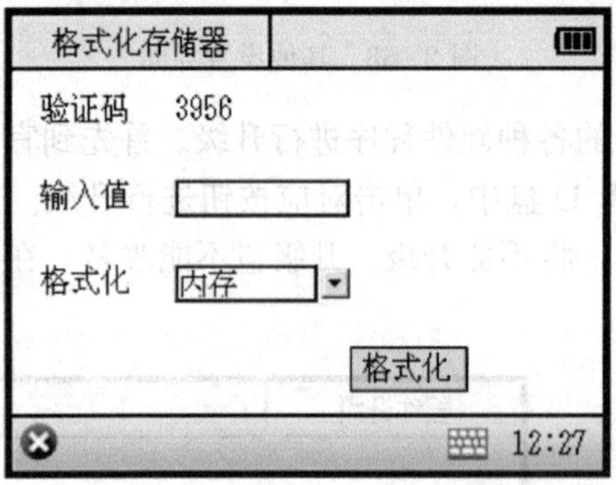


图2-72　格式化存储器界面

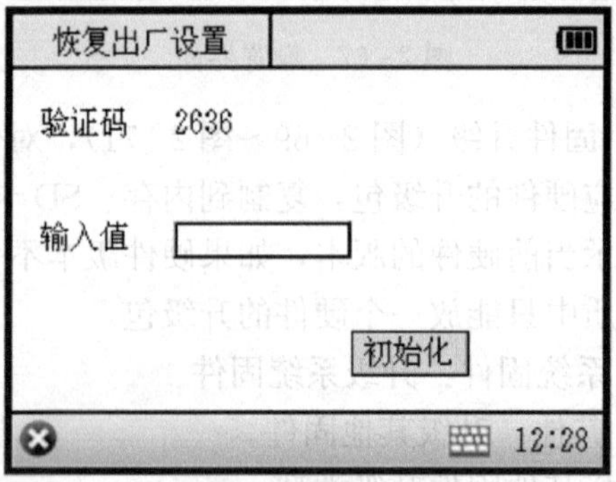


图2-73　恢复出厂设置界面

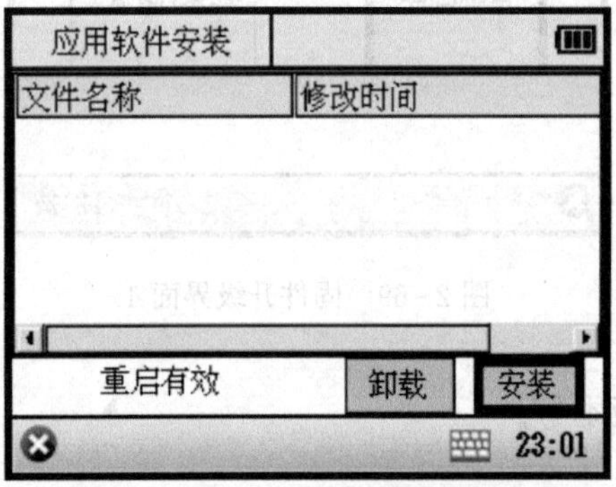


图2-74　应用软件安装界面

12）应用软件安装（图2-74），可以安装附加软件，将放有安装程序的SD卡放入仪器中，然后单击［安装］按钮。

a. ［卸载］：卸载程序。

b. ［安装］：安装程序。

（4）建站。在进行测量和放样之前都要进行已知点建站的工作，建站菜单如图2-75和图2-76所示。

1）已知点建站。

a. 通过已知点进行后视的设置。设置后视有两种方式，一种是通过已知的后视点，一种是通过已知的后视方位角。

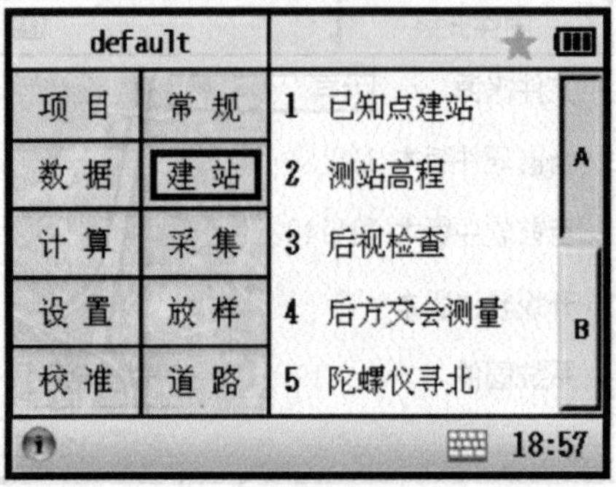


图2-75　建站菜单A

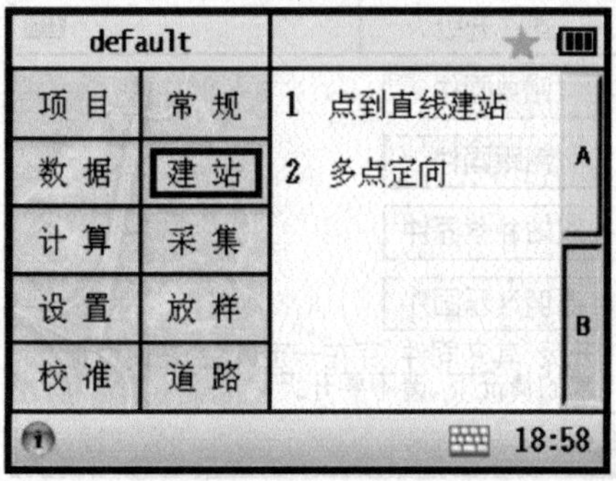


图2-76　建站菜单B

a）测站：输入已知测站点的名称，可以通过调用或新建一个已知点作为测站点。

b）仪高：输入当前的仪器高。

c）镜高：输入当前的棱镜高。

d）后视点：输入已知后视点的名称，可以通过调用或新建一个已知点作为后视点（图 2-77）。

e）当前 HA：显示当前的水平角度。

f）设置：根据当前的输入对后视角度进行设置。如果前面的输入不满足计算或设置要求，将会给出提示。

b. 通过直接输入后视角度来设置后视。后视角：输入后视角度值（图 2-78）。

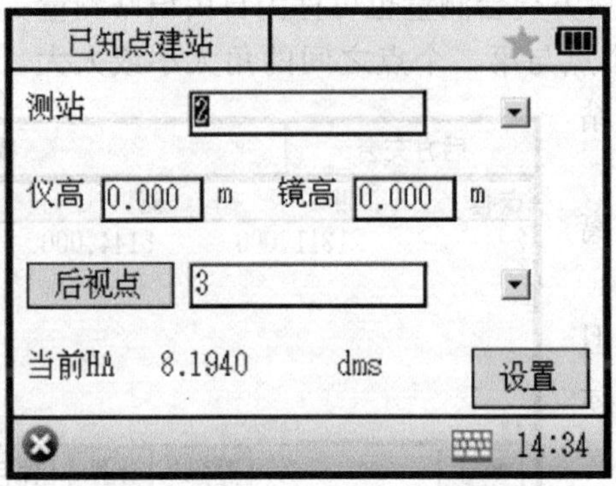

图 2-77　已知点建站界面（后视点）

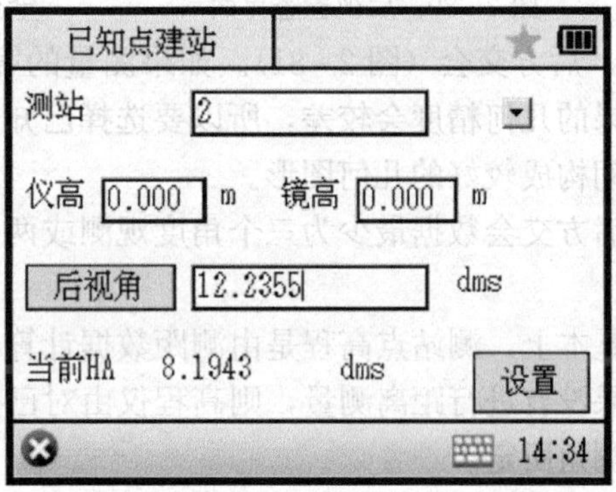

图 2-78　已知点建站界面（后视角）

2）测站高程（图 2-79），通过测量一已知高程点来得到当前测站点的高程，必须要先进行设站才能进行测站高程的设置。

a. 高程：输入已知点高程，可以调用已知点的高程。

b. 镜高：当前棱镜的高度。

c. 仪高：当前仪器的高度。

d. VD：显示当前的垂直角。

e. 测站高（计算）：显示根据测量结果计算得到的测站高。

f. 测站高（当前）：显示当前的测站高。

g. [测量]：开始进行测量，并且会自动计算测站高。

h. [设置]：将当前的测站高设置为测量计算得出的测站高。

3）后视检查（图 2-80），检查当前的角度值与设站时的方位角是否一致，必须要先进行设站才能进行后视检查。

a. 测站点名：显示测站点名。

b. 后视点名：显示后视点名。如果通过输入后视角度的方式得到点名，此处将显示为空。

c. BS：显示设置的后视点名。

d. HA：显示当前的水平角。

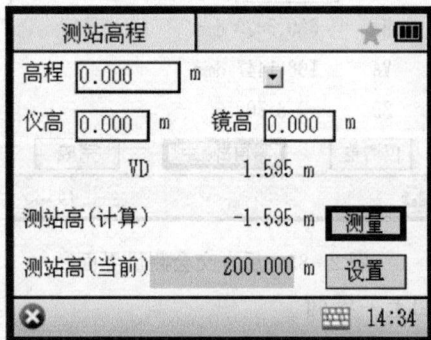

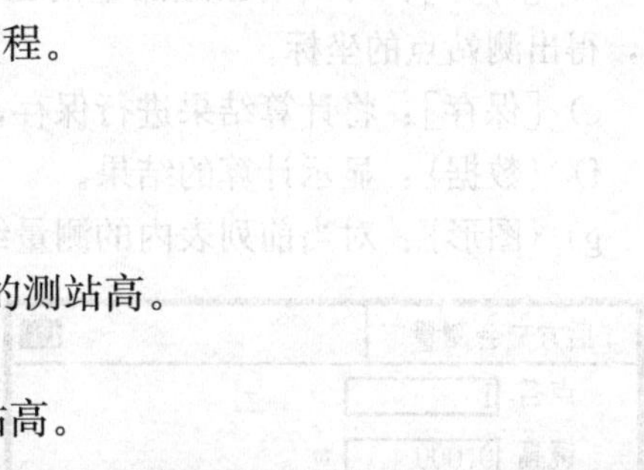

图 2-79　测站高程界面

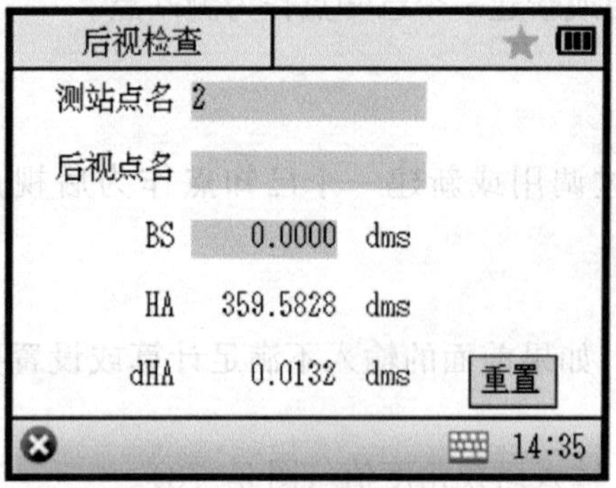


图 2-80 后视检查界面

e. dHA：显示BS和HA两个角度的差值。

f. [重置]：将当前的水平角重新设置为后视角度值。

4）后方交会测量。将全站仪安置于待定点上，观测两个或两个以上已知的角度和距离，并分别输入各已知点的三维坐标和仪器高、棱镜高后，全站仪即可计算出测站点的三维坐标。由于全站仪后方交会既测角度，又测距离，多余观测数多，测量精度也就较高，也不存在位置上的特别限制，因此，全站仪后方交会测量也可称为自由设站测量。

a. 后方交会（图 2-81）。如果测量的第一个点与第二个点之间的角太小或太大，其计算成果的几何精度会较差，所以要选择已知点与站点之间构成较好的几何图形。

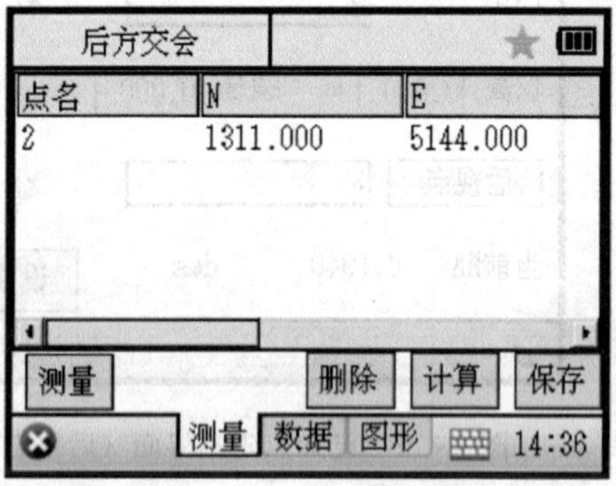


图 2-81 后方交会界面

后方交会数据最少为三个角度观测或两个距离观测。

基本上，测站点高程是由测距数据计算的，但是如果没有进行距离测量，则高程仅由对已知坐标点的测角所定。

a）列表：显示当前已经测量的已知点结果。

b）[测量]：进入测量已知点的界面。

c）[删除]：删除一个选择的已测已知点。

d）[计算]：对当前已经测量的已知点进行计算，得出测站点的坐标。

e）[保存]：将计算结果进行保存，用于建站。

f）{数据}：显示计算的结果。

g）{图形}：对当前列表内的测量结果进行显示。

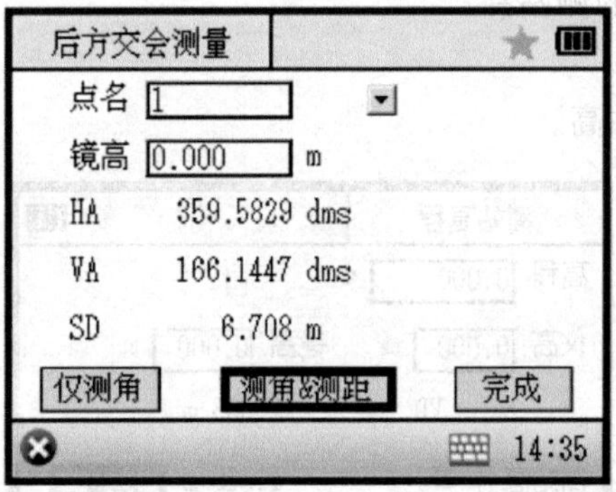


图 2-82 后方交会测量界面

b. 后方交会测量（图 2-82），测量已知点的界面。

a）点名：输入一个已知点名。

b）镜高：输入当前棱镜的镜高。

c）HA：显示测量的角度结果。

d）VA：显示测量的垂直角度值。

e）SD：显示测量的斜距值。

f）[仅测角]：只测量角度。

g）[测角 & 测距]：测角并测距。

h）[完成]：完成测量，保存当前的测量结果，返回上一界面。

5）点到直线建站。首先任意测量两点作为基点，单击[下一步]按钮（图 2-83）。仪器计算出两点之间的位置关系，单击[下一步]按钮（图 2-84）。

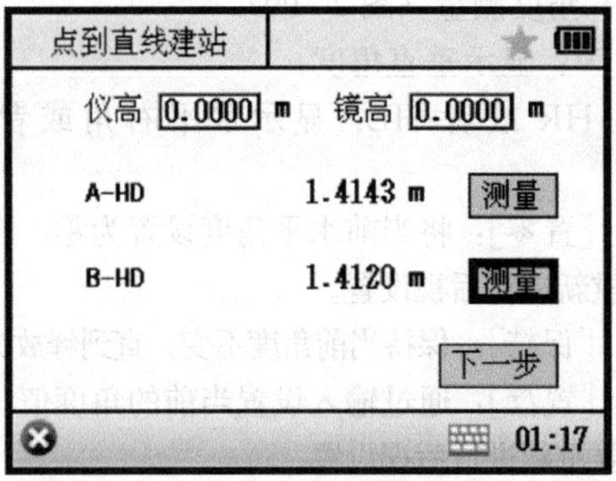


图 2-83 选择基点

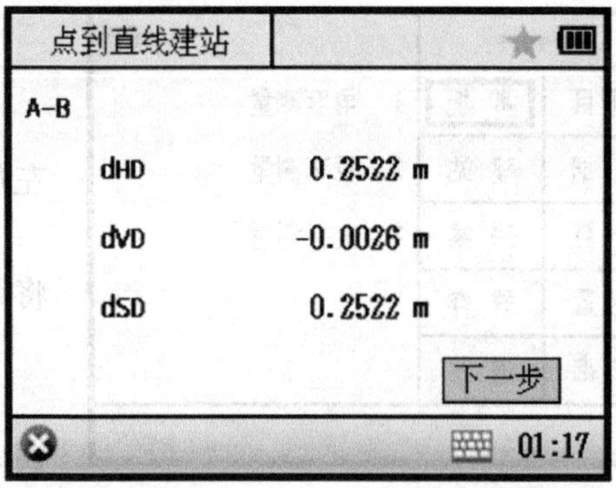


图 2-84 计算两点位置关系

仪器将根据两点自动建立坐标系后进入建站界面，单击［设置］按钮完成建站（图 2-85）。

6）多点定向。输入测站点名及相关信息，单击［下一步］按钮（图 2-86）。

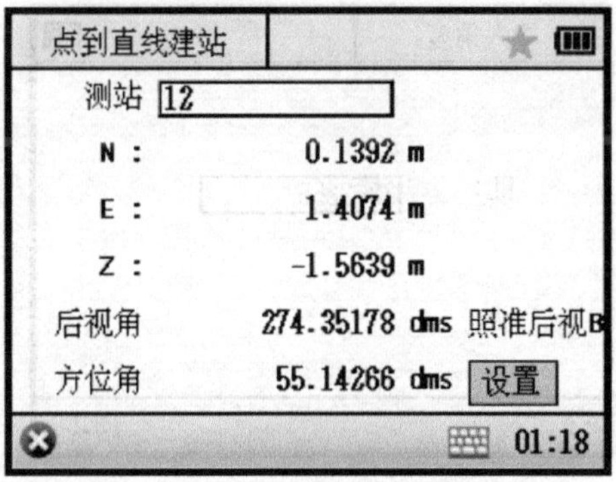


图 2-85 建站界面

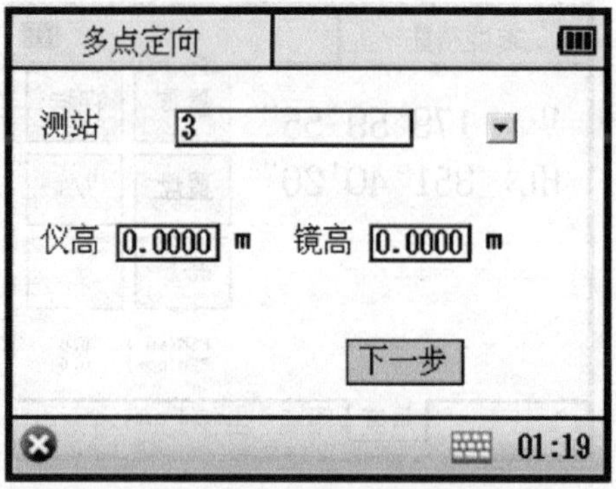


图 2-86 输入测站点名及相关信息

单击［测量］按钮，测量多个后视点，最后单击［计算］按钮（图 2-87）。

查看测量结果，单击［设置］按钮，完成多点后视建站（图 2-88）。

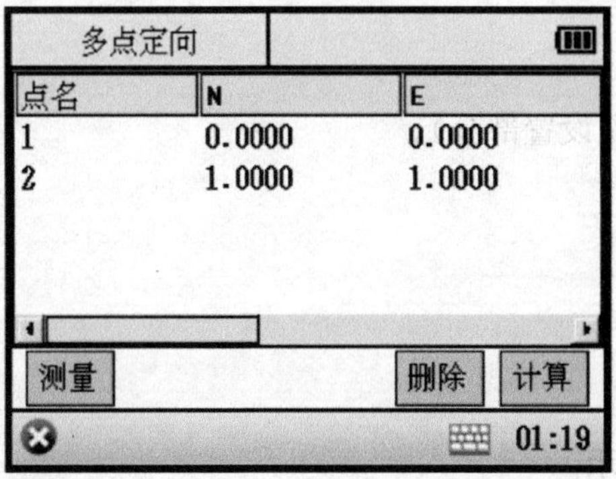


图 2-87 测量后视点

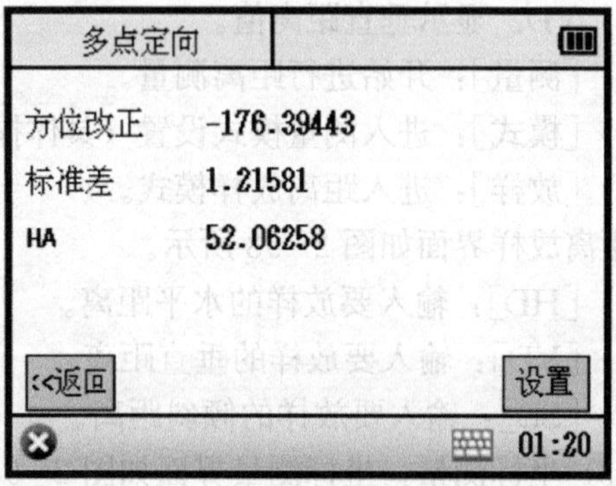


图 2-88 完成多点后视建站

5. 全站仪常规测量

在常规测量程序下，可完成一些基础的测量工作。常规测量菜单如图 2-89 所示。

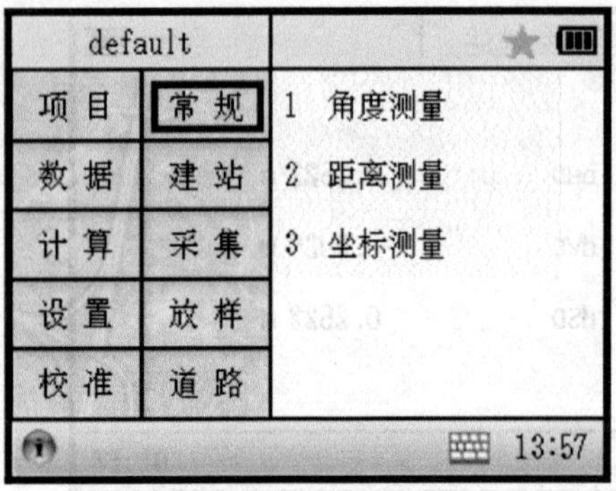


图 2-89　常规测量菜单

(1) 角度测量（图 2-90）。

1) V：显示垂直角度。

2) HR 或者 HL：显示水平右角或者水平左角。

3)［置零］：将当前水平角度设置为零，设置后将需要重新进行后视设置。

4)［保持］：保持当前角度不变，直到释放为止。

5)［置盘］：通过输入设置当前的角度值，设置后将需要重新进行后视设置。

6)［V/%］：垂直角显示在普通和百分比之间进行切换。

7)［R/L］：水平角显示在左角和右角之间转换。

8) HL：输入水平角度值（见图 2-91）。

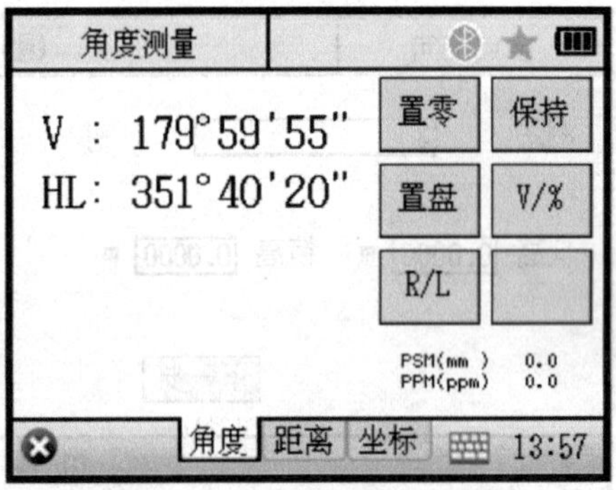


图 2-90　角度测量界面

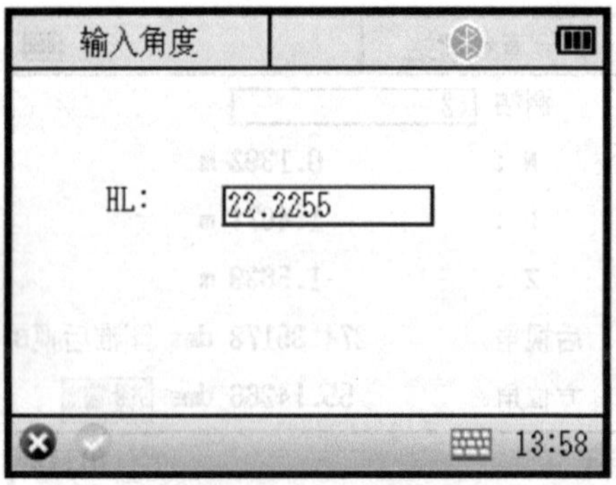


图 2-91　输入角度界面

(2) 距离测量，距离测量界面如图 2-92 所示。

1) SD：显示斜距值。

2) HD：显示水平距离值。

3) VD：显示垂直距离值。

4)［测量］：开始进行距离测量。

5)［模式］：进入测量模式设置（具体操作见设置部分）。

6)［放样］：进入距离放样模式。

距离放样界面如图 2-93 所示。

1)［HD］：输入要放样的水平距离。

2)［VD］：输入要放样的垂直距离。

3)［SD］：输入要放样的倾斜距离。

(3) 坐标测量，坐标测量界面如图 2-94 所示。

1) N：北坐标。

2) E：东坐标。

3) Z：高程。

4)［测量］：开始进行测量。

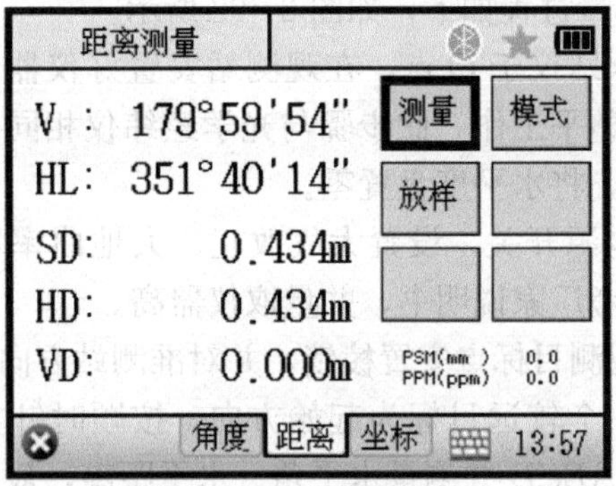


图 2 - 92　距离测量界面

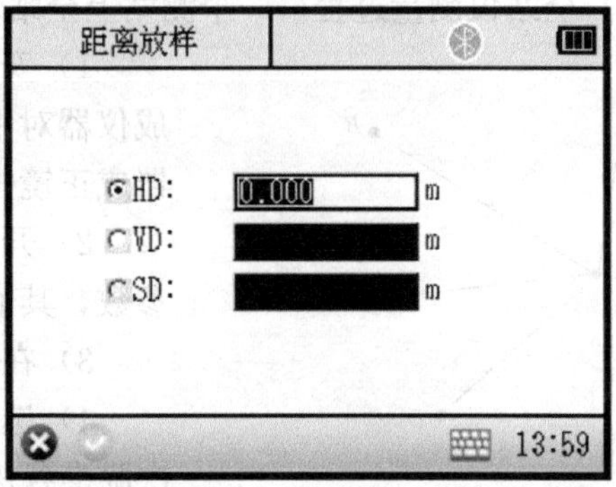


图 2 - 93　距离放样界面

5）[模式]：设置测距模式。

6）[镜高]：进入输入镜高界面。

输入镜高界面如图 2 - 95 所示。棱镜高：输入当前的棱镜高。

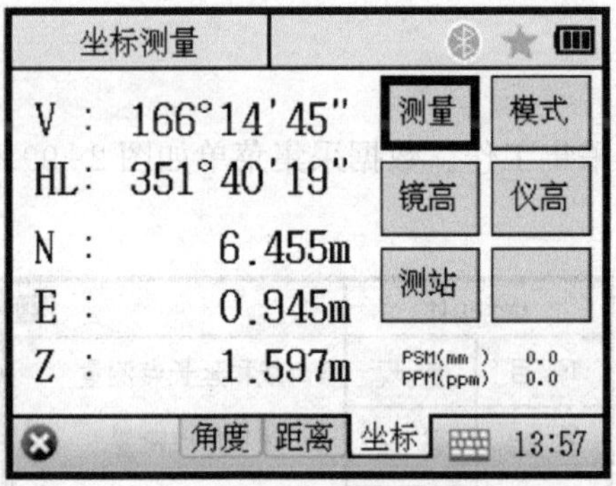


图 2 - 94　坐标测量界面

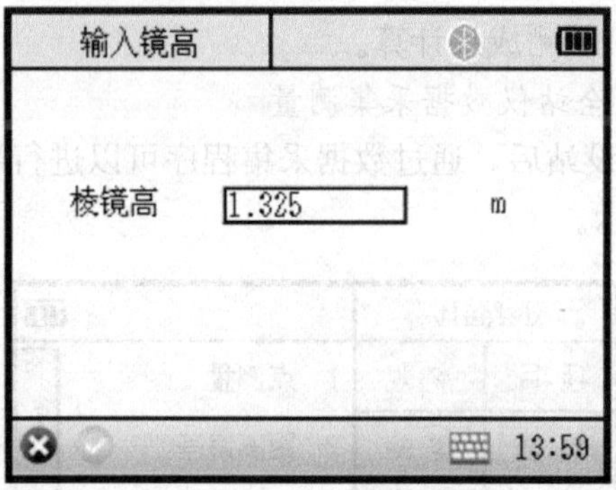


图 2 - 95　输入镜高界面

输入仪高界面如图 2 - 96 所示。仪器高：输入当前的仪器高。

输入测站界面如图 2 - 97 所示。

1）N：输入测站 N 坐标。

2）E：输入测站 E 坐标。

3）Z：输入测站高程。

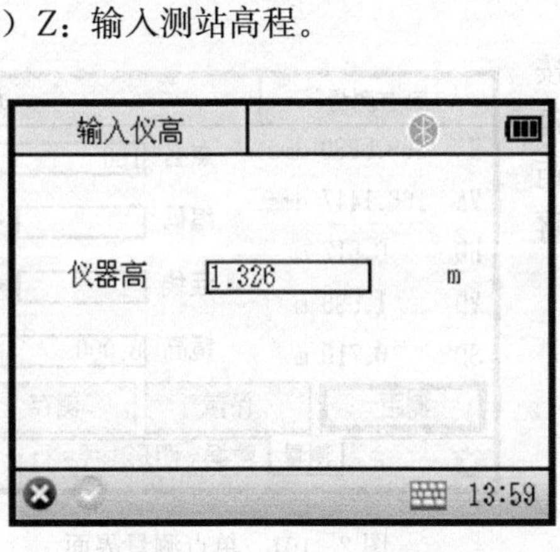


图 2 - 96　输入仪高界面

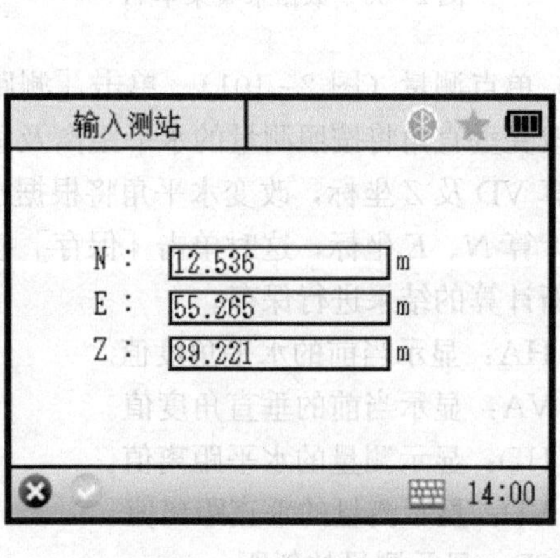


图 2 - 97　输入测站界面

（4）全站仪测量过程。一个测站上全站仪测量过程如下，如图 2-98 所示。

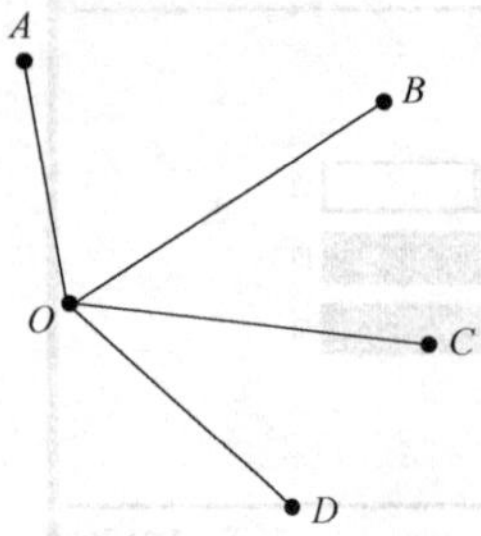


图 2-98 全站仪测量测点示意图

1）安置全站仪于 $O$ 点，在观测站安置好仪器，并完成仪器对中、整平工作，此步骤与光学经纬仪相同。使仪器成正镜位置，将水平度盘置零。

2）开启电源开关，设置大气改正、大地曲率等基本参数，其值参考厂家说明书，并量取仪器高。

3）在各观测目标点安置棱镜，并对准测站方向。

4）选择一个较远目标为起始方向，按顺时针方向依次瞄准各棱镜 $ABCD$ 并测量水平角、水平距离，最后回到 $A$ 点，完成上半测回测量。单击［测量］按钮，测量结果显示在仪器显示屏上，运用键盘可显示平距、高差等数据，单击［保存］按钮将数据进行保存。

5）倒转望远镜成倒镜位置，按逆时针方向依次瞄准各棱镜 $ADCB$ 并测量水平角、水平距离，最后回到 $A$ 点，完成下半测回测量。

6）观测成果计算。

6. 全站仪数据采集测量

在设站后，通过数据采集程序可以进行数据采集工作。数据采集菜单如图 2-99 和图 2-100 所示。

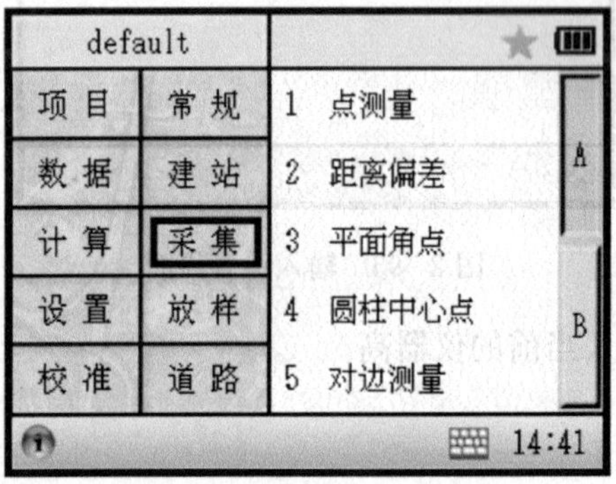


图 2-99 数据采集菜单 A

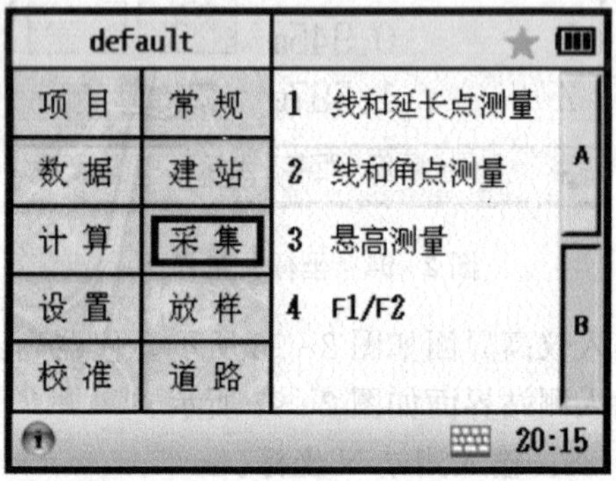


图 2-100 数据采集菜单 B

（1）单点测量（图 2-101）。单击［测距］按钮后，改变垂直角将按照测量的水平距离及垂直角重新计算 VD 及 $Z$ 坐标，改变水平角将根据水平距离重新计算 $N$、$E$ 坐标，这时单击［保存］按钮将按照重新计算的结果进行保存。

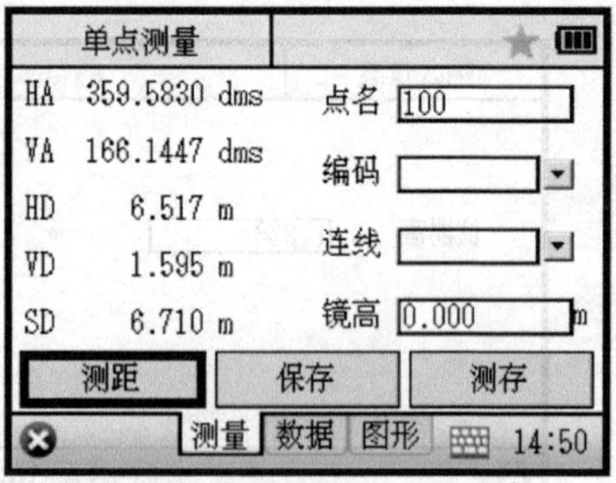


图 2-101 单点测量界面

1）HA：显示当前的水平角度值。

2）VA：显示当前的垂直角度值。

3）HD：显示测量的水平距离值。

4）VD：显示测量的垂直距离值。

5）SD：显示测量的斜距。

6）点名：输入测量点的点名，每次保存后点名自动加 1。

7）编码：输入或调用测量点的编码。

8）连线：输入一个已知点的点名，程序将把当前点与该点连线，并在图形界面中显示。每次改变编码后，将自动显示前几个相同编码的点。

9）镜高：显示当前的棱镜高度。

10）[测距]：开始进行测距。

11）[保存]：对上一次的测量结果进行保存，如果没有测距，则只保存当前的角度值。

12）[测存]：测距并保存。

13）{数据}：显示上一次的测量结果。

14）{图形}：显示当前坐标点的图形。

15）测量键：仪器侧面的实体按键起到同［测量］按钮相同的作用。

（2）后方交会测量。同本章全站仪测量准备工作中（4）建站中“后方交会测量”。

（3）距离偏差，全站仪距离偏差测量如图 2 - 102 所示。

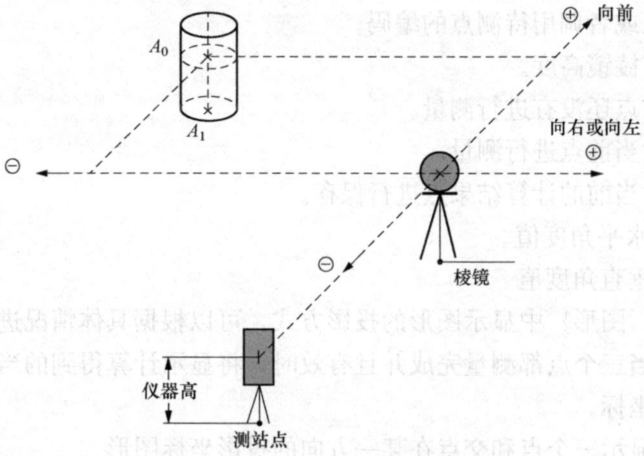


图 2 - 102　全站仪距离偏差测量

距离偏差界面如图 2 - 103 所示。所列方向都是相对于测量者的视角。

1）点名：输入待测点的点名。

2）编码：输入或者调用编码。

3）镜高：输入当前的镜高。

4）[左]［右]：输入左或右偏差。

5）[前]［后]：输入前或后偏差。

6）[上]［下]：输入上或下偏差。

7）[测量]：开始进行测量。

8）[测存]：测量并且保存。

9）{数据}：显示计算得到的坐标值和测量的结果值。

10）{图形}：显示距离偏差的图形。

（4）平面角点，全站仪平面角点测量如图 2 - 104 所示。

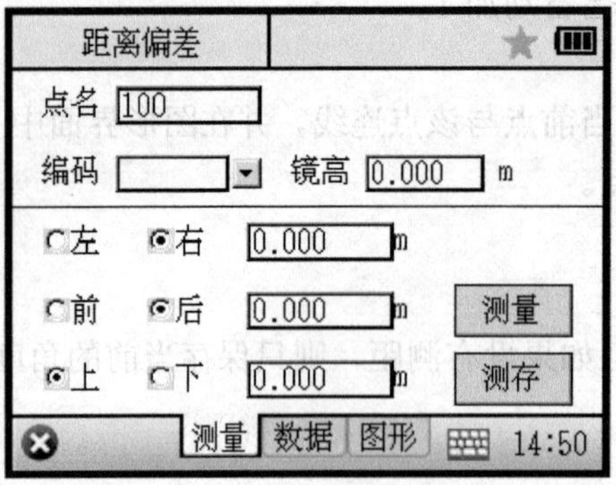


图 2-103 距离偏差界面

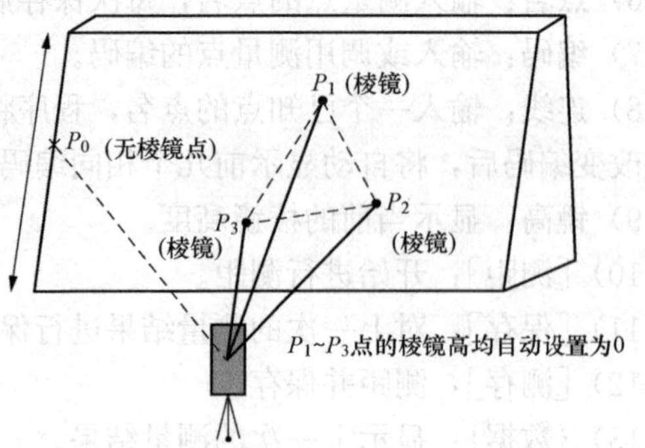


图 2-104 全站仪平面角点测量

平面角点界面如图 2-105 所示。图 2-104 中的棱镜点在无棱镜模式下就是可测点，而无棱镜点为任意点。

1）点名：待测点的点名。

2）编码：输入或者调用待测点的编码。

3）镜高：当前棱镜高度。

4）待测：当前点还没有进行测量。

5）[测量]：对当前点进行测量。

6）[保存]：对当前的计算结果点进行保存。

7）HA：当前水平角度值。

8）VA：当前垂直角度值。

9）图形投影：{图形} 中显示图形的投影方式，可以根据具体情况进行选择。

10）{数据}：当三个点都测量完成并且有效时，将显示计算得到的当前照准方向与三个点形成平面的交点坐标。

11）{图形}：显示三个点和交点在某一方向的投影坐标图形。

（5）圆柱中心点，全站仪圆柱中心点测量如图 2-106 所示。

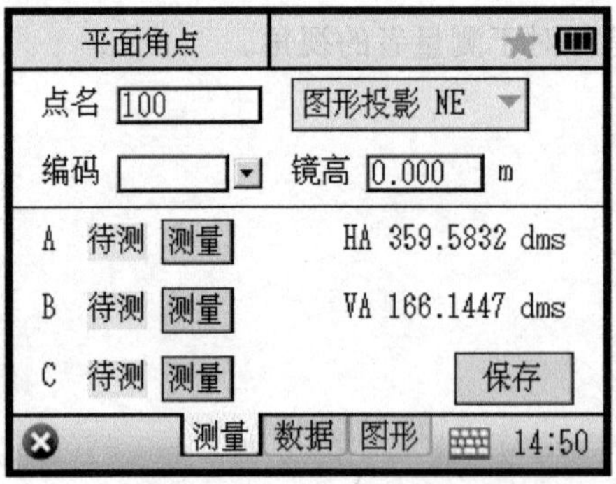


图 2-105 平面角点界面

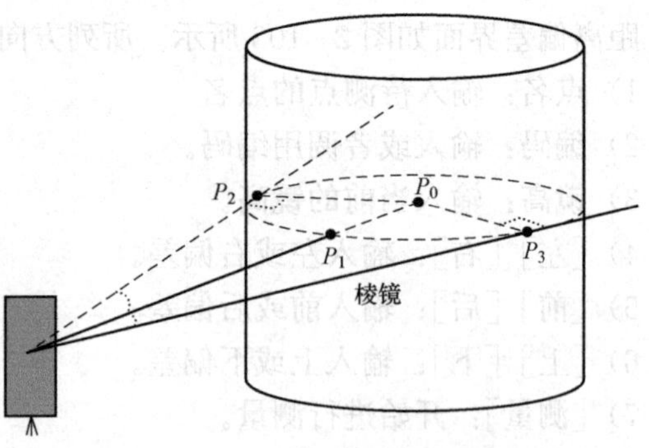


图 2-106 全站仪圆柱中心点测量

圆柱中心界面如图 2-107 所示。首先直接测量圆柱面上（$P_1$）点的距离，然后通过测量圆柱面上的（$P_2$）和（$P_3$）点方向角即可计算出圆柱中心的距离、方向角和坐标。圆柱中心的方向角等于圆柱面点（$P_2$）和（$P_3$）。

1）点名：输入待测点的点名。
2）编码：待测点编码。
3）镜高：棱镜的高度。
4）方向 A：照准圆柱侧边。
5）方向 B：照准圆柱的另外一个侧边。
6）中心：照准圆柱的中心进行测距。
7）[确定]：已经照准，完成角度。
8）[测角]：重新进行测角。
9）[测距]：进行中心点的距离测量。
10）HA：分别代表圆柱两边的方向值。
11）HD：仪器中心到圆柱表面的水平距离值。
12）[保存]：对测量的结果进行保存，必须要先完成两个角度和距离的测量。
13）{数据}：当测量完成后，显示计算得到的圆心坐标值和测量结果。
14）{图形}：显示圆柱中心点。
（6）对边测量，全站仪对边测量如图 2-108 所示。

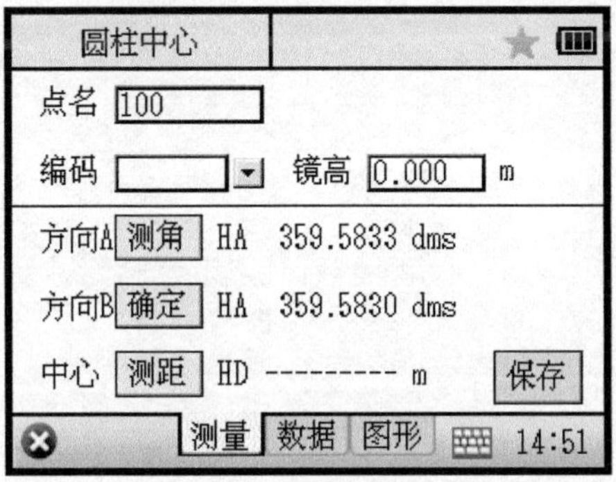


图 2-107　圆柱中心界面

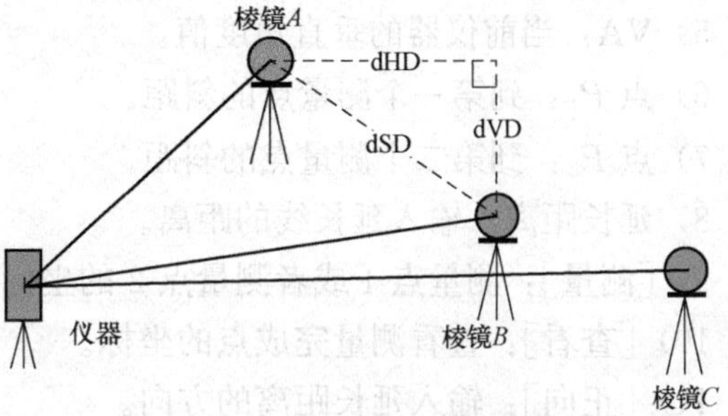


图 2-108　全站仪对边测量

对边测量界面如图 2-109 所示。测量两个目标棱镜之间的水平距离（dHD）、斜距（dSD）、高差（dVD）和水平角（HR），也可直接输入坐标值或调用坐标数据文件进行计算。

1）起始点点名：输入或者调用一个已知点作为起始点，默认是测站。
2）平距：起始点与测量点之间的平距。
3）高差：起始点与测量点之间的高差。
4）斜距：起始点与测量点之间的斜距。
5）方位：起始点到测量点的方位角。
6）[锁定]：锁定当前起始点，否则起始点将是上一个测量点的坐标。
7）[保存]：保存当前测量点的坐标。
8）[测量]：开始进行测量。
（7）线和延长点测量，全站仪线和延长点测量如图 2-110 所示。

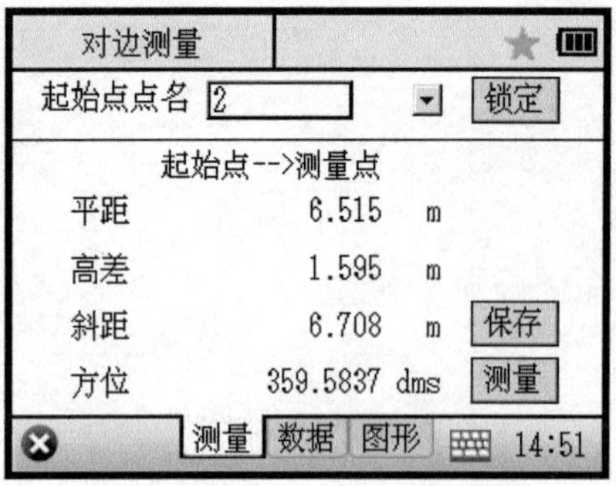


图 2-109 对边测量界面

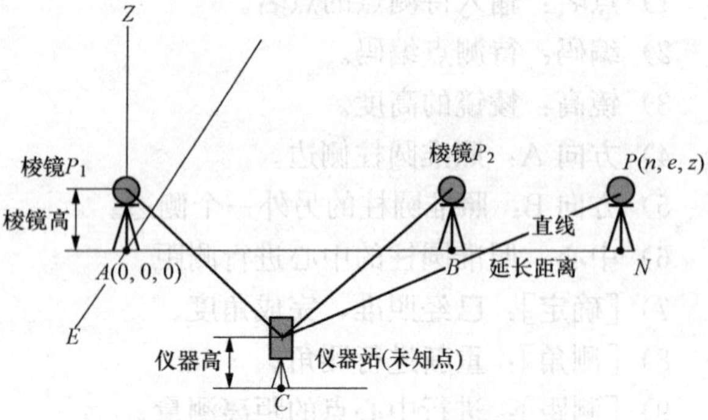


图 2-110 全站仪线和延长点测量

线和延长点测量界面如图 2-111 所示。通过测量两个点的坐标和输入起点及结束点的延长距离来得到待测量点的坐标。

1）点名：待测量点的点名。

2）编码：待测量点的编码。

3）镜高：棱镜的高度。

4）HA：当前仪器的水平角度值。

5）VA：当前仪器的垂直角度值。

6）点 $P_1$：到第一个测量点的斜距。

7）点 $P_2$：到第二个测量点的斜距。

8）延长距离：输入延长线的距离。

9）[测量]：测量点 1 或者测量点 2 的坐标。

10）[查看]：查看测量完成点的坐标。

11）[正向]：输入延长距离的方向。

12）[保存]：保存延长点的坐标。

（8）线和角点测量，全站仪线和角点测量如图 2-112 所示。

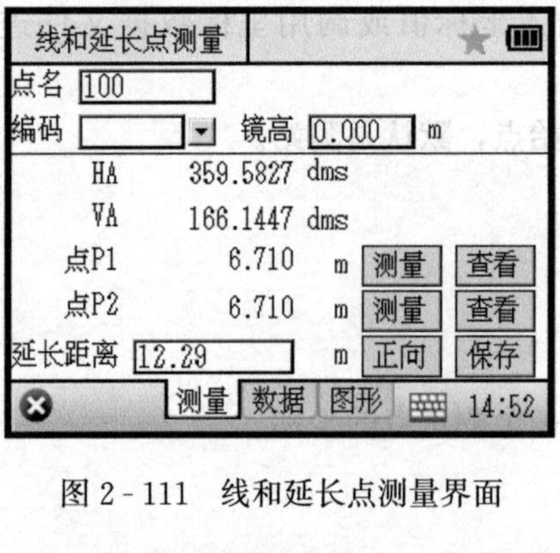


图 2-111 线和延长点测量界面

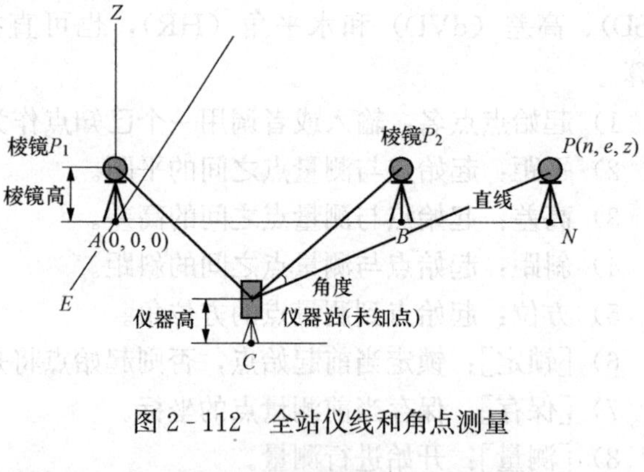


图 2-112 全站仪线和角点测量

线和角点测量界面如图 2-113 所示。测量两个点坐标和测站到待测点的方位。

1）点名：待测量点的点名。

2）编码：待测量点的编码。

3）镜高：棱镜的高度。

4）HA：当前仪器的水平角度值。

5）VA：当前仪器的垂直角度值。

6）点 P1：到第一个测量点的斜距。

7）点 P2：到第二个测量点的斜距。

8）方位：测量得到的测站点到待测点的方位。

9）[测量]：测量点 1 或者测量点 2 的坐标或者是待测点的方位。

10）[查看]：查看测量完成点的坐标。

11）[保存]：保存待测点的坐标。

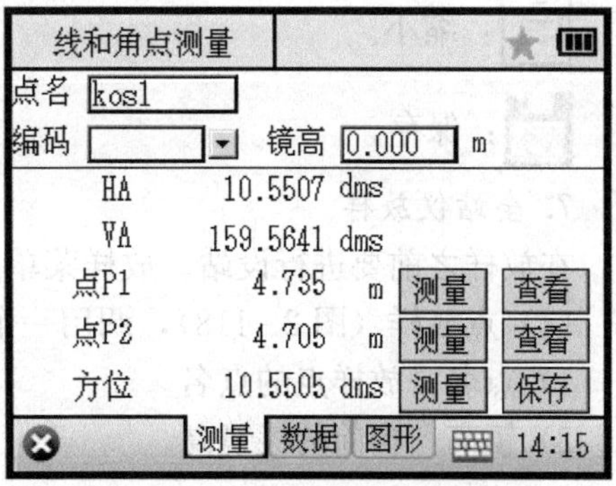


图 2-113　线和角点测量界面

（9）悬高测量（图 2-114），测量一已知目标点，然后通过不断改变垂直角度，得到与已知目标点相同水平位置的点与测量点的高差。

1）VA：当前的垂直角度。

2）dVD：测量点与目标点的高差。

3）镜高：棱镜高。

4）垂角：测量已知点的垂直角。

5）平距：测量已知点的水平距离。

6）[测角]：测量已知点的垂直角度值。

7）[测距 & 测角]：测量已知点的水平距离和垂直角度。

（10）F1/F2（图 2-115），通过盘左/盘右测量，最终得出角度值。

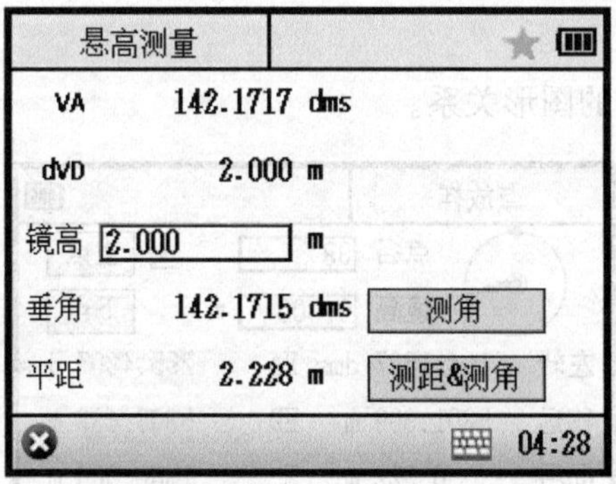


图 2-114　悬高测量界面

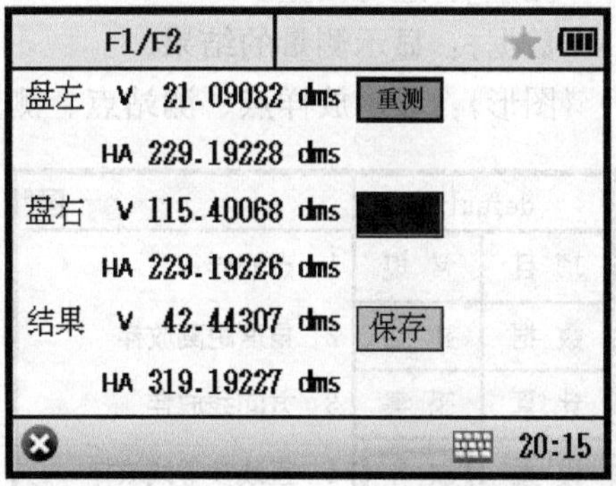


图 2-115　F1/F2 界面

图 2-116　影像界面

（11）影像（图 2-116）。在任何测量界面下，均可以通过点击［影像］按钮进入影像功能，完成对当前目标的拍照等操作，不同型号在不同功能下所提供的功能可能不同。

：对显示进行设置。

：放大。

：缩小。

：保存。

7. 全站仪放样

在放样之前要进行设站。放样菜单如图 2-117 所示。

(1) 点放样（图 2-118），调用一个已知点进行放样。

1）点名：放样点的点名。

2）镜高：当前的棱镜高。

3）：调用或者新建一个放样点。

4）[上点]：当前放样点的上一点，当是第一个点时将没有变化。

5）[下点]：当前放样点的下一点，当是最后一个点时将没有变化。

6）左转、右转：仪器水平角应该向左或者向右旋转的角度。

7）移近、移远：棱镜相对仪器移近或者移远的距离。

8）向右、向左：棱镜向左或者向右移动的距离。

9）挖方、填方：棱镜向上或者向下移动的距离。

10）HA：放样的水平角度。

11）HD：放样的水平距离。

12）Z：放样点的高程。

13）[存储]：存储前一次的测量值。

14）[测量]：进行测量。

15）{数据}：显示测量的结果。

16）{图形}：显示放样点、测站点、测量点的图形关系。

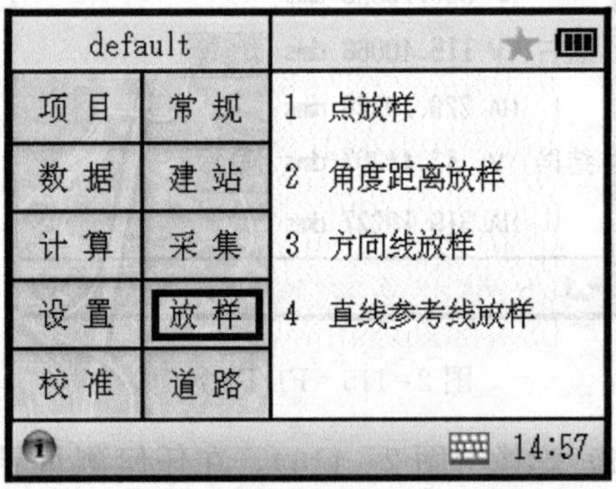


图 2-117 放样菜单

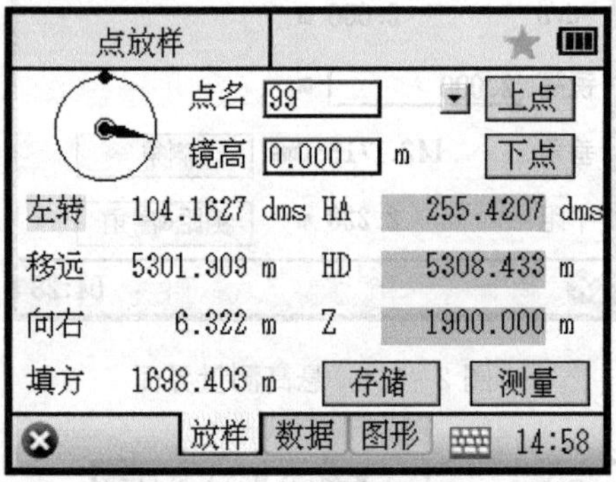


图 2-118 点放样界面

(2) 角度距离放样（图 2-119），通过输入测站与待放样点间的距离、角度及高程值进行放样。

1）镜高：当前的棱镜高。

2）左转、右转：仪器水平角应该向左或者向右旋转的角度。

3）移近、移远：棱镜相对仪器移近或者移远的距离。

4）向右、向左：棱镜向左或者向右移动的距离。

5）挖方、填方：棱镜向上或者向下移动的距离。

6）HA：输入放样的水平角度。

7）HD：输入放样的水平距离。

8）Z：放样点的高程。

9）[存储]：存储前一次的测量值。

10）[测量]：进行测量。

11）{数据}：显示测量的结果。

12）{图形}：显示放样点、测站点、测量点的图形关系。

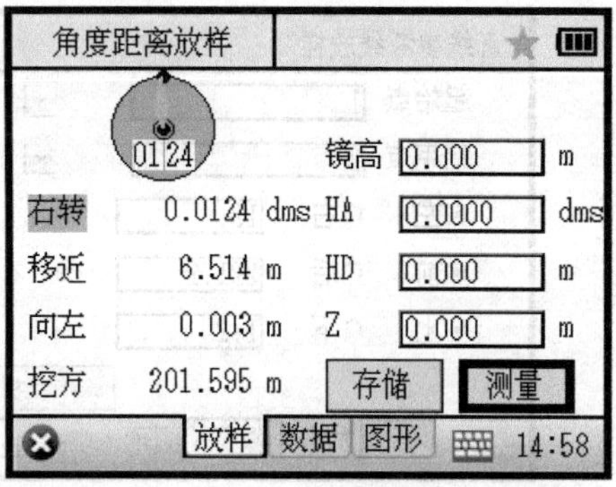


图 2-119　角度距离放样界面

（3）方向线放样（图 2-120 和图 2-121）通过输入和一个已知点的方位角、平距、高差得到一个放样点的坐标进行放样。

1）点名：输入或者调用一个点作为已知点。

2）方位角：从已知点到待放样点的方位角。

3）平距：待放样点与已知点的平距。

4）高差：待放样点与已知点的高差。

5）[下一步]：完成输入，进入下一步的放样操作。

6）[上一步]：返回上一步中输入界面。

其他见点放样中的说明。

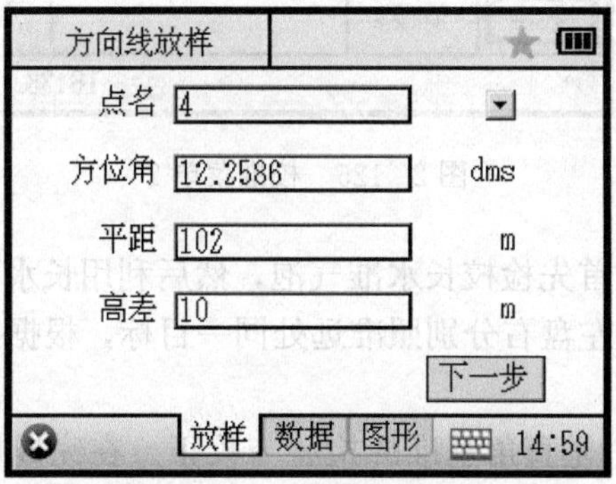


图 2-120　方向线放样界面 1

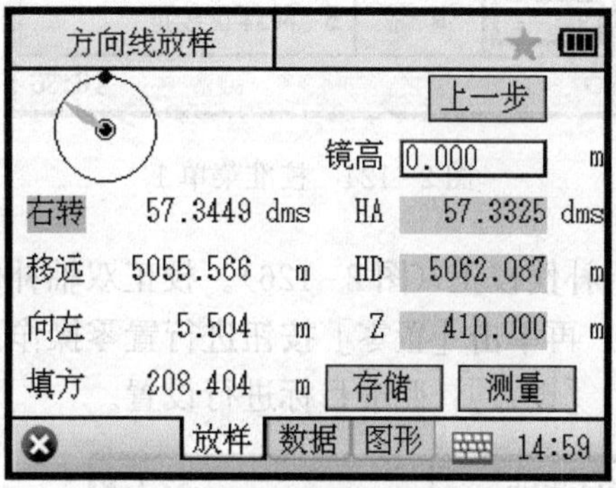


图 2-121　方向线放样界面 2

（4）直线参考线放样（图 2-122 和图 2-123）。通过两个已知点，以及输入与这两个点形成的直线的三个偏差距离来计算得到待放样点的坐标。

1）起始点：输入或者调用一个已知点作为起始点。

2）结束点：输入或者调用一个已知点作为结束点。

3）[左] [右]：向左或者向右偏差的距离。

4）[前] [后]：向前或者向后偏差的距离。

5）[上] [下]：向上或者向下偏差的距离。

6）[下一步]：根据上面的输入计算出放样点的坐标，进入下一步的放样界面。

7）[上一步]：返回上一步中输入界面。

其他见点放样中的说明。

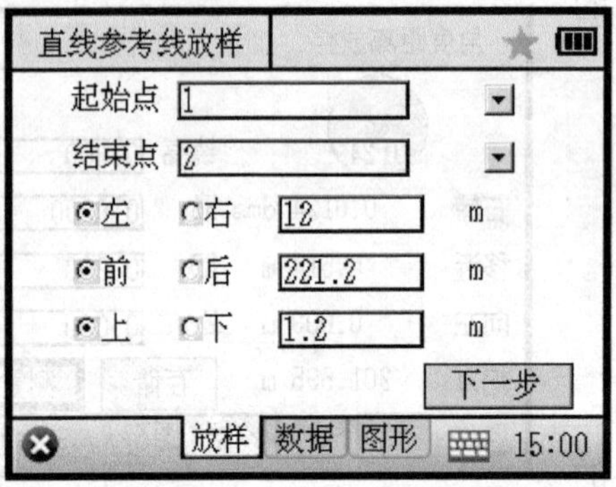


图 2-122　直线参考线放样 1

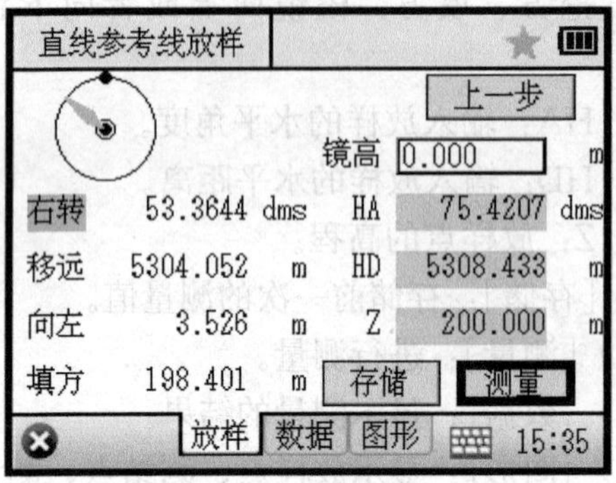


图 2-123　直线参考线放样 2

8. 全站仪校准

(1) 仪器校准菜单如图 2-124 和图 2-125 所示。

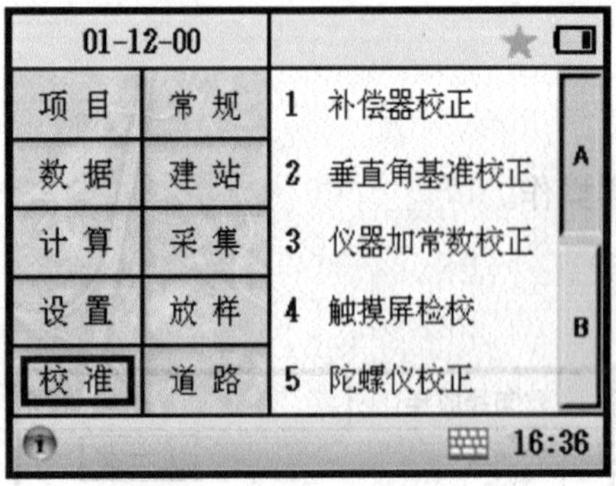


图 2-124　校准菜单 1

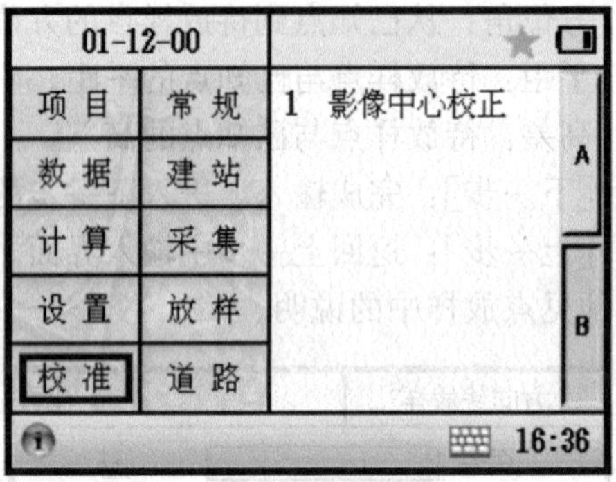


图 2-125　校准菜单 2

1) 补偿校正（图 2-126）。校正双轴补偿，首先检校长水准气泡，然后利用长水准气泡整平后，再单击［置零］按钮进行置零操作。盘左盘右分别照准远处同一目标，根据提示进行设置。［设置］：照准目标进行设置。

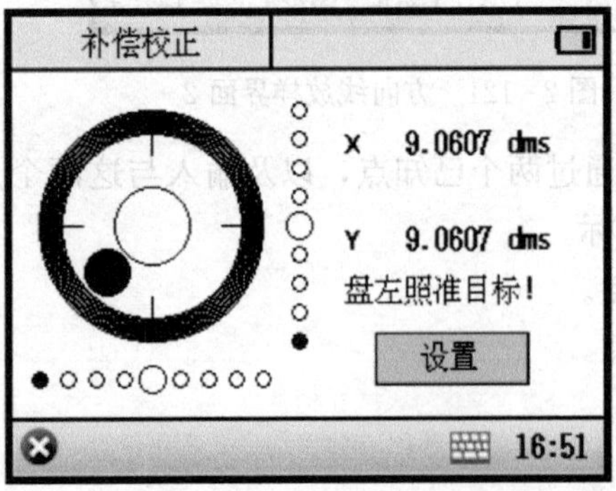


图 2-126　补偿校正界面

2) 垂直角基准的检验与校正。在完成倾斜传感器零点误差的检验与校正和望远镜分划板的检验与校正项目后再检验本项目。

检验步骤如下：

a. 安置整平好仪器后开机，将望远镜照准任一清晰目标 $A$，得竖直角盘左读数 $L$。

b. 转动望远镜再照准 $A$，得竖直角盘右读数 $R$。

c. 若竖直角天顶为 0°，则 $i=(L+R-360°)/2$；若竖直角水平为 0°，则 $i=(L+R-180°)/2$ 或 $(L+R-540°)/2$。

d. 若 $|i|\geqslant 10''$，则需对竖盘指标零点重新设置。

校正步骤如下：

a. 盘左精确照准与仪器同高的远处任一清晰稳定目标。[设置]：完成盘左的测量，见图 2 - 127。

b. 盘右精确照准同一目标 $A$，见图 2 - 128。[测角]：重新测量盘左的角度值。[设置]：完成盘右的测量。

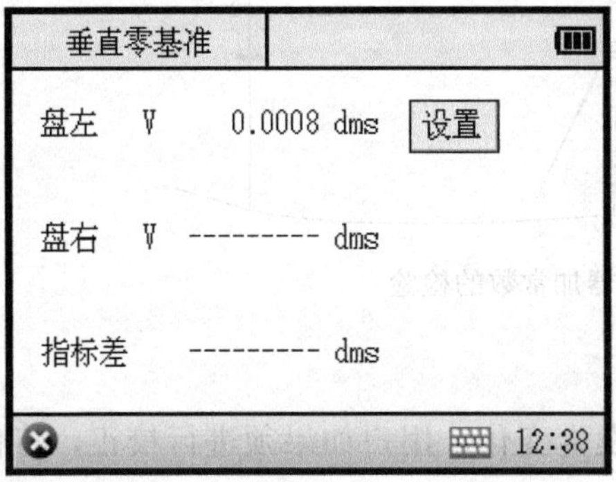


图 2 - 127　垂直零基准界面 A

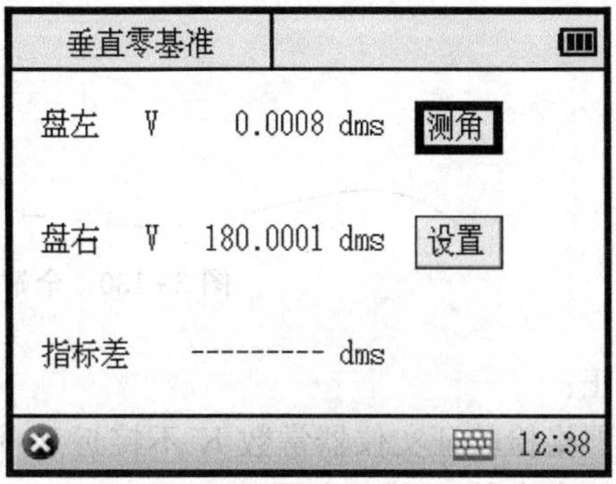


图 2 - 128　垂直零基准界面 B

c. 盘左、盘右都完成测量后，将显示指标差（见图 2 - 129），单击［确定］按钮完成检校。

d. 重复检验步骤，重新测定指标差。若指标差仍不符合要求，则应检查校正（指标零点设置）的三个步骤的操作是否有误、目标照准是否准确等，按要求重新进行设置。

e. 经反复操作仍不符合要求时，应送厂检修。

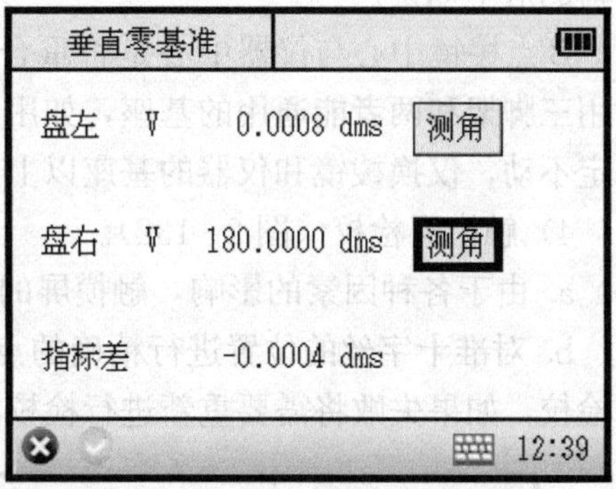


图 2 - 129　垂直零基准界面 C

零点设置过程中所显示的竖直角是没有经过补偿和修正的值，只供设置中进行参考，不能作他用。

3）仪器加常数的检验。仪器加常数在出厂时进行了检验，并在机内做了修正，使 $K=0$。仪器加常数很少发生变化，但我们建议此项检验每年进行一至两次。此项检验适合在标准基线上进行，也可以按下述简便的方法进行。

检验步骤如下：

a. 如图 2 - 130 所示，选一平坦场地，在 $A$ 点安置并整平仪器，用竖丝仔细在地面标定同一直线上间隔 50m 的 $B$、$C$ 两点，并准确对中，安置反射棱镜或反射板。

b. 仪器设置了温度与气压数据后，精确测出 $AB$、$AC$ 的平距。

c. 在 $B$ 点安置仪器并准确对中，精确测出 $BC$ 的平距。

d. 可以得出仪器测距常数：

$$K = AC - (AB + BC)$$

$K$ 应接近 0，若 $|K| > 5mm$，应送标准基线场进行严格的检验，然后依据检验值进行校正。

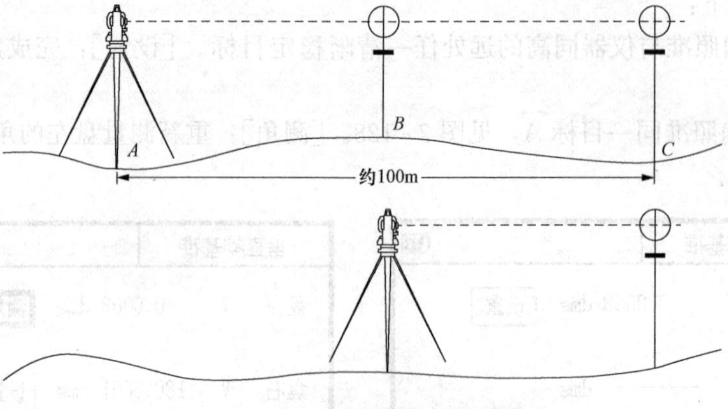


图 2-130 全站仪仪器加常数的检验

校正：

经严格检验证实仪器常数 $K$ 不接近于 0 已发生变化，用户如果须进行校正，将仪器加常数按综合常数 $K$ 值进行设置（图 2-131）。

有棱镜加常数：在有棱镜情况下测定的仪器常数 $K$。

无棱镜加常数：在无棱镜情况下测定的仪器常数 $K$。

应使用仪器的竖丝进行定向，严格使 $A$、$B$、$C$ 三点在同一直线上。$B$ 点地面要有牢固清晰的对中标记。

$B$ 点棱镜中心与仪器中心是否重合一致是保证检测精度的重要环节。因此，最好在 $B$ 点用三脚架和两者能通用的基座，如用三爪式棱镜连接器及基座互换时，三脚架和基座保持固定不动，仅换棱镜和仪器的基座以上部分，可减少不重合误差。

4）触摸屏检校（图 2-132）。

a. 由于各种因素的影响，触摸屏的位置可能出现偏差，这时就要对触摸屏进行校正。

b. 对准十字丝的位置进行精确的点击，当全部点击完成后，如果设置成功将退出触摸屏检校，如果失败将需要重新进行检校。

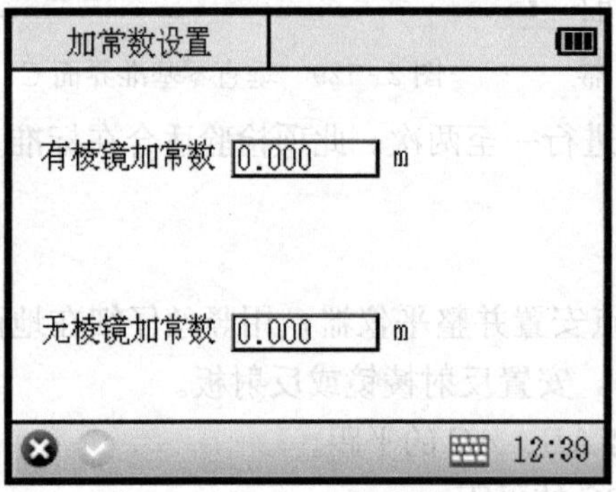


图 2-131 加常数设置界面

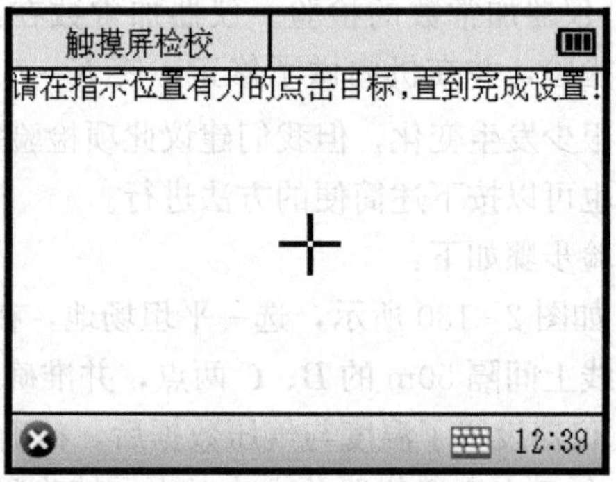


图 2-132 触摸屏检校界面

5）影像中心校正（图 2-133）。

a. 调整影像中心，望远镜照准目标，上下左右移动十字丝照准目标，单击［确定］按钮保存。

b. 正倒镜分开调节。

（2）仪器结构检校。仪器在出厂时均经过严密的检验与校正，符合质量要求。但仪器经过长途运输或环境变化，其内部结构会受到一些影响。因此，新购买仪器及仪器到测区后在作业之前均应对仪器进行本节的各项检验与校正，以确保作业成果精度。

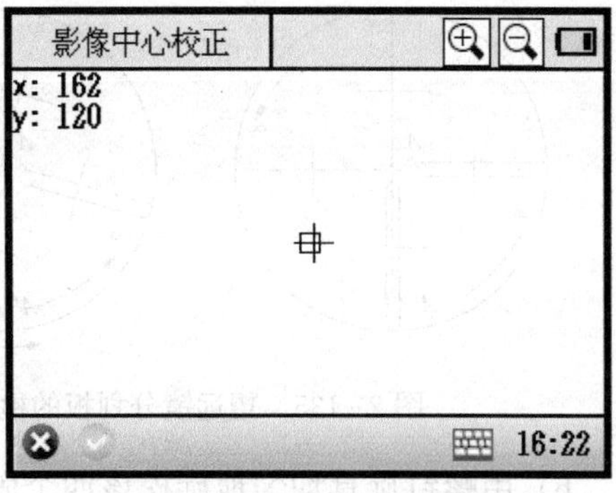

图2-133　影像中心校正界面

1）长水准器的检验与校正。

a. 检验（图2-134）：松开水平制动螺旋，转动仪器使管水准器平行于某一对脚螺旋 $A$、$B$ 的连线。再旋转脚螺旋 $A$、$B$，使管水准器气泡居中。再将仪器旋至180°，查看气泡是否居中，如果不居中，则需要校正。

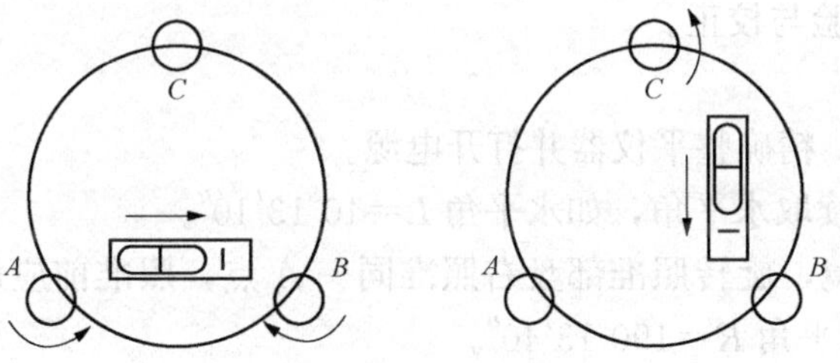

图2-134　全站仪长水准器的检验

b. 校正：

a）在检验时，若长水准器的气泡偏离了中心，先用与长水准器平行的脚螺旋进行调整，使气泡向中心移近一半的偏离量。剩余的一半用校正针转动水准器校正螺钉（在水准器右边）进行调整至气泡居中。

b）将仪器旋转180°，检查气泡是否居中。如果气泡仍不居中，重复步骤1），直至气泡居中。

c）将仪器旋转90°，用第三个脚螺旋调整至气泡居中。

重复检验与校正步骤，直至照准部转至任何方向气泡均居中为止。

2）圆水准器的检验与校正。

a. 检验：长水准器检校正确后，若圆水准器气泡也居中就不必校正。

b. 校正：若气泡不居中，用校正针或内六角扳手调整气泡下方的校正螺钉使气泡居中。校正时，应先松开气泡偏移方向对面的校正螺钉（1或2个），然后拧紧偏移方向的其余校正螺钉使气泡居中。气泡居中时，三个校正螺钉的紧固力均应一致。

3）望远镜分划板的检验与校正。

a. 检验：

a）整平仪器后在望远镜视线上选定一目标点 $A$，用分划板十字丝中心照准 $A$ 并固定水平和垂直制动手轮。

b）转动望远镜垂直微动手轮，使 $A$ 点移动至视场的边沿（$A'$点）。

c）若 $A$ 点是沿十字丝的竖丝移动，即 $A'$点仍在竖丝之内，则十字丝不倾斜不必校正，如图2-135所示；若 $A'$点偏离竖丝中心，则十字丝倾斜，需对分划板进行校正。

b. 校正：

a）首先取下位于望远镜目镜与调焦手轮之间的分划板座护盖，可看见四个分划板座固定螺丝（图2-136）。

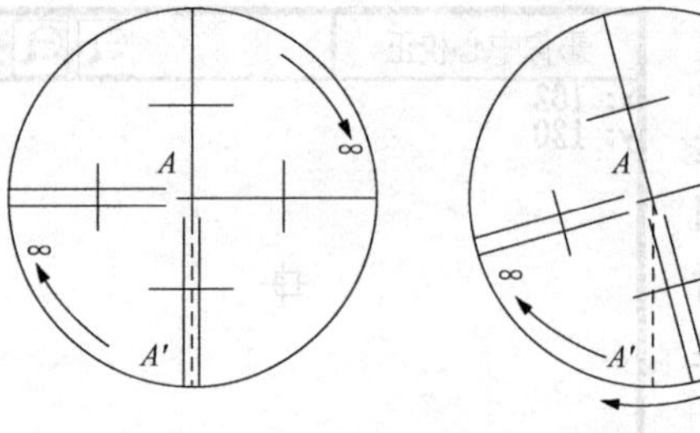


图 2-135 望远镜分划板的检验

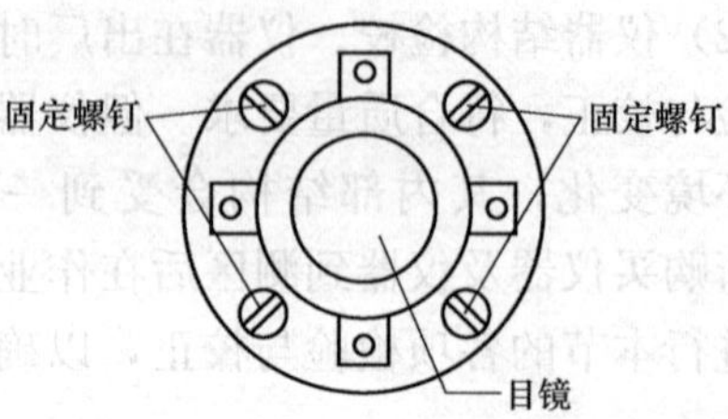


图 2-136 望远镜分划板的校正

b）用螺钉旋具均匀地旋松该四个固定螺钉，绕视准轴旋转分划板座，使 $A'$ 点落在竖丝的位置上。

c）均匀地旋紧固定螺钉，再用上述方法检验校正结果。

d）将护盖安装回原位。

4）视准轴与横轴的垂直度（2C）的检验与校正。

a. 检验：

a）在距离仪器同高的远处设置目标 $A$，精确整平仪器并打开电源。

b）在盘左位置将望远镜照准目标 $A$，读取水平角，如水平角 $L=10°13'10''$。

c）松开垂直及水平制动手轮中转望远镜，旋转照准部盘右照准同一 $A$ 点，照准前应旋紧水平及垂直制动手轮并读取水平角，如水平角 $R=190°13'40''$。

d）$2C=L-(R\pm180°)=-30''\geqslant\pm20''$，需校正。

b. 校正（图 2-137）：

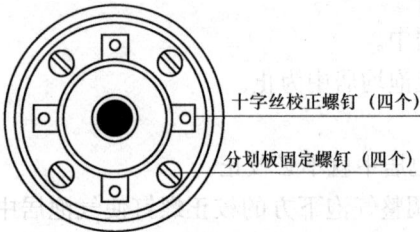

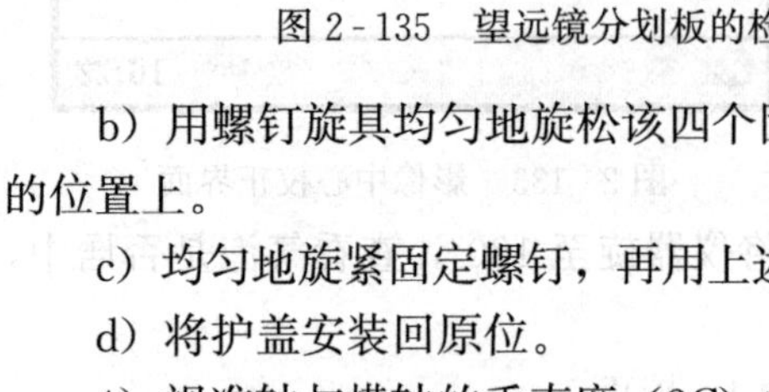


图 2-137 视准轴与横轴的垂直度的校正

a）用水平微动手轮将水平角读数调整到消除 $C$ 后的正确读数：

$$R+C=190°13'40''-15''=190°13'25''$$

b）取下位于望远镜目镜与调焦手轮之间的分划板座护盖，调整分划板上水平左右两个十字丝校正螺钉，先松一侧后紧另一侧的螺钉，移动分划板使十字丝中心照准目标 $A$。

c）重复检验步骤，校正至 $|2C|<20''$ 符合要求为止。

d）将护盖安装回原位。

5）竖盘指标零点自动补偿的检验与校正。

a. 检验：

a）安置和整平仪器后，使望远镜的指向和仪器中心与任一脚螺旋 $X$ 的连线相一致，旋紧水平制动手轮。

b）开机后指示竖盘指标归零，旋紧垂直制动手轮，仪器显示当前望远镜指向的竖直角值。

c）朝一个方向慢慢转动脚螺旋 $X$ 至 10mm 圆周距左右时，显示的竖直角由相应随着变化到消失出现“补偿超限”信息，表示仪器竖轴倾斜已大于 44′，超出竖盘补偿器的设计范围。当反向旋转脚螺旋复原时，仪器又复现竖直角。在临界位置可反复试验观察其变化，表示竖盘补偿器工作正常。

b. 校正：当发现仪器补偿失灵或异常时，应送厂检修。

6）光学对中器的检验与校正。

a. 检验：

a）将仪器安置到三脚架上，在一张白纸上绘制十字交叉并放在仪器正下方的地面上。

b）调整好光学对中器的焦距后，移动白纸使十字交叉位于视场中心。

c）转动脚螺旋，使对中器的中心标志与十字交叉点重合。

d）旋转照准部，每转90°，观察对中点的中心标志与十字交叉点的重合度。

e）如果照准部旋转时，光学对中器的中心标志一直与十字交叉点重合，则不必校正；否则需按下述方法进行校正。

b. 校正（图2-138）：

a）取下光学对中器目镜与调焦手轮之间的校正螺钉护盖。

b）固定好十字交叉白纸并在纸上标记出仪器每旋转90°时对中器中心标志落点，如图2-138中的*A*、*B*、*C*、*D*点。

c）用直线连接对角点*AC*和*BD*，两直线交点为*O*。

d）用校正针调整对中器的四个校正螺钉，使对中器的中心标志与*O*点重合。

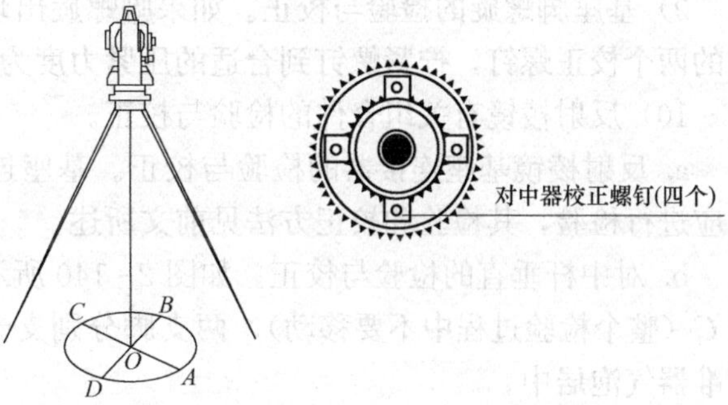


图2-138 光学对中器的校正

e）重复检验步骤d），检查校正至符合要求。

f）将护盖安装回原位。

7）激光对中器的检验与校正。

a. 检验：

a）将仪器安置到三脚架上，在一张白纸上绘制十字交叉图并放在仪器正下方的地面上。

b）打开激光对中器，移动白纸使十字交叉图位于光斑中心。

c）转动脚螺旋，使激光对中器的光斑与十字交叉点重合。

d）旋转照准部，每转90°，观察对中器的光斑与十字交叉点的重合度。

e）如果照准部旋转时，激光对中器的光斑一直与十字交叉点重合，则不必校正；否则需按下述方法进行校正。

b. 校正：

a）取下激光对中器护盖。

b）固定好十字交叉图并在纸上标记出仪器每旋转90°时对中器的光斑落点，如图2-138中的*A*、*B*、*C*、*D*点。

c）用直线连接对角点*AC*和*BD*，两直线交点为*O*。

d）用内六角扳手调整对中器的四个校正螺钉，使对中器的中心标志与*O*点重合。

e）重复检验步骤d），检查校正至符合要求。

f）将护盖安装回原位。

8）视准轴与发射电光轴的重合度的检验与校正。

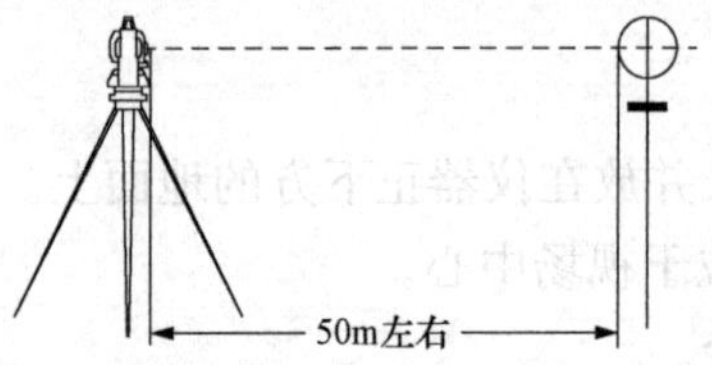


图 2-139 视准轴与发射电光轴的重合度的检验

a. 检验（图 2-139）：

a）在距仪器 50m 处安置反射棱镜。

b）用望远镜十字丝精确照准反射棱镜中心。

c）打开电源进入测距模式，点击［测量］按钮进行距离测量。左右旋转水平微动手轮，上下旋转垂直微动手轮，进行电照准，通过测距光路畅通信息闪亮的左右和上下区间，找到测距的发射电光轴的中心。

d）检查望远镜十字丝中心与发射电光轴照准中心是否重合，如基本重合即可认为合格。

b. 校正：如望远镜十字丝中心与发射电光轴中心偏差很大，则须送专业修理部门校正。

9）基座脚螺旋的检验与校正。如果脚螺旋出现松动现象，可以调整基座上脚螺旋调整用的两个校正螺钉，拧紧螺钉到合适的压紧力度为止。

10）反射棱镜有关组合件的检验与校正。

a. 反射棱镜基座连接器的检验与校正。基座连接器上的长水准器和光学对中器是否正确应进行检验，其检验和校正方法见前文所述。

b. 对中杆垂直的检验与校正。如图 2-140 所示，在 *C* 点绘制十字交叉，对中杆下尖立于 *C*（整个检验过程中不要移动），两支脚分别支于十字线上，调整支脚的长度使对中杆圆水准器气泡居中。

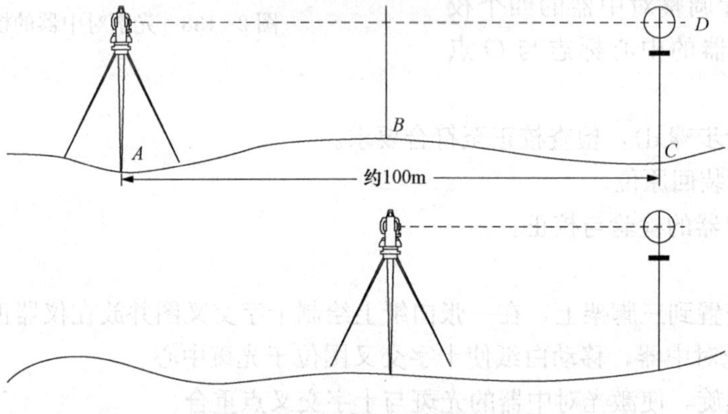


图 2-140 对中杆垂直度的检验

在十字线上不远的 *A* 点安置置平仪器，用十字丝中心照准 *C* 点脚尖，固定水平制动手轮，上仰望远镜使对中杆上部 *D* 在水平丝附近，指挥对中杆仅伸缩一个支脚，使 *D* 左右移动至照准十字丝中心。此时，*C*、*D* 两点均应在十字丝中心线上。

将仪器安置到另一个十字线上的 *B* 点，用同样的方法，仅伸缩一个支脚令对中杆的 *D* 点重合到 *C* 点的十字丝中心线上。

经过仪器在 *AB* 两点的校准，对中杆已垂直，若此时杆上的圆水准器气泡偏离中心，则调整圆水准器下边的三个校正螺钉使气泡居中。

再做一次检校，直至对中杆在两个方向上都垂直且圆气泡居中为止。

9. 全站仪测量实训任务

全站仪测量实训任务如下：

(1) 选择一片开阔场地，在区域内按图 2-141 任意选择 A、B、C、D 点，利用全站仪测出各点间的水平角度、水平距离、斜距、高差。

(2) 选择一片开阔场地，在区域内任意选择 A、B 两点，假定已知点 A 坐标为（12.555，65.356，118.99），单位为 m，利用全站仪测量出 B 点坐标。

(3) 选择一片开阔场地，在区域内任意选择 A、B 两点，通过全站仪测量两点坐标，并通过仪器测量出 A、B 延长线上距离 B 点 13.61m 的 C 点坐标。

(4) 在任一场地选取 A 点，利用全站仪放样出 B 点。B 点相对于 A 点偏离：左偏 1.5m，前偏 2m，上偏 0.5m。

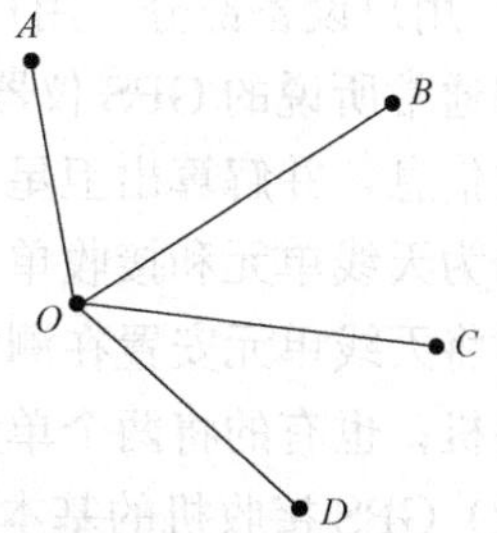

图 2-141 区域内选择任意点图

(5) 选择一场地上任意三点 A、B、C 为标准面，测量第四点 D，通过全站仪测量计算第四点与三个点形成平面的交点坐标。

(6) 选择地面任一点为 A 点，另选择高处一点 B，通过全站仪测量 A、B 两点的垂直高差。

## 2.4 全球定位系统

1. 全球定位系统简介

全球定位系统（GPS）作为全球性、全天候、高精度测量的一种新型方式，已被广大用户所接受。GPS 是高新技术产物，已广泛运用到各个行业中，尤其在实时精密导航、高精度定位、工程规划、施工建设等及国家控制网和地形测绘等方面提供技术支持。GPS 是卫星通信技术在导航领域的应用典范，它极大地提高了地球社会的信息化水平，有力地推动了数字经济的发展。

(1) GPS 的组成。GPS 主要由空间卫星、地面监控和用户设备三大部分组成。

1) 空间卫星部分。空间卫星部分由 24 个卫星均匀分布在 6 个倾角为 55°的轨道上绕地球运行。每个轨道 4 个卫星，其中有 21 个工作卫星，3 个作为备用活动卫星。随着卫星寿命的到期，会陆续发射替代的卫星，以维持 GPS 卫星的稳定。卫星运行周期为地球自转的两倍，即地球自转一周，卫星绕地球运行两周，保证了地球上任意时刻、任何地点至少可以同时观测到 4 个卫星，最多可以见到 11 个。卫星接收、存储和处理监控站发来的信息，并不断向用户发送导航电文，如图 2-142 所示。

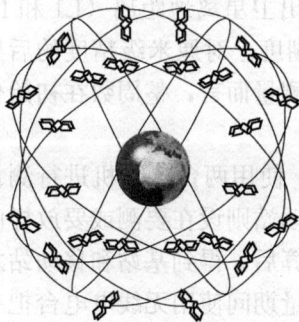


图 2-142 GPS 卫星分布

在 GPS 中，GPS 卫星的基本功能如下：

a. 接收和储存由地面监控站发来的导航信息，接收并执行监控站的控制指令。

b. 向广大用户连续发送定位信息。

c. 卫星上设有微处理机，进行部分必要的数据处理工作。

d. 通过星载的高精度铯钟和铷钟提供精密的时间标准。

e. 在地面监控站的指令下，通过推进器调整卫星的姿态和启用备用卫星。

2）地面监控部分。GPS工作卫星的地面监控部分包括主控站、注入站和监测站，用来监控卫星信号，纠正卫星姿态，调整卫星分布，修正轨道信息等控制卫星正常工作的功能及采集数据、推算编制导航电文及其他控制指令注入卫星存储系统。

3）用户设备部分。用户设备由GPS接收机硬件、数据处理软件及相应的用户终端构成，即通常所说的GPS仪器。用户设备的作用是接收卫星发出的信号，以获得必要的导航和定位信息，并解算出卫星发出的导航电文，实时地完成导航和定位工作。GPS接收机的结构分为天线单元和接收单元两大部分。测量型接收机两个单元一般分成两个独立的部件，观测时将天线单元安置在测站上，接收单元置于测站附近的适当地方，用电缆将两者连接成一个整机；也有的将两个单元制作成一个整体，观测时将其安置在测站点上。

（2）GPS接收机的基本分类。GPS接收机按其用途和使用频率的不同有多种形式，按功能可分为导航型、测地型、授时型等，按运动状态可分为车载型、船载型、机载型等。

1）测地型接收机的类型。

a. 单频接收机。单频接收机只接收L1载波。单频接收机由于不能有效消除电离层延迟的影响，因此精度较低，适用于要求不高的短基线（小于20km）的测量。

b. 双频接收机。双频接收机同时接收L1和L2两种载波（L1、L2是GPS卫星发射的两种频率的载波信号）。双频接收机由于可以利用技术消除或者减弱电离层的影响，定位时精度较高。

2）接收机分类。

a. 导航型接收机。此类接收机单点定时定位，精度较低，主要运用在运动载体的导航中，它可以实时给出载体的位置和速度。常用的汽车导航仪就属于导航型接收机。

b. 测量型接收机。此类接收机主要用于精密大地测量和精密工程测量。这类仪器主要采用载波相位观测值进行相对定位，定位精度较高，仪器结构也较复杂。线路工程测量就是使用测量型接收机。

（3）GPS定位与相位测量。GPS定位是通过测定每一个可见卫星的离地距离后用后方交会法来测定的，而卫星离地面的距离则通过载波上的C/A码或相位来测定。从卫星的信息码发射到被GPS天线接收，二者间存在时间差。对这一时间差的记录使测量成为可能，测量出来的时间差乘以光速，就可以得出卫星天线到地面的距离。

测量型GPS接收机可通过载波相位测出非常精确的卫星天线到地面接收机天线的距离，每一个卫星发射到接收天线上的整波数量加上相位小数，就可测出卫星离地距离（L1和L2波长是已知的）。卫星与接收天线之间的载波的整数称为整周模糊度。对厘米级精度的后处理测量而言，整周数在进行后处理时得出；对厘米级精度的实时测量而言，整周数在初始化时即可得出。

GPS测量至少需要两台GPS接收机同时接收4个以上卫星。使用两台接收机进行测量时，一台为基站，另一台为移动站。基站设在一个已知点上，移动站则设在要测或要放样的点上，这两台接收机上的载波相位数据经过接收机板内嵌软件解算后，得到基站和移动站之间的三维向量。按时间不同对观测技术进行分类：实时技术在测量期间使用无线电电台把基站的观测信息传给移动站，测量结束，得出成果；后处理技术则要进行数据存储及在测量结束后，在办公室用基线解算软件处理后才能得出成果。

通常，观测技术的选择取决于接收机规格、精度要求、时间限制及是否需要实时成果等众多因素。

（4）GPS 定位作业模式。

1）静态定位作业模式：由两台或两台以上 GPS 接收机设置在待测基线端点上，捕获和跟踪 GPS 卫星的过程中固定不变，接收高精度测量 GPS 信号的传播时间，利用卫星在轨的已知位置，解算出接收机天线所在位置的三维坐标。

2）动态定位作业模式：GPS 接收机安置在运动载体上，如行走的车辆，载体上的 GPS 接收机天线在跟踪卫星的过程中相对地球运动，接收机利用 GPS 信号实时地测得运动载体的状态参数，即瞬间的三维坐标和三维速度，如图 2-143 所示。

3）相位差分定位技术作业［又称 RTK（Real-time Kinematic）技术］模式：作业方法是在基准站上安置一台 GPS 接收机，对所有可见卫星进行连续观测，并将其观测数据通过无线电传输设备实时地发送给用户观测站。在用户观测站上，GPS 接收机在接收 GPS 卫星信号的同时，通过无线电接收设备，接收基准站传输的观测数据；然后根据相对定位的原理，实时地提供观测点的三维坐标，并达到厘米级的高精度，如图 2-144 所示。该作业模式满足了一般工程测量的要求，目前线路测量定位基本采用这种作业模式。

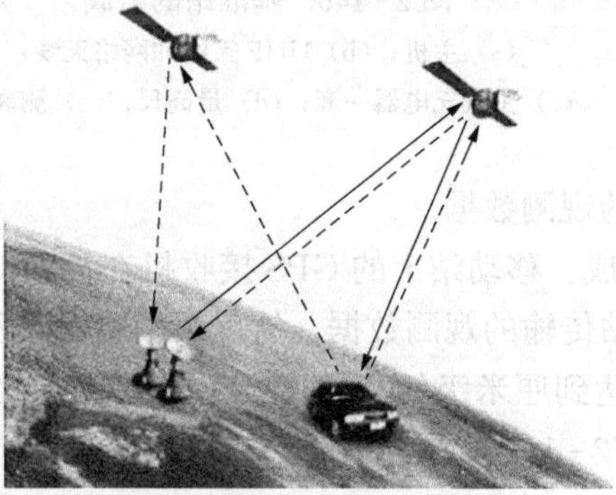

图 2-143　GPS 车载导航模式

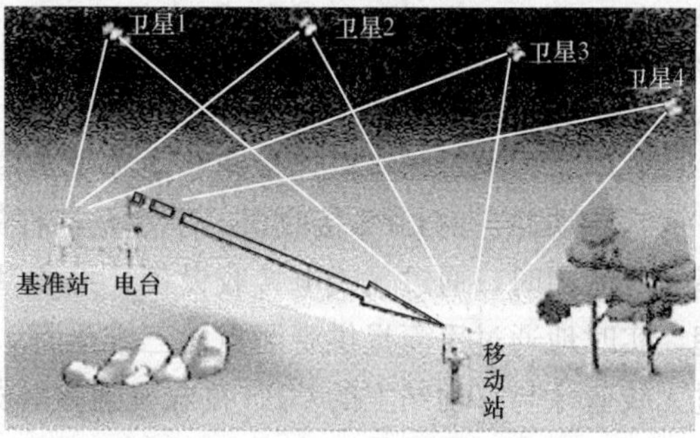


图 2-144　相位差分定位技术作业模式

（5）测量环境要求。

1）观测站（接收天线安置点）应远离大功率的无线电发射台和高压输电线，以避免其周围磁场对卫星信号的干扰。接收机天线与其距离一般不得小于 200m。

2）观测站附近不应有大面积的水域或对电磁波反射（或吸收）强烈的物体，以减弱多路径效应的影响。

3）观测站应设在易于安置接收设备的地方，且视野开阔。在视场内周围障碍物的高度角一般应大于 10°～15°，以减弱对流层折射的影响。

4）观测站应选在交通方便的地方，并且便于用其他测量手段联测和扩展。

5）对于基线较长的 GPS 网，还应考虑观测站附近具有良好的通信设施（电话与电报、邮电）和电力供应，以供观测站之间的联络和设备用电。

2. GPS 测量仪的结构

GPS 测量仪一般由基准站、电台、移动站、蓄电池（电源）等部分组成，如图 2-145 所示。以 GPS S86 为例，测量系统主要由主机、手簿、配件三大部分组成。

（1）基准站：基准站由天线、主机（GPS接收机）、三脚架、蓄电池（电源）等组成。基准站上的主机即GPS接收机，对所有可见卫星进行连续观测，并将其观测数据通过无线电传输设备实时地发送给移动站，即用户观测站，如图2-146所示。

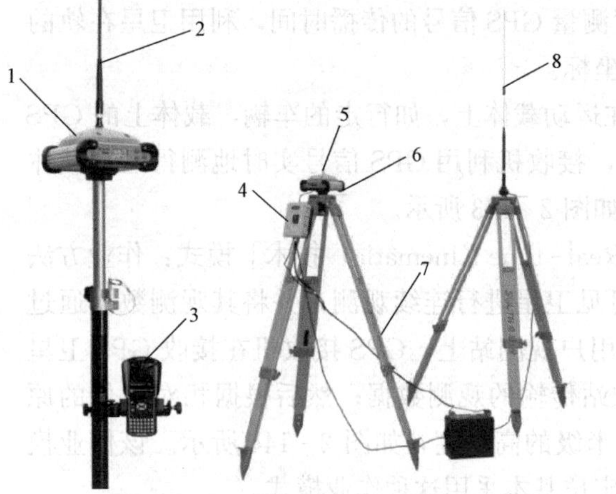


图2-145 GPS测量仪的组成

1—移动站；2—UHF接收天线；3—手簿；4—电台；5—基准站；6—测高片；7—三脚架；8—UHF发射天线

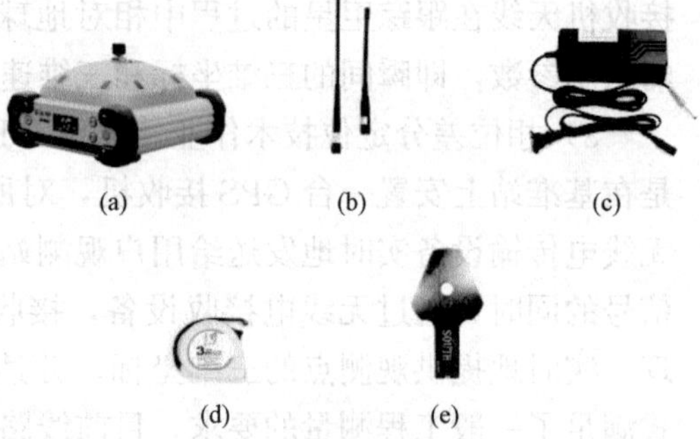


图2-146 基准站的组成

（a）主机；（b）UHF天线和网络天线；（c）主机充电器一套；（d）量高尺；（e）测高片

（2）电台：通过与主机连接向移动站发送主机的观测数据。

（3）移动站：由GPS接收机、手簿及标杆等组成。移动站上的GPS接收机在接收GPS卫星信号的同时，通过无线电接收设备，接收基准站传输的观测数据，然后根据相对定位的原理，实时地通过手簿提供观测点的三维坐标，并达到厘米级的高精度。手簿上装有软件，通过无线蓝牙与移动站上的GPS接收机连接，如图2-147所示。

3. GPS测量

GPS测量工作主要分为外业工作和内业工作，其工作流程包括对所要观测电力线路进行整体实地考察、制订观测计划、外业采集数据、内业处理数据、绘制图纸。

（1）GPS外业测量工作。

在进行GPS测量之前，必须做好一切外业准备工作，以保证整个外业工作的顺利实施。外业准备工作一般包括测区的踏勘、资料收集、技术设计书的编写、设备的准备与人员安排、观测计划的拟订、GPS仪器的选择与检验。

GPS观测工作主要包括选择基站点、埋石，安置天线，外业观测，观测记录四个过程，具体步骤如下：

1）选择基站点、埋石。由于GPS测量不需要点间通视，而且网结构比较灵活，因此选点工作较常规测量简便。但点位选择的好坏关系到GPS测量能否顺利进行，关系到GPS成果的可靠性，因此，选点工作十分重要。选点前，收集有关布网任务、测区资料、已有各类控制点、卫星地面站的资料，了解测区内交通、通信、供电、气象等情况。

a. 基站位置的选择应远离功率大的无线电发射台和高压输电线，以避免其周围磁场对GPS信号的干扰。

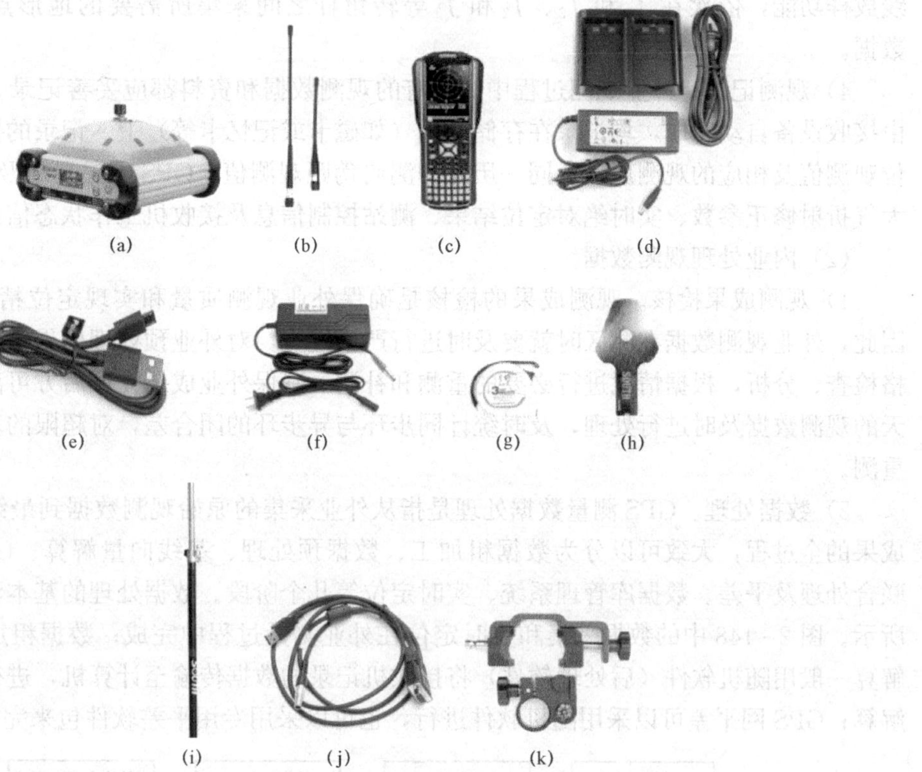

图 2-147　移动站的组成

(a) 主机；(b) UHF 天线和网络天线；(c) 北极星 X3；(d) 手簿充电器一套和手簿电池；
(e) 手簿通信电缆；(f) 主机充电器一套；(g) 量高尺；(h) 测高片；(i) 拉伸对中杆；
(j) 多用途通信电缆；(k) 手簿托架

b. 观测点应设在易于安置接收设备的地方，且视野开阔，视野周围障碍物的高度角一般应小于 10°～15°，在此高度角上最好不要有障碍物，以免信号被遮挡或吸收。

c. 基站附近不应有大面积的水域或对电磁波反射强烈的物体，以减少对路径的影响。

d. 对基线较长的 GPS 网，还应考虑基站附近有良好的通信设施和电力供应，以供观测站之间的联络和设备用电。

e. 基站最好选在交通便利的地方，并且便于用其他测量手段联测和扩展。

f. 基站架设完毕开机后，要找一个比较稳固的地方采集校验点，以便以后校正时使用。

2）安置天线。天线一般应尽可能利用三脚架直接安置在标志中心的垂直方向上，对中误差不大于 3mm。架设天线不宜过低，一般应距地面 1.5m 以上。天线架设好后，在圆盘天线间隔 120°方向上分别量取三次天线高，互差须小于 3mm，取其平均值记入测量手簿。为消除相位中心偏差对测量结果的影响，安置天线时用软盘定向使天线严格指向北方。

3）外业观测。将 GPS 接收机安置在距天线不远的安全处，连接天线及电源电缆，并确保无误。按规定时间打开 GPS 接收机，输入测站名、卫星截止高度角、卫星信号采样间隔等。一个时段的测量工作结束后要查看仪器高和测站名是否输入，确保无误后再关机、关电源、迁站。为削弱电离层的影响，安排一部分时段在夜间观测。

对新线路进行测量，先采集转角杆杆位，如 $J_1$、$J_2$、$J_3$ 等；然后利用 GPS 测量装置的线放样功能，依次在 $J_1$ 和 $J_2$、$J_2$ 和 $J_3$ 等转角杆之间采集所需要的地形点、交叉跨越点数据。

4）观测记录。外业观测过程中，所有的观测数据和资料都应妥善记录。观测记录主要由接收设备自动完成，均记录在存储介质（如磁卡或记忆卡等）上。记录的数据包括载波相位观测值及相应的观测历元、同一历元的测码伪距观测值、GPS卫星星历及卫星钟差参数、大气折射修正参数、实时绝对定位结果、测站控制信息及接收机工作状态信息。

（2）内业处理观测数据。

1）观测成果检核。观测成果的检核是确保外业观测质量和实现定位精度的重要环节。因此，外业观测数据在测区时就要及时进行严格检查，对外业预处理成果按规范要求进行严格检查、分析，根据情况进行必要的重测和补测，确保外业成果无误后方可离开测区。对每天的观测数据及时进行处理，及时统计同步环与异步环的闭合差，对超限的基线及时分析并重测。

2）数据处理。GPS测量数据处理是指从外业采集的原始观测数据到最终获得测量定位成果的全过程，大致可以分为数据粗加工、数据预处理、基线向量解算、GPS网与地面网联合处理及平差、数据库管理系统、实时定位等几个阶段。数据处理的基本流程如图2-148所示。图2-148中的数据采集和实时定位在外业测量过程中完成；数据粗加工至基线向量解算一般用随机软件（后处理软件）将接收机记录的数据传输至计算机，进行预处理和基线解算；GPS网平差可以采用随机软件进行，也可以采用专用平差软件包来完成。

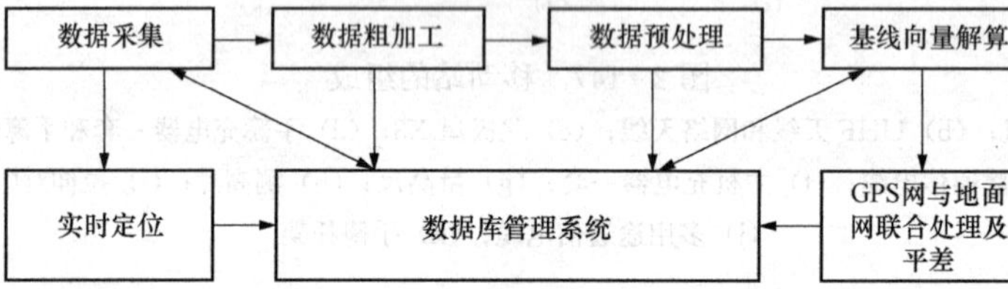


图2-148 数据处理的基本流程

a. 下载测量数据：将GPS手簿上的测量数据下载到计算机中。

b. 编辑数据：将不需要的数据点删除，然后将处理后的数据转换为绘图软件能够识别的文件类型。

c. 生成平面图：利用绘图软件将处理后的数据转换成平面图。

d. 生成平断面图：将平面图转换成标准格式的GPS数据，然后将标准格式的GPS数据转换成平断面图。

4. GPS实时动态（RTK）测量步骤

RTK技术是全球卫星导航定位技术与数据通信技术相结合的载波相位实时动态差分定位技术，包括基准站和移动站。基准站将其数据通过电台或网络传给移动站后，移动站进行差分解算，便能够实时地提供测站点在指定坐标系中的坐标。根据差分信号传播方式的不同，RTK分为电台模式和网络模式两种。

（1）电台模式如图2-149所示。

1）架设基准站。

基准站一定要架设在视野比较开阔、周围环境比较空旷、地势比较高的地方；避免架设在高压输变电设备附近、无线电通信设备收发天线旁边、树荫下及水边，这些都对 GNSS 定位测量信号的接收及无线电信号的发射产生不同程度的影响。

a. 将接收机设置为基准站内置电台模式，架好三脚架，放电台天线的三脚架最好放到高一些的位置，两个三脚架之间保持至少 3m 的距离。

b. 用测高片固定好基准站接收机（如果架在已知点上，需要用基座并做严格的对中整平），打开基准站接收机。

以下步骤为基准站外挂电台模式时增加步骤：

a. 安装好电台发射天线，把电台挂在三脚架上，将蓄电池放在电台的下方。

b. 用多用途电缆线连接好电台、主机和蓄电池。多用途电缆是一条 Y 形的连接线，用来连接基准站主机（五针红色插口）、发射电台（黑色插口）和外挂蓄电池（红黑色夹子）。具有供电、数据传输的作用。

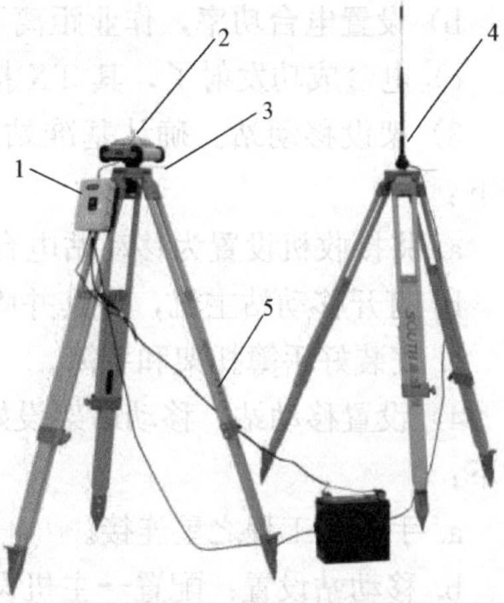


图 2-149　电台模式

1—大电台；2—基准站；3—测高片；4—UHF 发射天线；5—三脚架

2）启动基准站。第一次启动基准站时，需要对启动参数进行设置，设置步骤如下：

a. 使用手簿上的工程之星连接基准站。

b. 操作：配置→仪器设置→基准站设置，见图 2-150（主机必须是基准站模式）。

c. 设置基站参数。一般的基站参数设置只需设置差分格式即可，其他使用默认参数。设置完成后单击右边的按钮，基站即设置完成。

d. 保存好设置参数后，单击［启动基站］按钮（一般来说基站都是任意架设的，发射坐标不需要自己输入），如图 2-151 所示。

图 2-150　基准站参数设置界面

图 2-151　启动基站界面

注意：第一次启动基站成功后，以后作业如果不改变配置，直接打开基准站主机即可自动启动。

e. 设置电台通道。在外挂电台的面板上对电台通道进行设置。

a）设置电台通道，共有八个频道可供选择。

b）设置电台功率，作业距离不够远、干扰低时，选择低功率发射即可。

c）电台成功发射了，其 TX 指示灯会按发射间隔闪烁。

3）架设移动站。确认基准站发射成功后，即可开始移动站的架设（图 2-152），步骤如下：

a. 将接收机设置为移动站电台模式。

b. 打开移动站主机，将其并固定在碳纤对中杆上面，安装 UHF 差分天线。

c. 安装好手簿托架和手簿。

4）设置移动站。移动站架设好后，需要对移动站进行设置才能达到固定解状态，步骤如下：

a. 手簿及工程之星连接。

b. 移动站设置：配置→主机设置→仪器设置→移动站设置（主机必须是移动站模式）。

c. 通道设置：配置→主机设置→仪器设置→电台通道设置。将电台通道切换为与基准站电台一致的通道号，如图 2-153 所示。

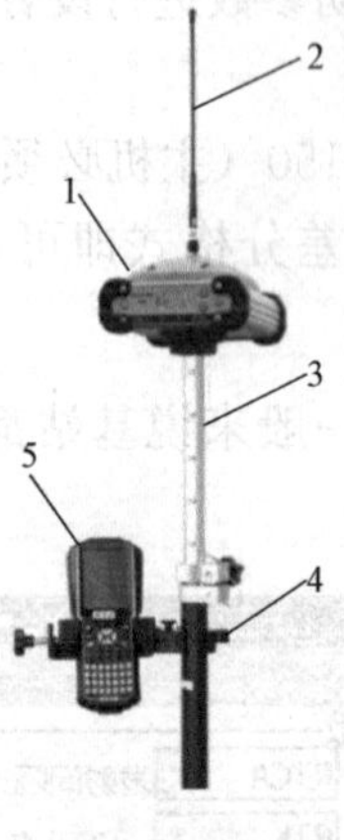


图 2-152　移动站架设

1—移动站；2—UHF 发射天线；3—对中杆；4—托架；5—手簿

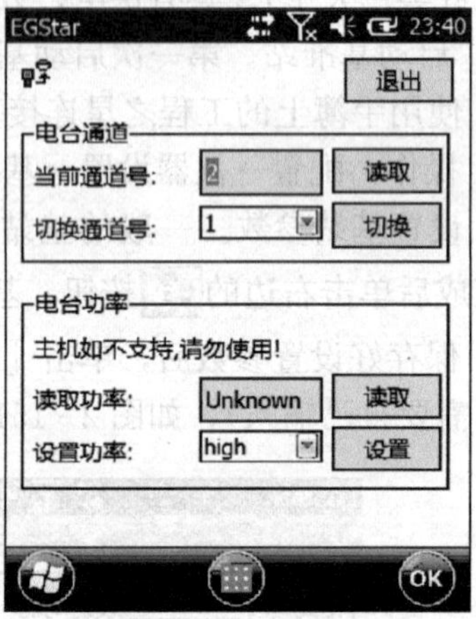


图 2-153　通道设置

设置完毕，移动站达到固定解后，即可在手簿上看到高精度的坐标。

5）电台中转。电台中转即电台转电台，在移动站主机网页基本设置中选中［电台中转］单选按钮，就可以设置电台中转。其步骤为 Web UI 主机设置→通用设置→电台中转设置，如图 2-154 所示。这里的电台转电台是指把基准站的差分信号通过电台转接得更远。但不建议在同一片区域中打开两个中转主机，会对基站信号产生干扰。

（2）网络模式。RTK 网络模式与电台模式的主要区别是其采用网络方式传输差分数据。

1）基准站和移动站的架设。RTK 网络模式与电台模式只是传输方式上不同，其架设方式类似，具体可参考电台模式，区别在于：

a. 网络模式下基准站设置为基准站网络模式，无需架设电台，只需要安装 GPRS 差分天线。

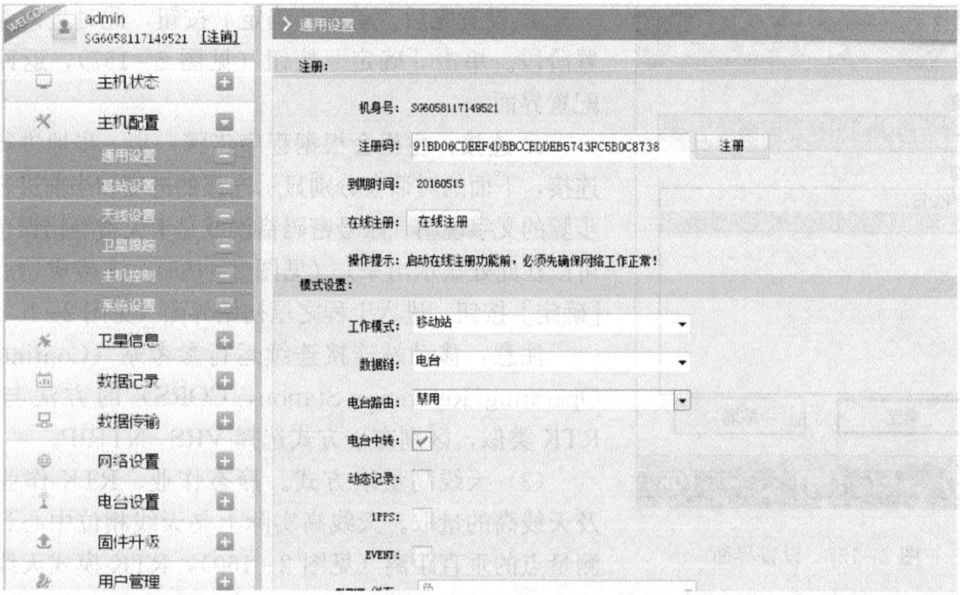


图 2-154　电台中转设置

b. 网络模式下移动站设置为移动站网络模式，并安装 GPRS 差分天线。

2）基准站和移动站的设置。RTK 网络模式基准站和移动站的设置完全相同，先设置基准站，再设置移动站即可。设置步骤如下。

a. 设置：配置→网络设置（见图 2-155）。

b. 此时需要新增加网络链接，单击［增加］按钮进入设置界面。

注意：［从模块读取］功能，是用来读取系统保存的上次接收机使用［网络连接］设置的信息，点击读取成功后，会将上次的信息填写到输入栏。

c. 依次输入相应的网络配置信息，基准站选择 EAGLE 方式（见图 2-156），接入点输入机号或者自定义。

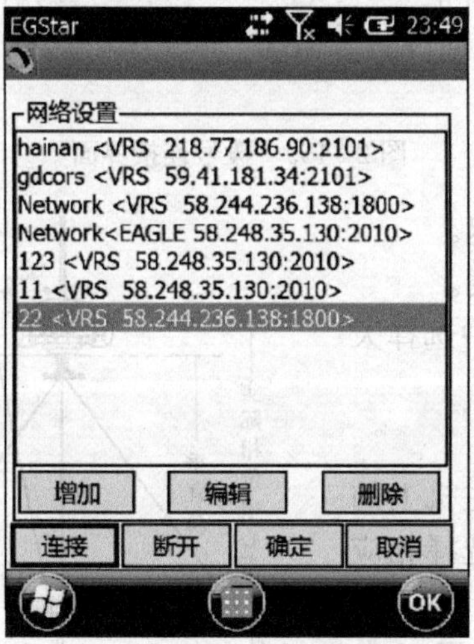


图 2-155　网络配置界面

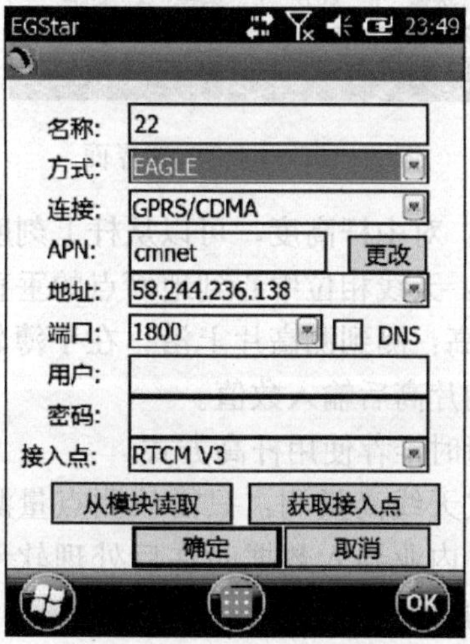


图 2-156　设置界面

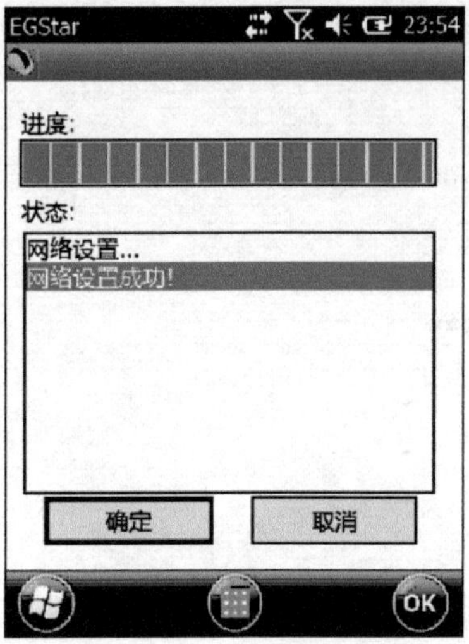


图 2-157 设置界面

d. 设置完后，单击［确定］按钮，此时进入参数配置阶段。单击［确定］按钮（见图 2-157），返回网络配置界面。

e. 连接：主机会根据程序步骤一步一步地进行拨号连接，下面的对话会分别显示连接的进度和当前进行到的步骤的文字说明（账号密码错误或是卡欠费等错误信息都可以在此处显示出来）（见图 2-158）。连接成功后单击［确定］按钮，进入工程之星初始界面（见图 2-159）。

注意：移动站连接连续运行参考站（Continuously Operating Reference Station，CORS）的方法与网络 RTK 类似，区别在于方式选择 VRS-NTRIP。

（3）天线高量取方式。静态作业、RTK 作业都涉及天线高的量取。天线高实际上是天线相位中心到地面测量点的垂直距离（见图 2-160），RTK 模式天线高有杆高、直高和测片高三种量取方式。

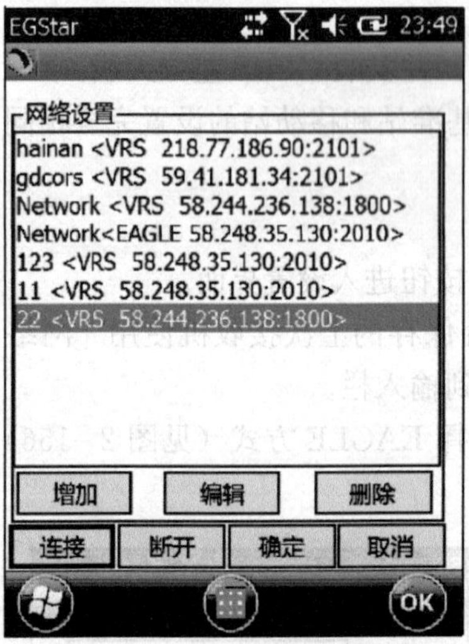


图 2-158 网络配置界面

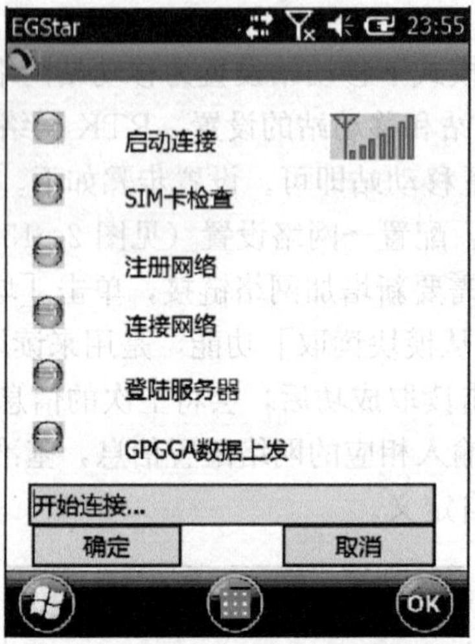


图 2-159 拨号连接界面

1）杆高：对中杆高度，可以从杆上刻度读取。

2）直高：天线相位中心到地面点的垂直高度。

3）测片高：测到测高片上沿，在手簿软件中选择天线高模式为测片高后输入数值。

实际测量时推荐使用杆高方式。

静态模式天线高量测：只需从测点量测到主机上的测高片上沿，内业导入数据时在后处理软件中选择相应的天线类型输入即可。

（4）与计算机连接。S86 接收机文件管理采用 U 盘式存储，即插即用，为直接拖曳式下载，不需要下载程

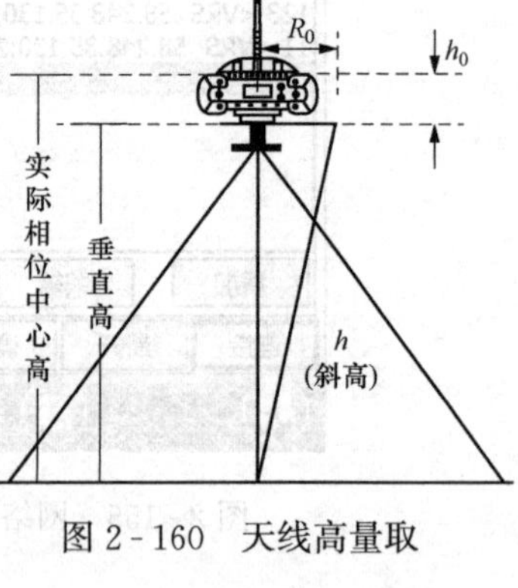


图 2-160 天线高量取

序。下载时使用七芯转 USB 数据线，一端连接 USB，一端连接主机底部七芯接口。连接后计算机出现一个新盘符，如同 U 盘，可对相应文件直接进行复制（S86 主机需设置为 U 盘模式）。

打开“可移动磁盘”，可以看到主机内存中的数据文件和系统文件。STH 文件为 S86 主机采集的数据文件，修改时间为该数据结束采集的时间。可以直接把原始文件复制到 PC 中，也可以通过下载仪器之星把数据复制到 PC 中。使用仪器之星可以有规则地修改文件名和天线高。

5. GPS 定位的误差源

在利用 GPS 进行定位时，会受到各种因素的影响。影响 GPS 定位精度的因素有五个方面。

（1）与 GPS 卫星有关的因素。

1）卫星星历误差。在进行 GPS 定位时，计算某时刻 GPS 卫星位置所需的卫星轨道参数是通过星历提供的，所计算出的卫星位置会与真实位置有所差异，这种差异就是星历误差。

2）卫星钟差。GPS 卫星上所安装的原子钟的钟面时与 GPS 标准时间之间的钟差。

3）卫星信号发射天线相位中心偏差。GPS 卫星上信号发射天线的标称相位中心与其真实相位中心之间的差异。

（2）与接收机有关的因素。

1）接收机钟差。GPS 接收机所使用钟的钟面时与 GPS 标准时间之间的钟差。

2）接收机天线相位中心偏差。GPS 接收机天线的标称相位中心与其真实相位中心之间的差异。

3）接收机软件和硬件造成的误差。在进行 GPS 定位时，定位结果会受到处理与控制软件和硬件的影响。

（3）与传播途径有关的因素。

1）电离层延迟。由于地球周围的电离层对电磁波的折射效应，使得 GPS 信号的传播速度发生变化，这种变化称为电离层延迟。电磁波所受电离层折射的影响与电磁波的频率及电磁波传播途径上的电子总量有关。

2）对流层延迟。由于地球周围的对流层对电磁波的折射效应，使得 GPS 信号的传播速度发生变化，这种变化称为对流层延迟。电磁波所受对流层折射的影响与电磁波传播途径上的温度、湿度和气压有关。

3）多路径效应。由于接收机周围环境的影响，使得 GPS 接收机所接收到的卫星信号中包含反射和折射信号的影响。

（4）数据处理软件方面的因素。

1）用户在进行数据处理时引入的误差。

2）数据处理软件算法不完善对定位结果的影响。

（5）操作原因引起的误差。

1）基站、流动站的整平、对中产生的误差。

2）采点时收敛精度未达到观测要求所产生的定位误差。

6. GPS的特点

GPS和传统的地面测量方法相比有以下特点：

(1) GPS测量装置在进行线路测量时不受天气的影响。GPS测量装置采用的是卫星定位原理，在进行观测工作时，可以在任何时间、任何地点连续地进行，特别是在视线不佳的天气或夜间仍能很好地工作，这是光学测量仪器所无法比拟的。

(2) GPS在精度上与精密地面测量的结果相当，且今后进一步提高的潜力还很大。

(3) GPS控制网选点灵活，布网方便，基本不受通视、网形的限制，特别是在地形复杂、通视困难的测区，更显其优越性。但由于测区条件较差，边长较短（平均边长不到300m），基线相对精度较低，个别边长相对精度大于1/10000。因此，当精度要求较高时，应避免短边，无法避免时，要谨慎观测。在几百米的短距离内，要求得到精确的边长和角度值，通常使用GPS没有用测距仪或经纬仪迅速、准确。

(4) 作业方便，速度快。GPS测量装置大大提高了在输电线路高程测量时的工作效率，简化了测量程序，缩短了测量时间。使用GPS可省去传统的造标工作，选点工作也大为简化；观测可在全天候条件下进行；接收机（测站点）的三维绝对坐标可即时得出；精确的相对坐标需在观测完成后，经过平差处理，才能求得。目前，已出现手持式小型接收机，可使空间绝对定位变得简单。

(5) GPS测量装置对测量的数据具有存储功能，测量结束后通过绘图软件可以直接生成平面图和断面图，减小了绘图工作量，提高了工作效率。

(6) GPS测量装置基本实现了自动化、智能化，且观测时间不断减少，大大降低了作业强度，观测质量主要受观测时卫星的空间分布和卫星信号的质量影响。但由于个别点的选定受地形条件限制，如树木遮挡等，影响对卫星的观测及信号的质量，需经重测后通过。因此，应严格按照有关要求选择基站位置，选择最佳时段观测，并注意手机、步话机等设备的影响。

(7) 从长远看，经济上有利。目前，GPS接收机价格较贵，但随着产品的定型和批量生产及市场的扩大，价格将迅速下降。

综上所述，GPS的应用将使控制测量领域产生深刻的变革。然而GPS也有它的不足，因此GPS不可能完全代替传统的测量手段。

7. GPS测量仪测量实训任务

熟悉GPS测量仪基本测量功能，并选择合适场地，完成某任意两点的距离、标高、坐标等基础数据测量。

## 2.5 距离丈量与直线定向

在测量工作中，地面点位置的确定，除测定水平角和高程外，另一项基本内容就是测量地面上两点之间的水平距离和直线方向。所以，距离测量和直线定向也是测量的基本工作，本节主要介绍水平距离的测量方法和直线定向的基本知识。

1. 距离丈量

距离测量可根据不同的精度要求和不同的地形条件，采用不同的仪器和不同的测量方法，利用尺子直接测量距离称为距离丈量。

（1）距离丈量的工具。

1）钢卷尺、皮尺和绳尺。

钢卷尺由带状薄钢片制成，如图 2-161 所示，钢卷尺基本分为毫米，并在分米、米处刻有长度数字，也有基本分为厘米的钢卷尺。其长度有 20、30、50m 等几种，广泛用于精度较高的丈量工作，如施工放样、基础根开等。

皮尺是由麻布织入金属丝制成，又称布卷尺，如图 2-162 所示，其伸缩性较大，使用时不宜浸于水中和用力过大。由于精度较钢卷尺低，所以皮尺只适用于精度要求较低的丈量工作，如边坡距离、土方测算等。常用的皮尺有 20、30、50m 三种。

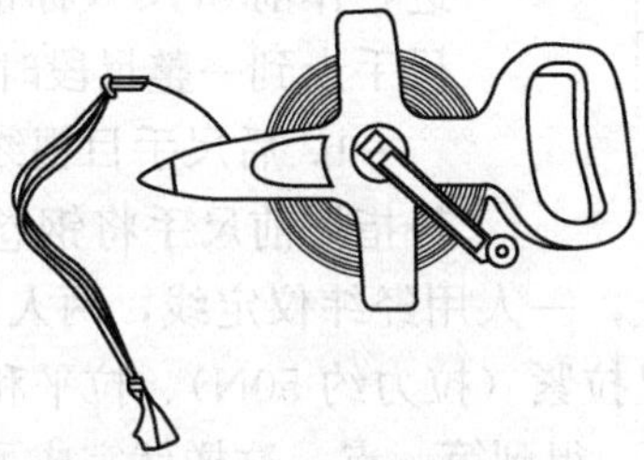

图 2-161 钢卷尺示意图

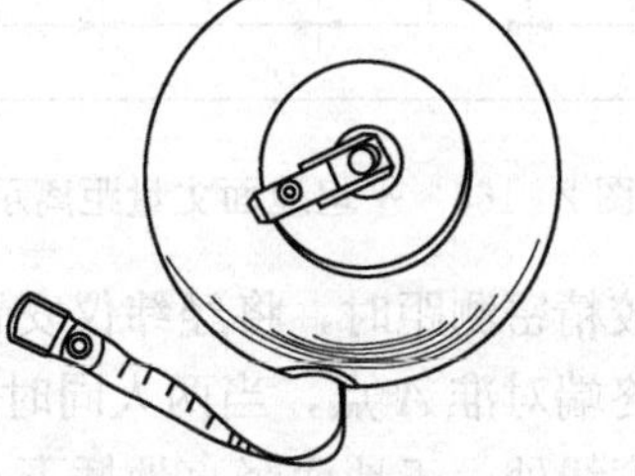

图 2-162 皮尺示意图

绳尺由含有金属丝的麻线编织而成，每隔 1m 外包一个小铜圈，铜圈上刻有长度数字。绳尺一般用于精度要求较低而距离又较远的丈量。

尺子按其零刻划的位置不同有端点尺和刻划尺两种，以尺子的端点为零点（零点在拉环外边缘）的称为端点尺，如图 2-163（a）所示；以尺子的端部某一位置为零刻划的称为刻划尺，如图 2-163（b）所示。使用尺子时要注意零刻划线的位置，以免出错。

2）辅助工具。距离丈量中除了钢卷尺、皮尺和绳尺外，还需要有花杆、测钎等辅助工具。花杆用来标定点位和显示直线方向，杆面上涂有 20cm 红白相间的颜色，如图 2-164（a）所示。测钎用来标定端点的位置和计算已量过的整尺段数，如图 2-164（b）和（c）所示。

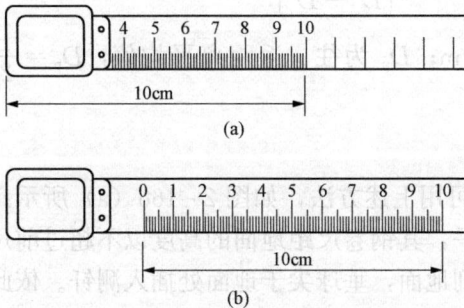

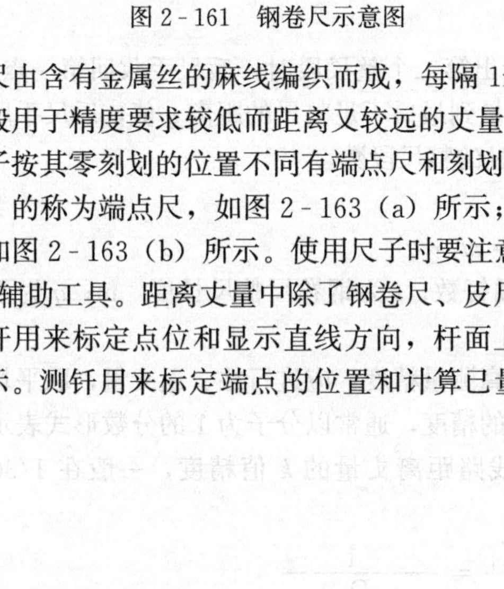


图 2-163 端点尺和刻划尺示意图

（a）端点尺；（b）刻划尺

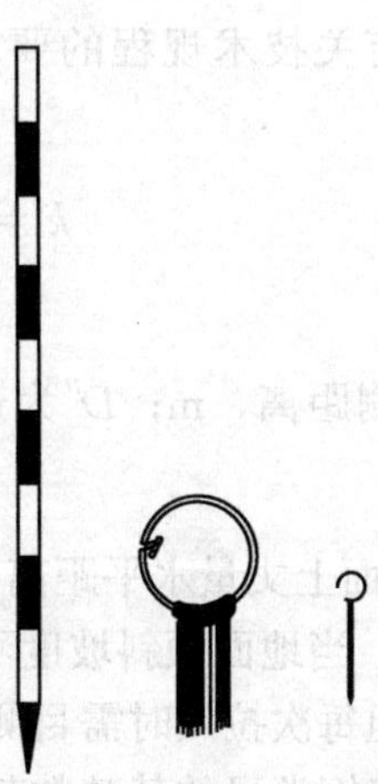


2-164 花杆、测钎示意图

（a）花杆；（b）一组测钎；（c）一根测钎

(2) 距离丈量的一般方法。

1) 平坦地面上丈量水平距离。丈量 $A$ 至 $B$ 的水平距离，首先将 $A$、$B$ 两个端点用木桩标志，木桩上钉上小铁钉，在两端的外侧各立一支花杆，以示直线方向，如图 2-165 所示，清理量距间的障碍物后，即可开始丈量，丈量方法如下：

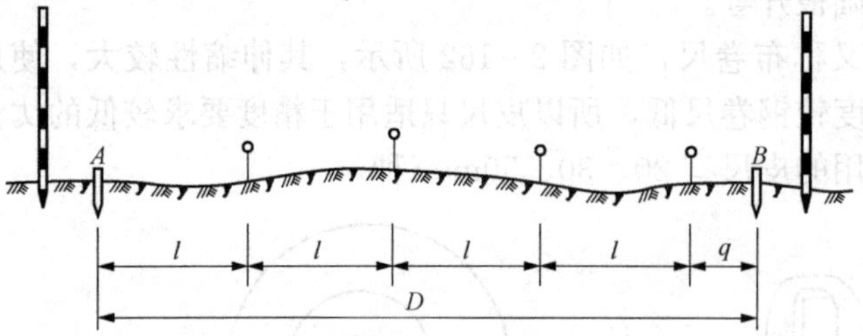


图 2-165 平坦地面丈量距离示意图

a. 丈量工作一般由两人担任。一人手持钢卷尺使零点对准起点 $A$ 作后司尺（称后尺手）；另一人手持钢卷尺的首端并携带一束测钎前进，作前司尺（称前尺手），当前尺手走到一整尺段时停下。

b. 后尺手目视终点花杆，以手势指挥前尺手将钢卷尺拉在 $AB$ 直线方向上（较精密测距时，将经纬仪安置在 $A$ 上，一人用经纬仪定线，两人量距），后尺手以钢卷尺的终端对准 $A$ 点，当两人同时把钢卷尺拉紧（拉力约 50N）、拉平和拉稳后，前尺手在整尺刻度线处，于地面竖直地插下一根测钎，得到第一点，这样就完成了第一个整尺段的丈量工作。

c. 两尺手同时举尺前进，依同样方法量出第二个整尺段时，后尺手收回第一点的测钎。用同样的方法继续向前逐段丈量下去，直至量到最后不足整尺的距离 $q$ 值，后尺手所持测钎数目等于前尺手所插测钎数目 $n$，也等于量过的整尺段数。

d. $A$、$B$ 两点间的距离可用下式计算

$$D = nl + q \tag{2-13}$$

式中：$D$ 为 $A$、$B$ 两点间的距离，m；$n$ 为插钎数；$l$ 为钢卷尺整尺长度，m；$q$ 为不足一整尺段的余长，m。

在实际丈量中，为了校核测量结果和提高测量精度，应进行往、返丈量，取平均值作为最后测量成果，采用相对误差 $k$ 来衡量丈量的精度，通常以分子为 1 的分数形式表示。精度的标准应根据有关技术规程的要求，输电线路距离丈量的 $k$ 值精度，一般在 1/3000～1/1000 范围内。

$$k = \frac{|D' - D''|}{D_p} = \frac{1}{\dfrac{D_p}{|D' - D''|}} \tag{2-14}$$

式中：$D'$ 为往测距离，m；$D''$ 为返测距离，m；$D_p$ 为往、返距离平均值，$D_p = \frac{1}{2}(D' + D'')$，m。

2) 倾斜地面上丈量水平距离。

a. 平量法。当地面倾斜坡度不大时，仍可用上述方法，如图 2-166 (a) 所示。从高向低分段测量，但每次拉尺时需目测钢卷尺水平，其钢卷尺距地面的高度以不超过前尺手胸部为宜。用垂球将钢卷尺的某整数刻划线投设到地面，垂球尖于地面处插入测钎。依此方法丈量各段，累计各次量距尺数，可算出 $AB$ 间的水平距离。返测时由低向高测比较困难，可以从高向低再丈量一次，取两次的平均值作为最后的测量成果。但是用这种量距方法产生误差的因素很多，因而精度不高，一般为 1/1000 左右。

b. 斜量法。当地面倾斜坡度较均匀时，可沿着斜坡丈量出倾斜距离 $L$，如图 2-166（b）所示。用水准仪测出 $AB$ 两点的高差 $\Delta h$，然后利用数学公式计算水平距离 $D$，即

$$D=\sqrt{L^2-\Delta h^2} \tag{2-15}$$

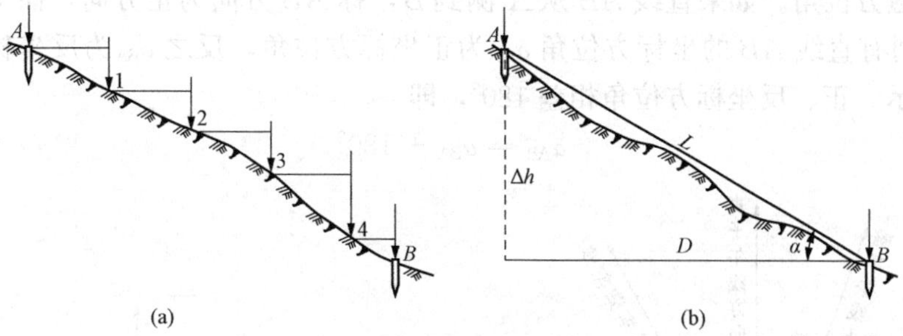


图 2-166　倾斜地面丈量距离示意图
（a）平量法；（b）斜量法

3）距离丈量的注意事项。影响距离丈量的因素较多，所以，在丈量中应注意以下事项：

a. 尺手要配合一致，定线要准确，读数要仔细，拉力要均匀且拉平、拉稳，同时注意尺子的零点位置。

b. 量距时需往返各量一次或同向顺量两次，两次测量结果之差不应超过技术规定的要求，否则应重新丈量。

c. 丈量中举尺前进时，应使尺子悬空，不得在地面和水中拖拉钢卷尺，以防磨损和锈蚀。严防扭曲打结。

d. 量距的钢卷尺须经检验合格，方可使用。

e. 钢卷尺用完后要擦拭干净，涂油防锈，卷入盒内。

2. 直线定向

确定某一直线的方向称为直线定向。直线的方向以标准方向为依据，用该直线与标准方向线之间的水平夹角确定其方向。直线定向是确定地面点平面位置的一项基本测量工作。

（1）标准方向。测量工作中，常以真子午线方向、磁子午线方向、平面直角坐标纵轴方向作为直线定向的标准方向。

1）真子午线方向。通过地面上某点指向地球南北极的方向线，称为该点真子午线方向。真子午线方向是用天文测量的方法或陀螺经纬仪来测定的。

2）磁子午线方向。磁针在地球磁场的作用下，自由静止时其磁针轴线所指的方向称为磁子午线方向。磁子午线方向可以用罗盘仪测定。

由于地球磁场的南北极与地球的南北极不重合，致使磁子午线与真子午线之间形成夹角。因此，地面上同一点的磁子午线与真子午线也不一样，它们之间的夹角称为磁偏角，以 $\delta$ 表示，如图 2-167 所示。磁针北端所指的方向偏于真子午线以东称为东偏，规定为正；偏于真子午线以西称为西偏，规定为负。

3）平面直角坐标纵轴方向。在普通测量中常用平面直角坐标系，取纵坐标轴或平行于纵坐标轴的直线方向作为标准方向。在独立测区中，可取任一点磁子午线方向作为纵坐标轴。

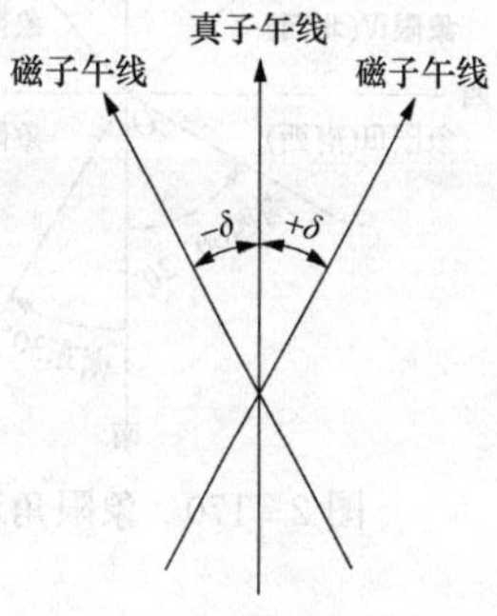


图 2-167　磁偏角示意图

（2）方位角和象限角。从标准方向线的北端开始，顺时针方向到某一直线的水平夹角称为该直线的坐标方位角，用 $\alpha$ 表示，方位角变化范围为 0°～360°。由于三种标准方向的不同，直线的方位角有真方位角、磁方位角和坐标方位角三种。如图 2-168 所示，$A$ 为真方位角，$A_m$为磁方位角。如果直线 $AB$ 从 $A$ 测到 $B$，称 $AB$ 方向为正方向，而 $BA$ 方向则称为反方向，则有直线 $AB$ 的坐标方位角 $\alpha_{AB}$为正坐标方位角，反之 $\alpha_{BA}$为反坐标方位角，如图 2-169 所示。正、反坐标方位角相差 180°，即

$$\alpha_{AB} = \alpha_{BA} \pm 180° \tag{2-16}$$

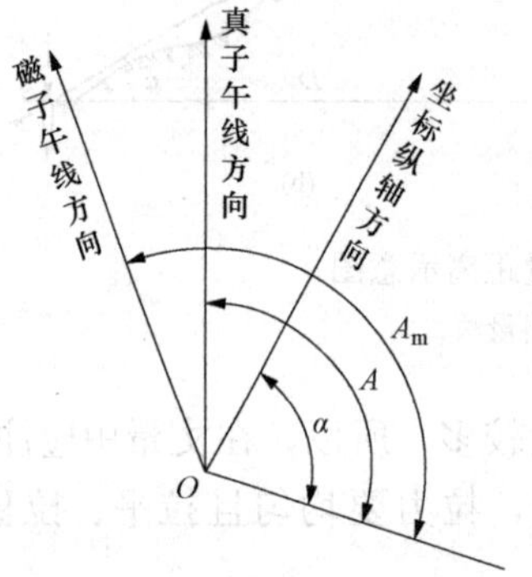


图 2-168 方位角示意图

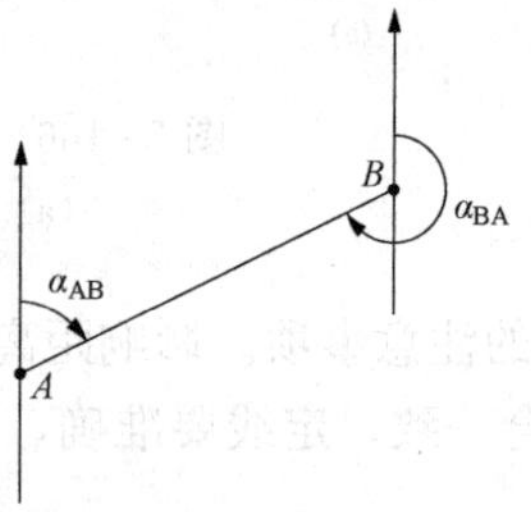


图 2-169 正、反坐标方位角关系示意图

在测量工作中为了计算的方便，取直线与纵坐标轴最靠近的一端所夹的锐角来表示直线的方向，即由纵坐标轴线的北端或南端，顺时针或逆时针方向到某一直线的锐角，称为象限角，以 $R$ 表示。象限角的变化范围为 0°～90°。象限角与坐标方位角的关系如下。

象限Ⅰ（北东）：$R=\alpha$。

象限Ⅱ（南东）：$R=180°-\alpha$。

象限Ⅲ（南西）：$R=\alpha-180°$。

象限Ⅳ（北西）：$R=360°-\alpha$。

例如，在图 2-170 中，直线 $OA$ 的象限角为北东 40°，$OB$ 的象限角为南东 30°，$OC$ 的象限角为南西 60°20′，$OD$ 的象限角为北西 50°。

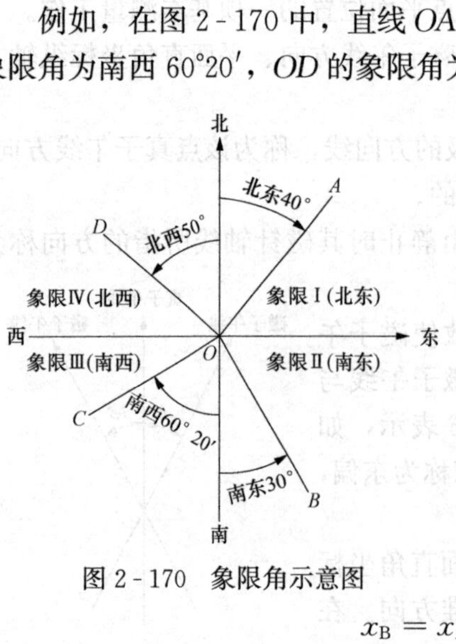


图 2-170 象限角示意图

3. 直线的距离、方向与端点直角坐标的关系

在测量中，地面点的坐标一般用平面直角坐标 $x$、$y$ 表示。$x$ 表示纵坐标，$y$ 表示横坐标，方位角是从坐标纵轴（$x$ 轴）的北端开始以顺时针方向计算，坐标轴、方位角的量度方向和象限顺序正好与数学上的平面直角坐标相反。因此，数学上的三角函数计算公式和符号法则可不改变地应用在测量计算中。

（1）坐标正算。如图 2-171 所示，设已知 $A$ 点的坐标（$x_A$，$y_A$），直线 $AB$ 的水平距离 $D_{AB}$和坐标方位角 $\alpha_{AB}$，计算直线另一端 $B$ 点的坐标（$x_B$，$y_B$）称为坐标正算。其可按下列公式计算

$$x_B = x_A + \Delta x = x_A + D_{AB}\cos\alpha_{AB} \tag{2-17}$$

$$y_B = y_A + \Delta y = y_A + D_{AB}\sin\alpha_{AB} \quad (2-18)$$

式中：$\Delta x$ 为纵坐标增量；$\Delta y$ 为横坐标增量。

（2）坐标反算。在图 2-171 中，若已知 $A$、$B$ 两端点的坐标（$x_A$，$y_A$）及（$x_B$，$y_B$），计算直线 $AB$ 点的水平距离和坐标方位角称为坐标反算。其可按下列公式计算

$$\alpha_{AB} = \arctan\left(\frac{y_B - y_A}{x_B - x_A}\right) \quad (2-19)$$

$$D_{AB} = \frac{y_B - y_A}{\sin\alpha_{AB}} = \frac{x_B - x_A}{\cos\alpha_{AB}} \quad (2-20)$$

$$D_{AB} = \sqrt{(x_B - x_A)^2 + (y_B - y_A)^2} \quad (2-21)$$

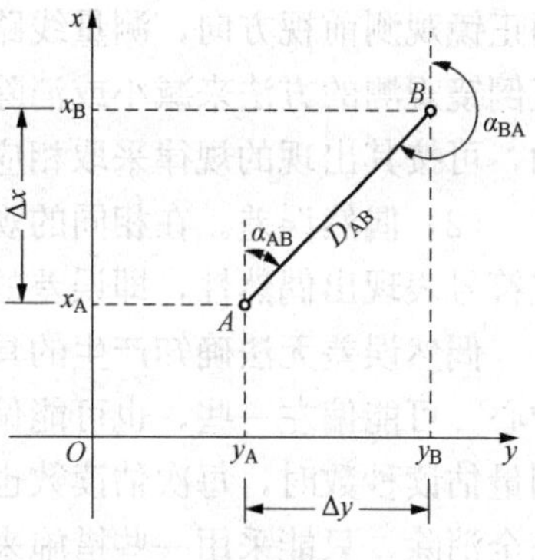

图 2-171 距离、方位角与平面直角坐标关系示意图

坐标增量的符号根据 $\alpha$ 所在的象限决定，如表 2-8 所示。

表 2-8 方位角与坐标增量符号关系表

| 坐标方位角（°） | 所在象限 | 坐标值增量符号 | |
|---|---|---|---|
| | | $\Delta x$ | $\Delta y$ |
| 0～90 | Ⅰ | + | + |
| 90～180 | Ⅱ | − | + |
| 180～270 | Ⅲ | − | − |
| 270～360 | Ⅳ | + | − |

## 2.6 导致测量误差的因素及其消减方法

1. 导致测量误差的因素

产生测量误差的主要原因有以下三个因素。

（1）仪器误差。测量仪器精度上的限制和构造不可能十分完善，虽然事前已校正了仪器，但尚有剩余误差未能完全消除。

（2）人的因素。观测者操作仪器的熟练程度和感觉器官的鉴别能力有一定的局限性，在仪器的安置、照准、读数等观测过程中使观测值产生误差。

（3）外界环境的影响。观测时所处的外界条件的变化，如温度高低、湿度大小、风力强弱及大气折光的不同等因素的影响会产生误差。

仪器、人和外界环境这三个方面是产生误差的主要因素，称为观测条件。显然，观测条件的优劣与观测成果质量的高低密切相关。

2. 测量误差的分类

测量误差按性质可分为两类：系统误差和偶然误差。

（1）系统误差。在相同的观测条件下，对某量进行一系列的观测，若出现误差的大小或符号表现出一定的规律性，这种误差称为系统误差。

系统误差的产生可能有多种原因，主要是由使用的仪器不够完善及外界条件引起的。例如，使用的经纬仪存在视准轴误差、横轴误差或水平度盘偏心差，在输电线路测量中如都采

用正镜观测前视方向，测量线路越长，误差就越大，最后线路即偏离设计路径，但可以采取正倒镜观测的方法来减小或消除它的影响。系统误差具有累积性质，而且一般总是可以预见的，可按其出现的规律采取相应的措施，尽可能全部或部分地消除系统误差的影响。

(2) 偶然误差。在相同的观测条件下，对某量进行一系列的观测，如果出现误差的大小或符号表现出偶然性，即误差的大小不等，符号不同，这种误差称为偶然误差。

偶然误差无法确知产生的具体原因。例如，用经纬仪对准花杆时，十字丝不一定在花杆中心，可能偏左一些，也可能偏右一些，而且每次偏离中心线的大小也不一样；又如，角度测量估读秒数时，每次估读数也不完全相同。这些都属于偶然误差，而且不可避免，也不能完全消除，只能采用一些措施来削弱它的影响。偶然误差有如下特性：

1) 一定的观测条件下，偶然误差的绝对值不会超过一定的限值。

2) 绝对值小的误差比绝对值大的误差出现的概率大，或者说小误差出现的机会多。

3) 绝对值相等的正误差与负误差出现的次数大致相等。

4) 当观测次数无限多时，偶然误差的算术平均值趋近于零。

在输电线路测量中，除了上述系统误差和偶然误差外，还有在测量作业中产生的错误，如由于观测者粗心大意、数据读错，记录计算人员记错、计算错误等。这些错误可以通过重复观测发现并予以消除，在测量成果中错误是不允许存在的。

3. 测量误差的消减方法

(1) 系统误差的消减方法。

1) 对使用的仪器进行严格的检验校正，保持仪器状态良好，把系统误差降低到最低程度。

2) 对于有些误差求出其误差大小值，然后将观测值加以改正，以消除它的影响。

3) 采用对称观测方法可消除或减小系统误差，如正倒镜观测法能消除角度观测值的系统误差影响。

(2) 偶然误差的消减方法。

1) 采用先进仪器或提高仪器精度。

2) 由于观测结果中不可避免地存在偶然误差，因此在实际工作中可增加观测值的个数或次数，这种方法称为多余观测。例如，对某些桩位采用前视、后视观测，以减弱偶然误差对测量成果的影响。

## 2.7 测量仪器使用注意事项

测量仪器属精密设备，要注意爱护和保养，使用时应按照正确的使用方法，以免仪器遭受意外的损伤。因此，在使用仪器时应注意以下事项：

(1) 使用仪器前，应仔细阅读该仪器的使用说明书，了解仪器的构造和各部件的作用及操作方法。

(2) 取仪器前，应记清楚仪器在箱中放置的位置，以便使用完毕后按原样放入箱中。取仪器时，应一手握照准部支架，另一只手握着基座，不能用手提望远镜。仪器装箱时，应稍微拧紧各制动螺旋，并小心将仪器放入箱内，如装不合适或装不进去，应查明原因再装，不得强压。装入箱后，盖好箱盖，扣上箱扣。

（3）架设仪器时，先把三脚架支稳定后，将仪器轻轻放在三脚架上，双手不得同时离开仪器，应一手握着仪器，另一手立即拧紧脚架与仪器连接的中心螺旋。转动仪器时，应手扶支架或度盘，平稳转动，应有松紧感。

（4）仪器需要搬移时，应拧紧各制动螺旋，以免磨损。若近距离平坦地面上移动观测点时，应双手抱脚架并贴肩，使仪器稍竖直，小步平稳前进；距离较远或地形不平移动观测点时，应将仪器装入箱中搬运。仪器在运载工具上运输，应采取良好的防振措施。

（5）仪器不用时应放在箱内。箱内应有适量的干燥剂，箱子应放在干燥、清洁、通风良好的房间内保管，以免受潮。

（6）应避免阳光直接暴晒仪器，防止水准管破裂及轴系关系的改变，以免影响测量精度。

（7）望远镜的物镜、目镜上有灰尘时，不得用手、粗布、硬纸抹擦，要用软毛刷轻轻地刷去。如在观测中仪器被雨水淋湿，应将仪器外部用软布擦去水珠，晾干后再将仪器放入箱内，以免光学零件发霉和脱膜。

（8）电池驱动的全站仪和GPS仪器若长时间不用，应取出电池，并间隔一段时间进行充、放电维护，以延长电池使用寿命。

（9）具有数据储存功能的仪器，测量完毕后，应及时将数据传送到计算机设备上备份，以免数据意外丢失。

# 第2篇　架空线路设计与施工基础知识

## 第3章　输电线路的分类及架空输电线路的组成

### 3.1 输电线路的分类

电网中两节点间的连线称为线路。线路按主要作用和电压等级可分为输电线路和配电线路。

输配电线路的作用是将发电厂和变电站连接起来，将电能输送到变电站，并由变电站转送到配电变电站或用户。因此，它是发电厂与电力用户之间的一条电力输送通道，在保证生产建设用电和改善人民生活用电上起着与发电厂同等重要的作用。

（1）按电流输送形式分类。输电线路可按电流输送形式分为以下两种：

1）交流输电线路由发电机发出来的交流电，经过升压变压器升压后送到线路中运行。

2）直流输电线路由发电机发出来的交流电，经变压器升压，再经换流设备变成高压直流电送到线路中传输，至受电端换流站再经逆变器转换成高压交流电。

（2）按架设形式分类。输电线路按架设形式分为以下两种：

1）架空输电线路，裸导线用杆、塔支持，用绝缘子与空间隔离而凌空架设。这种线路造价较低，维护及检修容易，因此被广泛采用。

2）电缆输电线路，导体用绝缘物包裹，使导线互相绝缘并对地绝缘，外表面再加铠装后埋于地下或隧道中。这种线路造价昂贵（一般为同等电压等级架空输电线路的八倍左右），且维护及检修困难。因此，除特殊情况，如跨越大江、大海或线路经过地面构筑物密集，没有线路走廊及地下电站出口线等情况外，一般很少采用。

3）按电压等级分类。交流输电线路按电压等级分为八种，即 35、66、110、220、330、500、750、1000kV 的输电线路。

输电线路的电压等级一般是根据输送容量和距离来确定的，其关系见表 3-1。

表 3-1　　电压等级与输送容量和距离的关系

| 电压（kV） | 输送容量（MW） | 输送距离（km） | 电压（kV） | 输送容量（MW） | 输送距离（km） |
|---|---|---|---|---|---|
| 110 | 10～50 | 50～150 | 500 | 1000～1500 | 150～850 |
| 220 | 100～500 | 100～300 | 750 | 2000～2500 | 500 |
| 330 | 200～800 | 200～600 | | | |

### 3.2 架空输电线路的组成

架空输电线路通常由杆塔、导线、避雷线（或称架空地线）、绝缘子、金具、杆塔基础和接地装置等主要元件所组成，如图 3 - 1 所示。

1. 导线与避雷线

(1) 导线。导线是架空输电线路的重要部件，用以传输电能。由于导线长期在旷野、山区或湖海边运行，需要耐受风、冰等外荷载的作用，又耐受气温剧烈变化的影响和化学气体等侵袭。因此，要求导线具有良好的导电性能，较高的机械强度、疲劳强度和耐振性能，较小的温度伸长系数，一定的耐化学腐蚀的能力。导线的种类、性能和截面大小，不仅对杆塔、避雷线、绝缘子、金具等有影响，并且直接关系到线路的输送能力、运行的可靠性和建设投资。架线工程的费用一般占线路本体投资的 1/3～1/2。

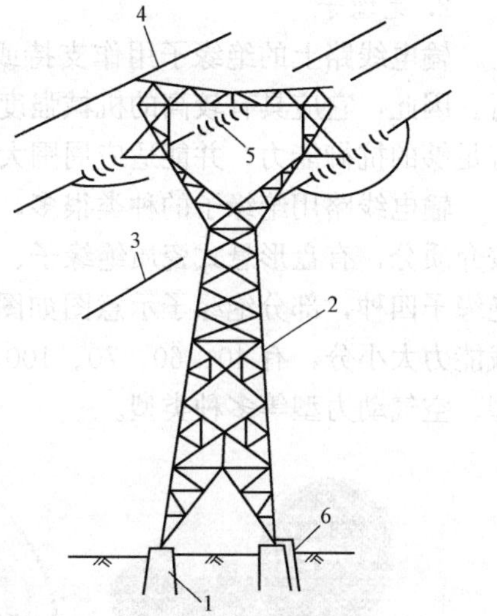

图 3 - 1　架空输电线路的主要组成

1—杆塔基础；2—铁塔；3—导线；4—避雷线；5—绝缘子（绝缘子金具串）；6—接地装置

目前，广泛采用钢芯铝绞线作为输电线路的导线。它是由机械强度较高的钢芯为芯线，以承受张力，外面绕几层导电性能好的铝线合并绞制而成，其截面如图 3 - 2 所示。钢芯铝绞线一般可分为正常型（LGJ）、轻型（LGJQ）、加强型（LGJJ）和特强型几种。

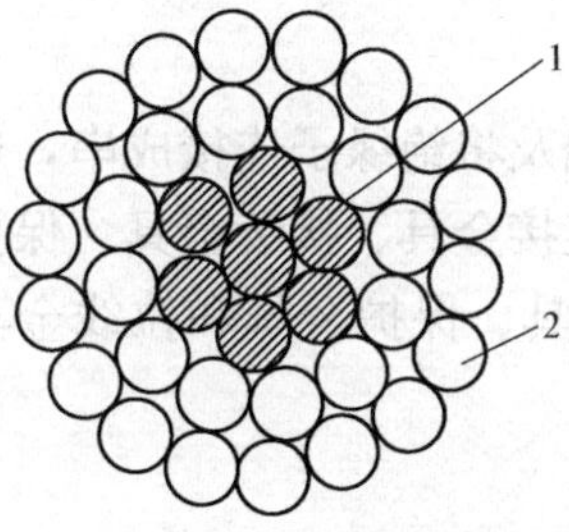

图 3 - 2　钢芯铝绞线截面示意图

1—钢芯；2—铝线

特殊大跨越工程，为减小导线弛度和降低杆塔高度，有时也采用钢绞线、铝合金绞线、铝包钢绞线、铜包钢绞线、硅钢绞线或钢芯硅钢绞线等。

导线的大小是按导电部分的截面积（$mm^2$）来区分的。我国常用的导线系列有 35、50、70、95、120、150、185、240、300、400、500、630、720$mm^2$等。

输电线路一般每相采用一根导线，但在 220kV 及以上的输电线路中，为了远距离输电，且减少线路电抗和电晕，通常在每相导线采用 2～4 根分裂导线。为了保证分裂导线线束间距保持不变，以满足电气性能，降低表面电位梯度的要求；同时为了在短路情况下，导线线束间不致产生电磁力，造成相互吸引碰撞，或者虽有吸引碰撞，但事故消除后即能恢复正常状态，常在档距中间相隔一定的距离安装间隔棒，这样对次档距的振荡和微风的振动可起到一定的抑制作用。

(2) 避雷线。避雷线位于导线的上方，架设在杆塔的顶部，其主要功能是防止导线遭受雷击。避雷线要求机械强度高，耐振、耐腐蚀，具有一定的导电性和足够的热稳定性。按防雷的要求，避雷线可设一根或两根，它与导线形成一定的保护角和线间距离，以保护导线不受雷电伤害。

避雷线一般采用镀锌钢绞线，并与导线相匹配。近年来，为减少对通信设施的干扰、降低能耗等要求，在 220kV 及以上线路中，也有采用良导体地线，如铝包钢绞线、钢芯铝绞线等。另外，目前我国各地还在推广应用光导纤维复合架空地线（OPGW），OPGW 除了防止雷击外，还可实现光纤通信、远动、继电保护和图像传输及线路运行检修监测和气象参数的测量等。

2. 绝缘子

输电线路上的绝缘子用作支持或悬挂导线，使之与杆塔绝缘，保障线路安全可靠地运行。因此，它应具有较高的机械强度和良好的电气绝缘性能，同时对化学杂质的侵袭也应具有足够的抗御能力，并能适应周围大气条件剧烈的变化，如温度、湿度变化。

输电线路用绝缘子的种类很多，可以分别按绝缘介质、连接方式和承载能力进行分类。按介质分，有盘形悬式瓷质绝缘子、盘形悬式玻璃绝缘子、半导体釉绝缘子和棒形悬式复合绝缘子四种，部分绝缘子示意图如图 3-3 所示。按连接方式分，有球型和槽型两种；按承载能力大小分，有 40、60、70、100、160、210、300kN 七个等级；也可分为普通型、耐污型、空气动力型等多种类型。

(a) (b) (c)

图 3-3 部分绝缘子示意图

(a) 盘形悬式瓷质绝缘子；(b) 盘形悬式玻璃绝缘子；(c) 棒形悬式复合绝缘子

3. 金具

金具在架空输电线路上主要用于支持、固定和接续导、地线及将绝缘子连接成串，也用于保护导线和绝缘体。它大致可以分为悬垂线夹、耐张线夹、连接金具、接续金具、保护金具和拉线金具六大类，如图 3-4 所示；也可简单归纳为安装金具、保护金具和拉线金具三大类。金具分类及其用途如表 3-2 所示。

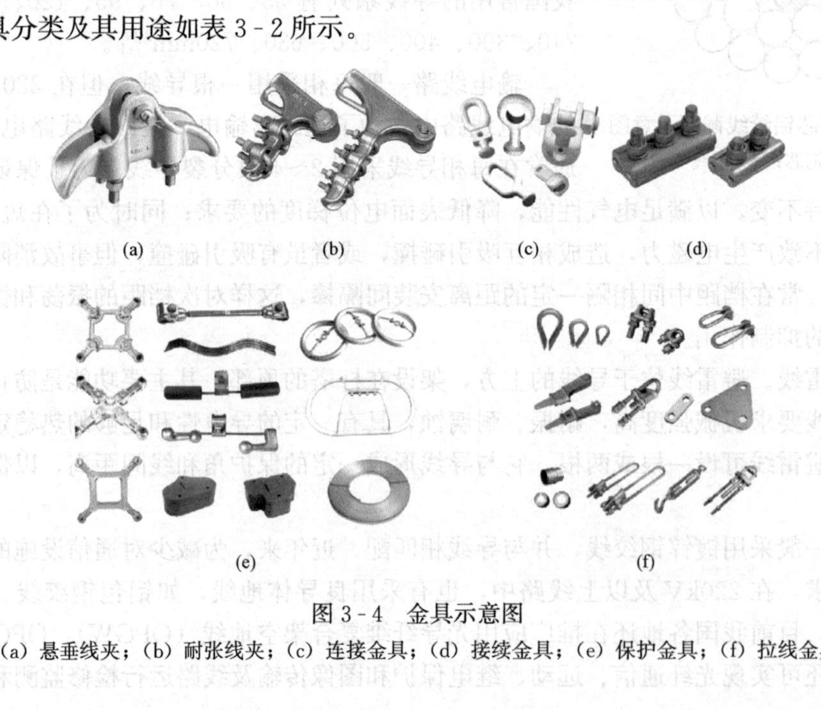

(a) (b) (c) (d)

(e) (f)

图 3-4 金具示意图

(a) 悬垂线夹；(b) 耐张线夹；(c) 连接金具；(d) 接续金具；(e) 保护金具；(f) 拉线金具

表3-2　金具分类及用途

| 金具分类 | 金具名称 | 用　途 |
| --- | --- | --- |
| 悬垂线夹 | 悬垂线夹 | 用于悬挂导线（跳线）于绝缘子串上和悬挂地线于横担上 |
| 耐张线夹 | 耐张线夹 | 用于紧固导线的终端，使其固定在耐张绝缘子串上，也用于地线终端的固定及拉线的锚固，紧固金具承担着导线、地线、拉线的全部张力 |
| 连接金具 | 挂环、挂板、联板等 | 用于绝缘子串与杆塔、绝缘子串与其他金具、绝缘子串之间的连接，承受机械荷载 |
| 接续金具 | 并沟夹板、压接管、全张力预绞丝、T形线夹等 | 用于接续各种导、地线，大部分接续金具承担导线或地线的全部张力，导线接续金具还承担与导线相同的电气负荷 |
| 保护金具 | 防振锤、护线条、间隔棒、均压环、屏蔽环、重锤等 | 用于保护导线、绝缘子及其他金具免受机械振动、电腐蚀等损害 |
| 拉线金具 | 楔型线夹、UT型线夹、拉线二联板等 | 由杆塔至地锚之间连接、固定、调整和保护拉线的金属器件，用于拉线的连接和承受拉力之用 |

4. 杆塔

杆塔用来支持导线、地线及其他附件，使导线、地线、杆塔彼此保持一定的安全距离，并使导线对地面、交叉跨越物或其他建筑物等设施保持允许的安全距离。导线、地线在杆塔上有多种布置方式，杆塔头部尺寸应满足绝缘配合和带电作业等要求。杆塔不仅承担着导线、地线、其他部件及本身的质量（承力杆塔还要承受导线、地线的张力），还要承受侧面风的压力。因此，杆塔应具有足够的高度和机械强度，以保证线路在发生故障和自然因素变化（如大风、暴雨或冰冻等）的情况下不致折断、倾斜或倒塌。

输电线路杆塔多数采用钢和钢筋混凝土结构，目前常用的杆塔有电杆和铁塔，如图3-5所示。此外，还有使用钢柱、钢管和铝合金制造的杆塔。

(a)　(b)　(c)

图3-5　电杆示意图

(a) 混凝土电杆；(b) 钢管电杆；(c) 铁塔

输电线路的杆塔一般按杆塔在线路中的用途进行分类，通常有直线杆塔、耐张杆塔、转角杆塔、终端杆塔、特殊杆塔。各类型杆塔布置示意图如图3-6所示。

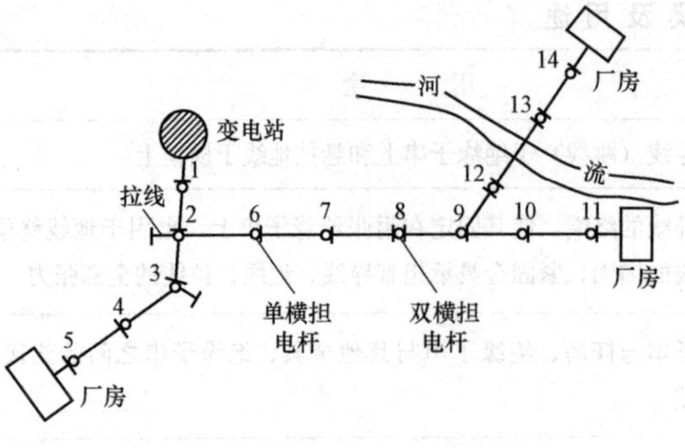


图 3-6 各类型杆塔布置示意图

1、5、11、14—终端杆塔；2、9—分歧杆塔；3—转角杆塔；4、6、7、10—直线杆塔（中间杆塔）；8—分段杆塔（耐张杆塔）；12、13—跨越杆塔

（1）直线杆塔。直线杆塔位于线路直线段的中间部分，也称中间杆塔。直线杆塔采用悬垂绝缘串挂导、地线，即导线在直线杆塔上不开断，它是线路中使用最多的杆塔。直线杆塔正常运行中仅承受导、地线自重和风压等荷载。直线杆塔机械强度要求不高，组装结构简单，造价低。在一条输电线路中，大部分是直线杆塔。直线杆塔通常占全线杆塔总数的80%。

（2）耐张杆塔。耐张杆塔也称承力杆塔，采用耐张绝缘子串挂导、地线，即导、地线在耐张杆塔处开断，耐张杆塔可承受导线、地线架设后的纵向张力。正常运行时耐张杆塔所受的荷载基本上与直线杆塔相同，导、地线张力两侧相互抵消。有时仅承受两侧导、地线的不平衡张力，只在事故时承受一侧断线张力。此外，耐张杆塔还可以作为架线时的紧线杆塔，这对于线路施工与检修也是必要的。

（3）转角杆塔。转角杆塔用于线路的转角地点，它具有与耐张杆塔相同的特点和作用。转角杆塔分为直线型与耐张型两种，可根据转角大小选用。正常运行时转角杆塔两侧导、地线张力虽是平衡抵消的，但尚需承受由转角而产生的内角侧合力的拉力，即横向的张力，此张力大小随转角角度的增大而增大。为了平衡此张力，必须加强杆塔材料，或在转角反方向侧增加拉线。

（4）终端杆塔。终端杆塔是耐张杆塔的一种，用于线路的两端，是靠发电厂侧或变电站侧的第一座杆塔，即线路两端进出线的第一基杆塔，是一侧承受导、地线单侧张力的耐张杆塔。终端杆塔在正常运行时承受的两侧拉力差相当大。

（5）特殊杆塔。特殊杆塔包括跨越杆塔、换位杆塔、分歧杆塔等。

1）跨越杆塔。当线路跨越河流、铁路、公路、沟谷或其他电力线时，常常出现较大的档距或要求杆塔有较高的高度，这种在跨越处设立的高塔称为跨越杆塔。大跨越档距一般在1000m以上，塔的高度一般在100m以上，导线选型或塔的设计需予以特殊考虑，并自成一个耐张段。

2）换位杆塔。为了获得导线相间电压、电流的基本平衡，改善对通信线路的干扰影响，在中性点直接接地的电网中，长度超过100km的110kV及以上电压等级的输电线路工程需要改变线路中三相导线相对位置。导线在换位杆塔上不开断称为直线换位杆塔，反之称为耐张换位杆塔。此外，换位的方式还有悬空换位和附加旁路跳线架换位。前者是在耐张绝缘子串外侧另串接一串绝缘子，然后通过一组特殊的跳线交叉跳接以完成三相导线的位置变换；后者是利用"干"字形耐张杆塔或转角杆塔并在其近旁附设一组小型架构，架一小段旁路导线转接跳线，通过跳线换接进行导线换位，如图3-7所示。

3）分歧杆塔。如果一条输电线路同时向两个地区供电，就需要设立分歧杆塔。分歧杆塔兼有直线杆塔和终端杆塔的受力性质。

杆塔类型的选用取决于输电电压、回路数量、导线及地线规格与排列方式、经过地区的施工条件及运输条件、线路的重要性等因素，既要做到经济合理，又要保证安全可靠。

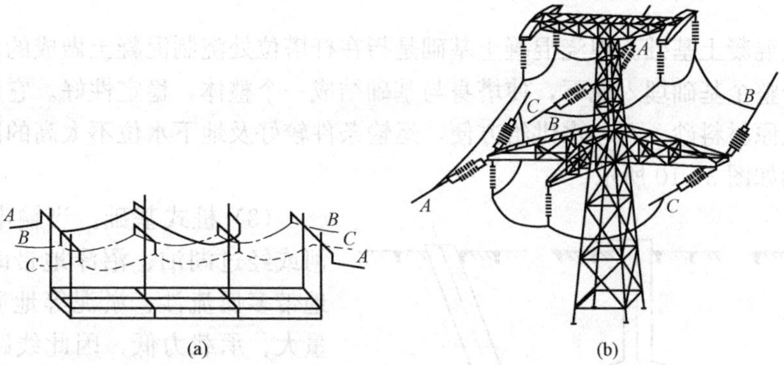


图 3-7　导线换位示意图

(a) 直线换位；(b) 耐张换位

5. 杆塔基础

杆塔基础是保持杆塔稳定的地下构筑物，以保证杆塔不发生倾斜、倒塌、下沉等。杆塔基础在土壤中的埋置深度和选用的基础形式关系到杆塔的稳定性，它对线路的正常运行非常重要。另外，输电线路的基础工程占全线路工程量的 50%～60%。因此，杆塔基础形式应根据线路的地形、施工条件、地质特点和杆塔形式，并根据节约混凝土量、降低造价原则综合考虑确定。

输电线路的杆塔基础按施工方式分为预制基础、现浇混凝土基础、桩式基础、岩石基础等，其中预制基础和现浇混凝土基础如图 3-8 所示。

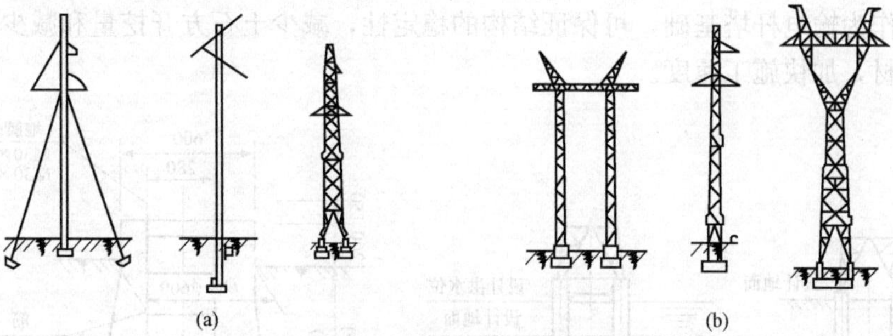


图 3-8　杆塔基础示意图

(a) 预制基础；(b) 现浇混凝土基础

(1) 预制基础。预制基础通常是由工厂加工预制，现场吊拼装。输电线路中预制基础主要用于混凝土杆及拉线。混凝土杆所用的底盘、卡盘、拉线盘，俗称三盘，如图 3-9 所示。电力输电线路为稳定电线杆，防止倒伏，一般采用三盘固定。底盘垫在电线杆下，防止下陷；拉线盘用拉线拉住电线杆防倒；卡盘夹住电线杆埋在地下，用于防止电线杆

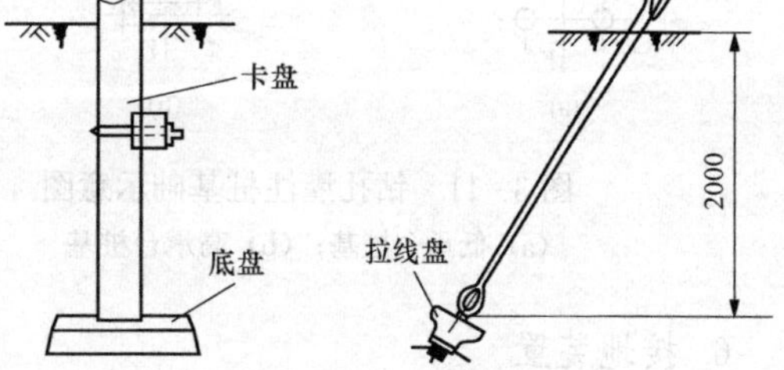


图 3-9　三盘示意图

上拔与下陷。

(2) 现浇混凝土基础。现浇混凝土基础是指在杆塔位处浇制混凝土做成的基础。现浇混凝土基础由于整个基础埋入地下，使塔身与基础结成一个整体，稳定性好。它用于地质条件较好，混凝土原材料砂、石和水供给方便，运输条件较好及地下水位不太高的区域。常用现浇混凝土基础如图3-10所示。

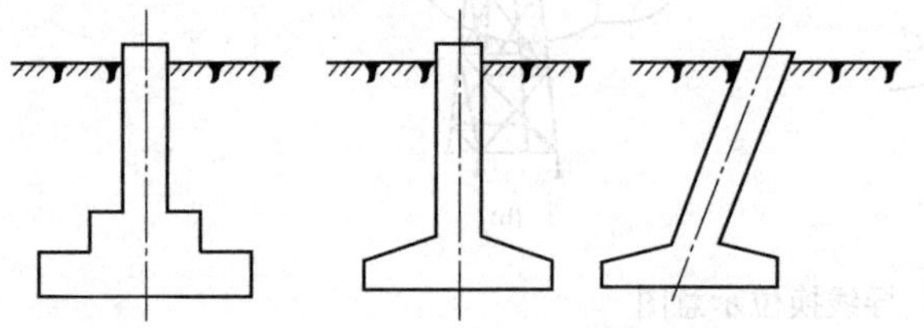

图3-10 常用现浇混凝土基础

(3) 桩式基础。当输电线路跨越江河或经过湖泊、沼泽地带时，由于此类地带多属流沙、淤泥等地质，天然含水量大、承载力低，因此线路基础多采用桩式基础。

桩是指深入土层的柱型构件，称为基桩。由基桩与连接桩顶的承台组成桩基础，称为桩基。桩基的主要作用是将上部结构的荷载传递到深部较坚硬、压缩性小的土层或岩层。因此，桩式基础用于地质条件较差、地下水位高、难以敞口开挖的地域。桩式基础按施工方法常用的有打入桩（预制桩）和钻孔灌注桩。输电线路基础施工中，应用最广泛的是钻孔灌注桩。若桩身全部埋入土中，承台底面与土体接触，则称为低承台桩基；若桩身上部露出地面，而承台底位于地面以上，则称为高承台桩基，如图3-11所示。

(4) 岩石基础。岩石基础利用原状岩石强度高的特点，在覆盖层比较浅的基岩地区的岩石上打孔，把钢筋和地脚螺栓浇在岩石里，凭岩石与细石混凝土之间和细石混凝土与锚桩之间的黏结力，使锚筋与岩石结成整体，然后将杆塔固定在锚筋上，如图3-12所示。这样利用原状岩石作为输电杆塔基础，可保证结构的稳定性，减少土石方开挖量和减少现浇混凝土量，节约钢材，加快施工速度。

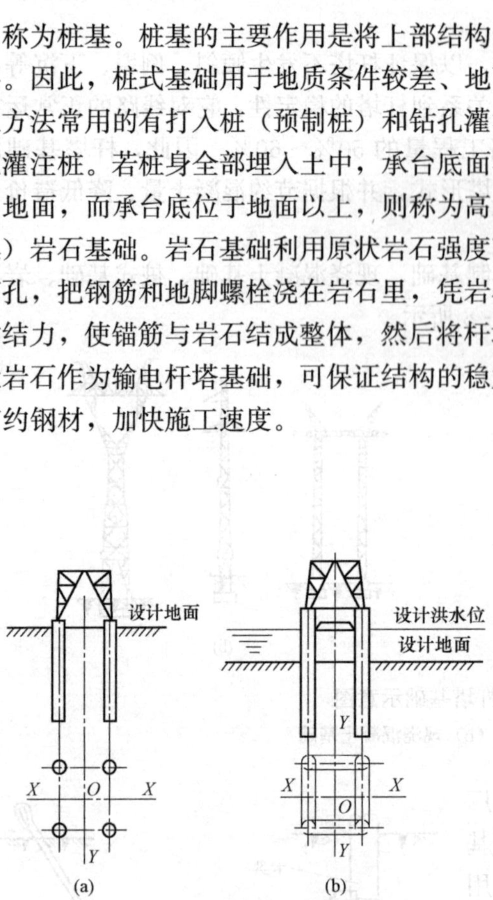


图3-11 钻孔灌注桩基础示意图

(a) 低承台桩基；(b) 高承台桩基

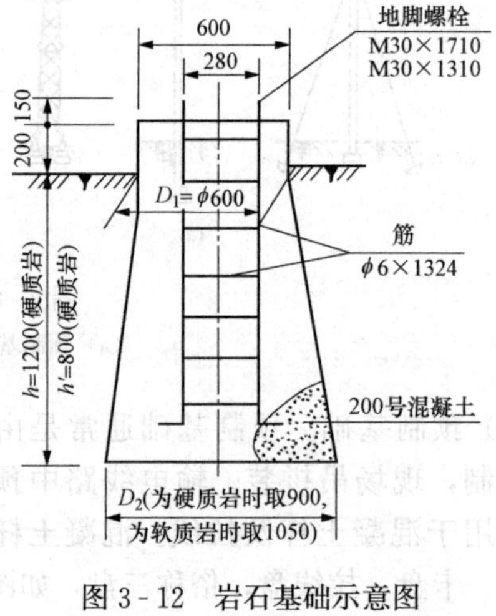


图3-12 岩石基础示意图

6. 接地装置

防雷设备（避雷线、避雷器等）的主要作用是防止雷电直接击到被保护的设备上，并把雷电流很快引入大地，使被保护设备免遭高幅值雷电过电压作用，以保护设备的安全，而接地装置正是把雷电流引入大地的设备。没有接地装置，或接地装置不合格，就会失去或降低防雷设备的作用。长期运行经验证明，接地装置的可靠性直接关系到线路的安全运行。

接地装置通常指接地线和接地体的总和。接地线是指电气装置、设施的接地端子与接地极连接用的金属导电部分，接地线的截面积在地上部分不能小于 $35mm^2$，地下部分应大于 $50mm^2$。接地体是指埋入地中并直接与大地接触的金属导体，接地体又可以分为人工接地体和自然接地体。人工接地体是采用圆钢或者角钢等金属埋入地下一定深度作为接地极；自然接地体是指兼作接地极用的直接与大地接触的各种金属构件、金属井管、钢筋混凝土建（构）筑物的基础、金属管道和设备等。

注意：输油管道、燃气管道等不能作为接地极。

# 第4章 架空输电线路设计及施工流程

## 4.1 架空输电线路设计

架空输电线路设计分为初步设计和施工图设计两个阶段。初步设计阶段包括线路路径选择、线路的勘探、初步设计的具体实施等主要工作；施工图设计是按照初步设计原则和设计审核意见所进行的具体设计，是初步设计的具体化。

1. 初步设计阶段

初步设计是工程设计的一个关键阶段，也是整个设计构思基本形成的阶段。一些重要问题都要在这一阶段解决，如设计原则的确定，不同路径方案的综合经济比较，最佳路径的选择及有关协议的取得，导线、绝缘配合及防雷设计的论证和各种电气距离的确定，杆塔和基础型式的选择，通信保护的合理设计，严重污秽、大风和重冰雪区、不良地质和洪水危害地段、特殊大跨越设计的专题调查研究，针对工程特点及设计实际情况的科学研究及成果应用，各项设计的优选等。除此之外，工程所需的各项资金和主要设备材料数量的估计、工程施工合理组织等问题也要加以考虑。

(1) 线路路径选择。选择线路的路径，应在做好充分调查研究的基础上，尽量少占耕地，综合考虑运行、施工、交通条件和路径长度等因素，认真与有关单位协商，根据统筹兼顾，合理安排的原则，进行方案技术比较，确定出最佳方案。

(2) 线路的勘探。输电线路的勘探设计一般分为初勘和终勘两个阶段进行。

1) 初勘。初勘即初步勘察，在初步设计阶段进行，即按图上选定的路径和所收集资料到现场进行实地勘察，以验证它是否符合客观实际并决定各方案的取舍。初勘方法可以是沿线了解、重点勘察或仪器初测，按实际需要确定。其主要工作包括进行资料搜集，编写勘察大纲，现场踏勘，参加选线、水文调查、工程地质调查、拥挤地段和重要交叉跨越测量，影响范围内必要的通信线相对位置测量，整理资料，编写报告，提交勘察成果等。

2) 终勘。终勘也称详细勘察，在施工图设计阶段进行，主要工作包括研究任务、编写勘察大纲；进行定线、纵横断面、平面、交叉跨越、边线及风偏测量，塔位定测，塔位断面和弧垂危险点检测，配合地质、水文专业的测量；工程地质测绘、勘探、试验；塔位水文鉴定；资料整理、统计、计算、绘描图、编写报告、检查、审核；出版、交付成果资料，工程归档。

(3) 初步设计的具体实施。初勘结束后，根据初勘中获得的新资料修正图上选线路径方案，并组织各专业进行方案比较，包括线路亘长，交通运输条件，施工、运行条件，地形、地质条件，大跨越情况等技术比较，线路投资、拆迁赔偿和材料消耗量等经济比较。按比较结果提出初步设计的推荐路径方案。

输电线路主要设计原则均应在初步设计中明确，主要是指通过调查研究和技术经济比较确定重大的技术原则，并与有关单位订立原则协议，以使下阶段的施工图设计能建立在可靠的基础上，避免不必要的返工，以及人力、物力及财力上的浪费和工作的混乱。

1) 初步设计主要具体工作。

a. 确定路径方案。

b. 确定气象条件。

c. 编制导线的机械应力计算原则。

d. 选择杆塔型式及计算常用杆塔荷载。

e. 选择绝缘子和金具。

f. 计算通信干扰及安全影响。

g. 制定原则协议。

h. 提出线路技术经济指标。

i. 开列材料清单。

j. 提出工程概算书。

2）初步设计文件组成。初步设计一般包括初步设计说明及附图、设备材料清册、施工组织设计大纲和概算书四部分。

2. 施工图设计阶段

初步设计经审核并批准后，即可开展施工图设计。施工图设计是按照初步设计原则和设计审核意见所进行的具体设计，是初步设计的具体化。施工图设计文件是从事输电线路施工和管理的依据，也是从事输电线路运行、检修的重要技术文件。

架空输电线路工程的结构虽然不复杂，但所占空间位置较大，与其他电气工程相比，属于比较特殊的一类电气工程。它不像一般电气工程那样集中在一个点上，输电线路工程各构件是分布在一条线上。一份完整的输电线路工程图，既要表明线路的某些细部结构，又要反映线路的全貌，如线路经过地域的地理、地质情况，杆位的布置情况，导线（电缆）的松紧程度等。因而，需要采用多种图，从不同的侧面来表现。

架空输电线路施工图虽然比较庞杂，且随着各地区、各工程具体情况的不同有较大的伸缩性，但一般输电线路施工图设计文件都包括以下内容。

（1）第一卷，施工图总说明及设备材料汇总表。

1）施工图总目录。

2）设计依据及范围。

3）线路概况及路径简要说明。

4）初步设计审核意见执行情况及需要说明的特殊问题。

5）施工运行维护中的注意事项。

6）工程登记表。

7）设备材料汇总表。

8）附件，包括初步设计审核意见、上级指示文件及重要会议纪要、新技术新设备试验鉴定书及补充文件等。

9）附图，包括线路路径图、发电厂及变电站进出线平面图、全线杆塔一览图、全线基础一览图等。

（2）第二卷，线路平断面图及杆（塔）位明细表。

1）线路平断面（定位）图。

2）杆塔明细表。

3）交叉跨越分图。

(3) 第三卷，机电施工图。

1) 导线及避雷线的施工弧垂曲线或安装表。

2) 导线各型绝缘子串及金具组装图。

3) 避雷线金具组装图。

4) 连续倾斜档观测弧垂及悬垂线夹安装位置调整表。

5) 导线换位或换相图（包括绝缘避雷线换位）。

6) 跳线安装图。

7) 防振锤和阻尼线安装图。

8) 接地装置施工图。

9) 金具加工图。

10) 交叉跨越保护安装图。

11) 杆位位移表。

(4) 第四卷，杆塔施工图。

1) 铁塔设计施工图。

2) 钢筋混凝土杆设计施工图。

3) 钢管杆（塔）设计施工图。

(5) 第五卷，基础施工图。

1) 铁塔基础设计施工图，包括构造图、组装图、地脚螺栓制造图、基础根开表、铁塔基础设计条件、铁塔基础材料表等。

2) 钢筋混凝土杆基础设计施工图，包括打拉线杆或不打拉线杆的正面和平面单线图及相应的基础图。

(6) 第六卷，大跨越设计施工图。

1) 机电施工图。

2) 杆塔与基础施工图。

(7) 第七卷，通信保护施工图。

1) 保护装置的施工说明。

2) 影响范围内的电力线与通信线相对位置图。

3) 各种保护设备安装图。

4) 通信保护装置安装位置施工图。

5) 放电管接地装置施工图。

6) 屏蔽设施及接地施工图。

(8) 第八卷，预算书。

## 4.2 架空输电线路施工流程

架空输电线路施工流程依施工次序通常可分为数据复测、施工准备工作、基础施工、杆塔施工、架线施工、检测与附属工作、验收送电、质量回访。

1. 数据复测

在架空输电线路（简称输电线路）施工之前，应进行设计数据复测工作。首先应由建设单位组织交接桩工作，设计、施工单位参加，设计单位将线路桩位在现场向施工单位进行交接工作；然后由施工单位根据设计提供的杆塔位明细表、线路平断面图对线路进行复测工作。其工作内容如下：

(1) 定线复测，以杆位与测量基点，用重转法或前视法检查直线桩位与档距。

(2) 转角杆塔的角度复测，应用测回法进行复测。

(3) 杆塔桩位丢失补桩，按平断面图数据进行补测。

(4) 施工区段复测，为保证线路连续正确，测量范围应延长至相邻区段相邻的两基杆位桩。

(5) 高差复测，对线路跨越的河流、电力线、通信线、铁路、公路等跨越点标高进行复测。

2. 施工准备工作

线路施工前的准备工作包括现场调查、施工图会审、编制技术资料、备料加工供应。

(1) 现场调查。现场调查对象主要包括路径情况、交通情况、杆位情况、沿线交叉跨越及障碍物、施工驻地及生产（生活）供应和大跨越情况等。其主要内容如下：

1) 路径情况调查：线路沿线的行政归属（市、县、乡、村）、地形、地质、地貌、风俗人情、劳动力、地方性材料（砂、石、水）供应数量与价格等。

2) 交通运输调查：

a. 沿线可利用铁路、公路、水路、桥梁情况，货站、码头卸存货能力，选出合理的运输路线和卸货场地。

b. 沿线可利用的乡间道路，确定运输区段控制范围，统计出修路工作量。

c. 选定工地材料站，计算工地运输半径，确定运输方案。

3) 杆位情况调查：

a. 杆位所在地的行政归属，青苗种类、面积和生长季节。

b. 杆位的地形、地质情况，确定降基面土石方量及泥水坑、流沙坑挖掘和组立杆塔的施工方案。

c. 材料运输是否一次性运到杆塔位，如需小运，统计小运道路长度、人抬运距离或架设索道数量。

4) 施工中特殊问题：施工困难地段，跨越河流、泥沼地带，高山大岭的特殊施工方案确定。

5) 沿线交叉跨越及障碍物调查：

a. 沿线被跨公路、铁路、河流、电力线、通信线情况了解，确定跨越施工方案。

b. 沿线被跨房屋、树木及其他障碍物情况了解，确定处理方案。

6) 沿线生产（生活）供应：

a. 施工驻地、材料站等临时设施的地点、规模、材料、人工费用估算。

b. 确定施工力量部署，施工区段划分。

c. 沿线水、电生活供应。

(2) 施工图会审。由建设单位组织，施工、设计、运行、监理等单位参加，对线路施工图进行全面审查。施工单位根据现场调查情况，提出修改或修正意见，审查会通过后实施。施工图会审工作主要包括基础施工图、杆塔施工图、架线施工图等审查。

1）基础施工图审查。审查内容为：基础图的实物编号与材料表的编号是否一致；基础图所绘材料与材料表是否一致，包括主筋、箍筋、地脚螺栓等的规格、数量、长度等；基础配筋是否具有方向性，其方向是否与铁塔受力方向相匹配；拉线盘零件与拉线盘预留孔是否统一；每个基础的混凝土用量与材料表上所列是否正确。

除了审查基础施工图外，还要审查与基础施工图相关联的设计图。其审查的内容为：自立式铁塔基础的根开与铁塔根开是否统一；地脚螺栓露出基础顶面高度能否满足螺母拧紧后留有2～3扣的裕度；底座板及垫板材料是否代用，代用后能否满足露扣要求；各种铁塔基础的顶部尺寸（含根开、地脚螺栓根开、地脚螺栓直径等）是否与铁塔底座对应尺寸相匹配；对于杆塔所配基础类型与设计提供的地质条件是否相一致；水泥杆配置的三盘（底盘、卡盘、拉线盘）与杆形结构图是否一致等。

2）杆塔施工图审查。施工前应核对杆塔图的部件数量与材料表是否一致，总装图材料表与部件图材料表是否一致，杆塔图上说明的技术要求与部件加工图是否一致，电杆接地螺孔所焊接的主钢筋与杆顶地线横担挂线孔能否直接电气接通，确保避雷线良好接地。各部件间连接部位的尺寸是否正确，安装图上的编号与材料表编号是否统一，拉线对各部件间的空气间隙能否满足设计规程要求，拉线金具是否属于标准金具等。

3）架线施工图审查。架线施工图主要包括电气部分的杆塔明细表、机电安装图及相应的施工说明书。架线施工图审查的主要项目是架线施工图的数量是否齐全，架线施工图与相关联的施工图是否一致，如绝缘子串与杆塔上的挂线孔配合是否恰当，架线施工图本身有无差错，有无矛盾等。

（3）编制技术资料。编制技术资料工作主要包括：编制施工组织设计与各种技术手册，编制基础接地、杆塔、架线等施工作业指导书，编制特殊施工方案措施与带电跨越等安全技术措施。

（4）备料加工供应。施工单位根据施工图的实物工程量统计出装置性材料，如杆塔、三盘、导线、地线、金具等材料需用量；地方性材料如砂子、石子、水等材料需用量；消耗性材料，如铁丝、铁钉、油漆等需用量。编制物资供应计划，寻找质量好、价格低、售后服务好的厂家和加工单位进行加工或自加工，并按各施工阶段及时将材料和加工件统一平衡分配到各施工队，保证施工进度需求。

3. 基础施工

基础施工工作主要内容如下。首先，根据施工图纸要求和现场地形，开挖施工基面；然后，进行线路杆塔桩复测，并按作业指导书制定的分坑尺寸进行现场分坑放样；再按照放样尺寸进行基坑开挖，将基础施工材料运输至施工杆位。按照设计图纸进行基础施工，若基础为现浇混凝土基础施工，其施工工序为：进行底盘、拉线盘安装，现场支模、钢筋和地脚螺栓安装找正，现场浇筑混凝土，拆模，养护，回填土。

此项施工属于隐蔽工程，如有偏差或不符合要求，将影响立杆质量，甚至在运行后可能发生倒杆塔的严重事故。因此，需严格保证质量，做好施工记录，以便检查。

4. 杆塔施工

杆塔施工主要内容如下。首先，将杆塔材料运输至施工杆塔位；然后，进行杆塔的排杆焊接；再进行杆塔组装、起立，安装卡盘（电杆）、拉线，回填夯实，安装接地装置，整杆。

其中，排杆焊接、组立杆塔、整杆工作介绍如下。

（1）排杆焊接：如采用整根制造的水泥杆时，不需要焊接，只需将杆排正到立杆起吊位置即可。分段制造的水泥杆，必须在施工现场焊接成所要求的长度。焊接前的排杆是将两段及以上的水泥杆按要求在地面上排直，将杆身垫平垫实后，方可焊接。

（2）组立杆塔：这是线路施工中主要的一道工序，有分解组立和整体起立两种基本方式。分解组立的杆塔，可以先行部分组装，也可边组装边起吊；整体起立的杆塔多在起立前进行地面组装。因此，施工小组也可根据需要分成组装和立杆塔两个小组，分别进行施工。

（3）整杆：杆塔组立以后，有可能由于组立时误差，或者拉线地锚走动、埋土未夯实、基础下沉等种种原因，导致杆身倾斜或横担扭歪等，这在架线前纠正较易，因此应在架线前逐基进行一次检查扶正。同时，调整杆塔上的装置，包括紧螺栓部件等，以确保施工质量，这种工作称为整杆。

5. 架线施工

架线施工内容包括导线、地线展放，导线、地线连接，紧线施工，附件安装。放线前应该做好准备工作，如搁逐线盘，每基杆塔悬挂放线滑轮，调整耐张杆的拉线和加补强拉线，搭交叉跨越的越线架，紧线工具和导、地线连接工具的准备等。附件安装即悬垂线夹安装、保护金具安装、耐张杆塔跳线安装。紧线施工完成后，要复测弧垂，并观测三相导线相间距离，每相导线为分裂导线时观测线间距离，如不符合要求，应随即进行调整，直至达到标准为止。

6. 检测与附属工作

线路安装完成后，要使用电阻测量仪器逐基杆塔进行接地电阻值测量并做好记录，使用经纬仪及配套工器具测量导线对公路、铁路、电力线、通信线、通航河流、建筑物等的垂直与水平距离并做好记录，测量导线、地线对山坡的风偏距离并做好记录。

附属工作包括平整施工基面、浇制铁塔地脚螺栓保护帽、保护间隙安装、运行通道障碍物清理等。

7. 验收送电

施工全面结束，应经过一定的验收手续，并具备详细的施工记录和竣工图纸，经验收合格才能进行其他电气试验。由建设单位组织，施工单位配合，试验单位进行线路参数测试并计算出线路投产所需的定值参数。最后，由启动委员会组织，建设、设计、试验、监理、施工、发电厂、变电站、运行等单位参加，进行综合调试合格后，线路投产送电 72h 移交运行单位。

8. 质量回访

线路投产后，施工单位应定期或不定期地向运行单位进行质量回访，进一步提高工作质量和工程质量，满足业主提出的各项合理要求。

# 第3篇 架空线路测量

线路测量分为设计阶段测量和施工阶段测量。线路路径纵断面、横断面和路径区域带状平面内的地物、地貌测定及绘制平断面图是由专业设计人员负责完成的，称为设计阶段测量。而根据设计图纸进行实地定位的测量称为施工阶段测量，常称为复测分坑。设计阶段测量所使用的线路路径测量方法，在施工阶段测量中都可借鉴利用。

在输变电线路测量工作中，应参照执行的技术规程主要有《220kV及以下架空送电线路勘测技术规程》（DL/T 5076—2008）、《500kV架空送电线路勘测技术规程》（DL/T 5122—2000)、《电力工程施工测量技术规范》(DL/T 5445—2010)、《110kV～750kV架空输电线路施工及验收规范》(GB 50233—2014)。

输电线路施工测量前应准备好下列资料：线路路径图、塔位图、线路杆塔明细表、交叉跨越一览表及要求、线路走廊清理卷册、基础施工图、架线施工图、金具施工图、施工变更单及有关施工记录表格等。

## 第5章 架空线路设计阶段测量

线路设计阶段测量是指在线路勘测设计阶段中进行的测量工作。随着线路勘测设计阶段的不同，线路设计阶段测量一般可以分为线路初勘测量、线路终勘测量和杆塔定位测量三部分。

线路初勘测量是在线路初步设计阶段，根据地形图上初步选择的路径方案，进行实地踏勘或局部测量，以便确定最合理的路径方案，为初步设计提供必要的测绘资料。

终勘测量是根据批准的初步设计方案，在现场进行选线测量、定线测量、交叉跨越测量、平断面测量，并绘制平断面图，为施工图设计提供必要的资料。

杆塔定位测量是在施工之前进行的测量工作，其主要任务是按照平断面图上排定的杆塔位置，通过测量方法把杆塔位置落实到地面上，现场验证或调整图上的定位方案，最后在地面上标定出杆塔的中心桩，以便日后施工阶段使用。

### 5.1 线路初勘测量

线路路径选择是线路初勘测量的主要任务，所以线路初勘测量也称为选择路径方案测量。线路路径的选择称为选线，是勘测设计工作的一个重要环节。选线的目的是要在线路起讫点间选出能满足各种技术条件、经济合理、施工方便、运行安全、便于维护的线路路径。在选线工作中，测量人员要根据工程任务要求，首先做好资料的收集和室内选线等准备工作，然后根据室内选择的路径方案到现场选择、确定路径方案，并补充收集资料，为初步设计提供必要的测绘资料。

1. 收集资料

室内选线工作前，测量人员需要收集以下资料：

(1) 线路可能经过地区的地形图。一般选择 1∶100000 或 1∶200000 地形图作为路径方案比较图，1∶50000 地形图作为线路路径图，1∶10000 地形图作为局部地段路径方案比较图或作为电力线与通信线相对位置图，1∶2000 或 1∶5000 地形图作为厂矿、城镇规划区、居民区及拥挤区地段的路径放大图。

(2) 线路可能经过地区已有的平面、高程控制点的资料。

(3) 了解线路两端变电站（或发电厂）的位置，进出线回路数和每回路数的位置，变电站（或发电厂）附近地上、地下设施及对线路端点杆塔位置的要求。

(4) 沿线附近的通信线路网，并绘制电力线与通信线的相对位置图，以便计算输电线路对电信线路的干扰影响。

(5) 了解沿线厂矿企业、城市的发展规划，收集沿线机场、电台、军事设施、交通道路、铁路、水利设计等资料及其对线路路径的要求。

2. 室内选线

室内选线又称图上选线，是根据线路的起讫点和收集的资料在地形图或航摄像片图上选择线路路径。室内选线由设计人员和测量人员共同进行，测量人员应协助设计人员在地形图上标出线路的起讫点、中间点和拟建巡线站、检修站的位置；标出城镇发展规划，新建、拟建厂矿企业及其他建筑物的范围；标出已运行的输电线路的路径、电压、回路数及主要杆塔形式。然后，把拟设计线路的起点、中间点和终点相连，根据相连路线所经过地区的地形、地质、交通及交叉跨越情况，设法绕过障碍物，修改线路，从中选择出比较好的路径方案，并用不同的颜色将各路径方案的走径标记在地形图上，并注明线路的全长。

选择路径走向方案时，最好同时拟定多个方案，再到现场实地踏勘，并与有关各方取得联系，进一步对比研究各方案的优缺点，选择最为经济合理的线路。路径选择应考虑以下因素：

(1) 应综合考虑施工、运行、维护、交通条件和线路长度等因素。

(2) 已有地上、地下的建筑物和规划建设中各项工程设施的影响，如军事设施、重要工矿区域、农林建设、无线电台（站）等。

(3) 考虑城镇、乡村规划区，避免跨越房屋或拆迁房屋，最好绕过或远离居民区。

(4) 避开重冰区、不良地质和地形复杂地带、原始森林区及严重影响安全运行的其他地区，并应考虑与邻近设施如电台、机场、弱电线路等的相互影响。

(5) 不允许线路通过易燃或易爆危险品堆放区。

(6) 尽可能避免与其他线路或者道路交叉跨越，不能避免时，应尽量接近垂直交叉。

(7) 预留规划中其他线路路径走廊。

3. 现场踏勘选线

根据室内选择的路径方案到现场实地察看，进行调查了解，鉴定图上所选路径是否能畅通无阻、是否满足选线技术条件，通过反复比较，以确定经济合理的路径方案。

现场实地察看时，发现图上对路径有影响的地物与实际情况不符时，应现场进行补测、修改地形图，并应详细记录各个路径方案的优缺点，并提出可行的修改方案。根据踏勘选线的结果，测量人员要协同设计人员，修正图上选线方案；再次对各方案进行技术、经济比较，最后确定一条经济合理、施工维护方便、运行安全的路径方案；并将选定好的路径绘在地形图上，由专人与沿线有关单位和部门对图上选线方案征求意见和建议，经双方共同协商后，将一致同意的线路路径注明在地形图上，并签订协议备案，然后将初步设计方案报上级有关部门审批。

## 5.2 线路终勘测量

1. 选线测量

选线测量是线路终勘测量的先行工作，是根据已经确定批准的初步设计路径方案，实地测量确定线路中心的起点、直线点、转角点和终点的位置，并用标志物标定方向，用来作为定线测量的方向目标。选线测量除了确定线路方向之外，还应及时清除障碍物，以保证线路前后方向的通视，为定线测量创造条件。当发现初勘测量选择的路径不够合理，或现场出现新的建筑物或其他设施时，应根据实际情况重新选线，改变初步设计的路径方案。

2. 定线测量

定线测量根据选线所确定的路径和目标，将线路路径落实到地面上，并每隔一定的距离在地面上标定一个方向桩。方向桩应按顺序编号，同时测出各方向桩的高程和方向桩间的水平距离，以及转角点的转角度数。线路路径上标定的方向桩、测站桩、交叉跨越桩等均应分别按顺序标号。各种桩的符号以汉语拼音的第一个字母大写表示，如直线桩（Z)、转角桩(J)、杆塔位桩（G)，分别按顺序编号。定线测量为后面的断面测量提供方向桩之间的水平距离、高程和转角等数据，并以此作为断面测量的控制数据。

定线测量时应根据障碍物的多少、地形复杂情况灵活机动地选择相对最合适的测量方法。常用的定线方法有前视法定线、分中法定线、三角法定线、坐标法。

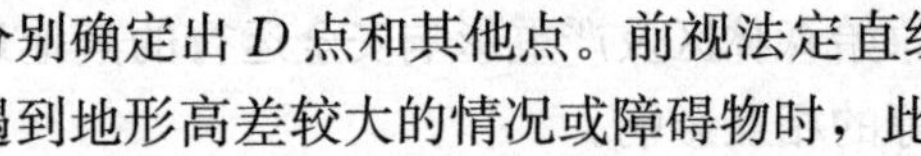


图 5-1 前视法定线

（1）前视法定线。如果相邻的 $A$、$B$ 两点互相通视（图 5-1)，可在 $A$ 点安置经纬仪，在 $B$ 点竖立标杆。然后用望远镜照准前视点 $B$ 点，固定照准部。此时观察者通过望远镜，指挥扶杆人移动标杆至合适位置，标杆与十字丝重合，即可直接标定出路径方向 $C$ 点的方向桩。然后用标杆尖端在桩顶上钻一小孔，在孔中钉一小钉作为标志。在小钉钉好后，必须重复照准一次，以防有误。以同样的方法可在前视方向分别确定出 $D$ 点和其他点。前视法定直线最准确，主要应用在配电线路中，但若直线方向遇到地形高差较大的情况或障碍物时，此方法不适用。

（2）分中法定线。采用正、倒镜两次观测，以两次前视点的中分位置作为方向桩，以此确定直线的延长线，称为分中法定线。其施测方法如下：

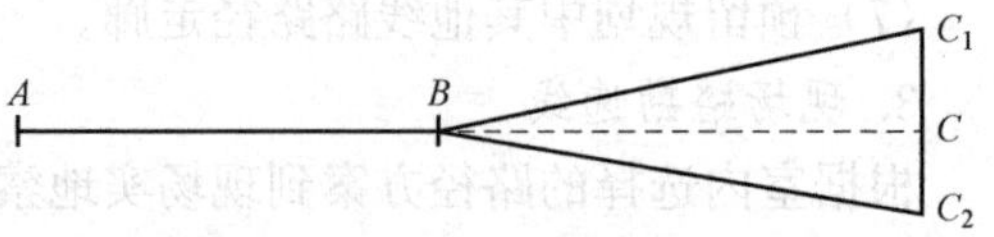


图 5-2 分中法定线

已知 $A$ 点和 $B$ 点在同一条线上，若从 $B$ 点延长 $AB$ 直线，这时可将测量仪器安置在 $B$ 点上，如图 5-2 所示。盘左后视 $A$ 点，固定照准部，倒转望远镜定出前视方向 $C_1$ 点；然后盘右再后视 $A$ 点，固定照准部，倒转望远镜定出前视方向 $C_2$ 点。若仪器视准轴与横轴垂直，则 $B$、$C$ 两点应重合；否则取 $C_1$、$C_2$ 两点连接

线的中点 $C$ 作为 $AB$ 直线的延长线，并在 $C$ 点埋设方向桩。

(3) 三角法定线。若线路上有障碍物不能通过，可采用三角法（或矩形法）间接定线，如图 5-3 所示。$AB$ 直线的延长线被建筑物挡住，此时可在 $B$ 点安置测量仪器，后视 $A$ 点，测设 $\angle ABC=120°$，在视线方向上定出 $C$ 点，$BC$ 长度以能避开建筑物为原则。然后安置测量仪器于 $C$ 点，后视 $B$ 点测设 $\angle BCD=60°$，量 $CD$ 长度等于 $BC$，定出 $D$ 点。再安置测量仪器于 $D$ 点，后视 $C$ 点，测设 $\angle CDE=120°$ 定出 $E$ 点，则 $DE$ 即为 $AB$ 的延长线。

[案例 1]　如图 5-4 所示，已知 $\alpha=122°$，$\beta=65°$，$BC=69\text{m}$。求解角度 $\gamma$、距离 $CD$、$BD$。

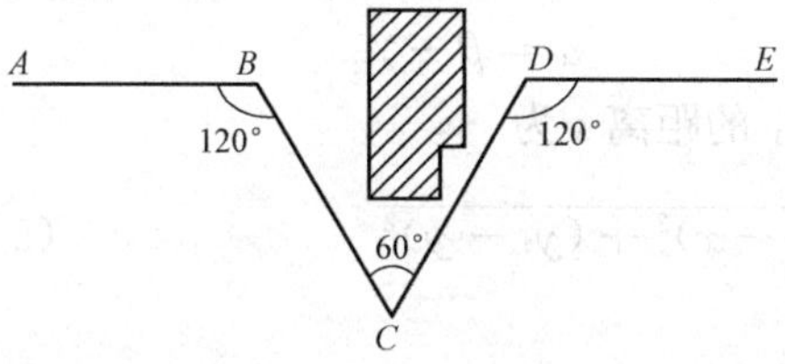

图 5-3　三角法定线

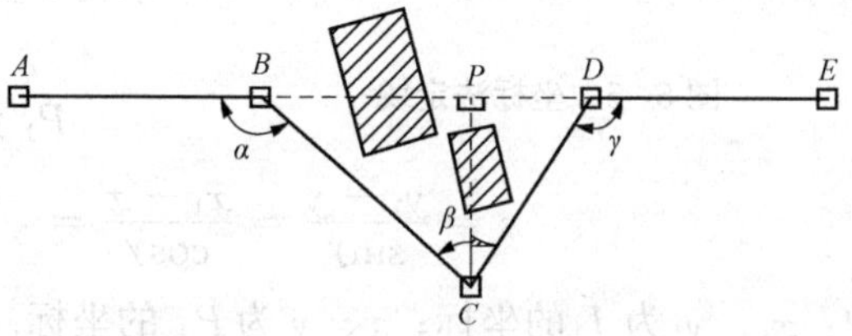

图 5-4　三角法定线案例图

**解法一**　过 $C$ 点作 $BD$ 的垂线，垂足为 $P$，将任意三角形 $\triangle BCD$ 分解成两个直角三角形 $\text{Rt}\triangle BCP$ 和 $\text{Rt}\triangle CDP$，则

$$\angle BCP=90°-(180°-\alpha)=90°-(180°-122°)=32°$$

$$BP=BC\sin 32°=69\sin 32°=36.564(\text{m})$$

$$CP=BC\cos 32°=69\cos 32°=58.515(\text{m})$$

$$\angle DCP=\beta-\angle BCP=65°-32°=33°$$

$$PD=CP\tan DCP=58.515\tan 33°=38.000(\text{m})$$

$$CD=CP/\cos DCP=58.515/\cos 33°=69.771(\text{m})$$

$$BD=BP+PD=36.564+38.000=74.564(\text{m})$$

$$\gamma=90°+\angle DCP=90°+33°=123°$$

**解法二**　采用任意三角形公式求解，则

$$\angle CDB=180°-\beta-(180°-\alpha)=\alpha-\beta=122°-65°=57°$$

$$BD=\frac{BC\sin\beta}{\sin CDB}=\frac{69\sin 65°}{\sin 57°}=74.565(\text{m})$$

$$CD=\frac{BC\sin(180°-\alpha)}{\sin CDB}=\frac{69\sin(180°-122°)}{\sin 57°}=\frac{69\sin 58°}{\sin 57°}=69.772(\text{m})$$

$$\gamma=180°-\angle CDB=180°-57°=123°$$

在实际施测中，确定角度 $\beta$ 或距离 $CD$ 往往根据 $D$ 点地形要求进行，所以，解法一比较简捷。当仪器移至 $C$ 点安置后，直角三角形 $\text{Rt}\triangle BCP$ 已经确定，只要计算出 $\text{Rt}\triangle CDP$ 的边角关系便可达到目的，计算直角三角形比任意三角形要简单。

(4) 坐标法定线。坐标法定线用于线路中线的位置必须用坐标控制的地段，如线路在出发电厂或进、出变电站的规划走廊区，以及城市规划区的建筑和建筑拥挤地段等。在线路通过上述区域时，应根据路径协议要求提供平面或高程资料，即线路与上述协议区的相对位置或杆塔位的坐标。由此，可以根据线路附近现有控制点的坐标值及线路进出上述区域杆塔的坐标值，反算出坐标方位角和水平距离，并利用控制点采用极坐标法在实地测设线路杆塔的位置。

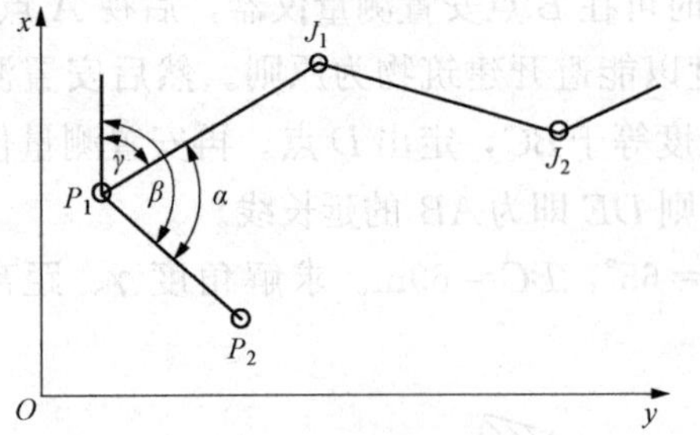

图 5-5　坐标法定线

如图 5-5 所示，$P_1$、$P_2$为已知控制点，$J_1$、$J_2$为要测点。从图 5-5 中可以看出，$P_1$到 $J_1$的方位角 $\gamma$ 为

$$\gamma = \arctan\frac{y_1 - y}{x_1 - x} \tag{5-1}$$

根据已知 $P_1P_2$方位角 $\beta$ 与 $P_1J_1$方位角 $\gamma$ 之差，求得 $P_2P_1$与 $P_1J_1$两边夹角 $\alpha$ 为

$$\alpha = \beta - \gamma$$

$P_1$ 到 $J_1$ 的距离 $s$ 为

$$s = \frac{y_1 - y}{\sin\gamma} = \frac{x_1 - x}{\cos\gamma} = \sqrt{(x_1 - x)^2 + (y_1 - y)^2} \tag{5-2}$$

式中：$x_1$、$y_1$为 $J_1$的坐标；$x$、$y$ 为 $P_1$ 的坐标。

定线时，将仪器安置于 $P_1$点上，后视 $P_2$点转 $\alpha$ 角，并量取 $s$ 距离，即测定出 $J_1$点的位置。依同法可定出 $J_2$及其他各点。距离 $s$ 采用钢卷尺进行往返测量，相对误差不大于 1/2000，或采用全站仪（光电测距）直接测量。角度 $\alpha$、$\beta$ 用测回法施测一测回。半测回之差不大于 $\pm 1'$。

**［案例 2］**　如图 5-5 所示，已知 $P_1$坐标 $x=500$m，$y=1000$m，$P_1P_2$边的方位角 $\beta=131°42'47''$，$J_1$坐标 $x_1=913.970$m，$y_1=1694.810$m。求 $\gamma$、$\alpha$ 和 $s$。

**解**

$$\gamma = \arctan\frac{y_1 - y}{x_1 - x} = \arctan\frac{1694.810 - 1000}{913.970 - 500} = 59°12'48''$$

$$\alpha = \beta - \gamma = 131°42'47'' - 59°12'48'' = 72°29'59''$$

$$s = \sqrt{(x_1 - x)^2 + (y_1 - y)^2} = \sqrt{(913.970 - 500)^2 + (1694.810 - 1000)^2}$$
$$= 808.784(\text{m})$$

3. 平断面测量

当线路定线测量工作完成后，接下来的工作是对沿线路通道范围内进行平面和断面的测量。输配电线路的设计测量成果主要是线路的平面图和断面图。平断面测量的目的在于掌握线路通道内地物、地貌的分布情况，利用这些技术资料确定杆塔的形式和位置，计算导线与地安全电气距离，为线路的电气设计和结构设计提供切实的基础技术资料。线路平断面图测量可以使用线路测量软件进行。输电线路平断面图图样如图 5-6 所示。

根据架空输电线路水文勘测技术规范，平面及断面测量相关规定如下：

(1) 平面及断面测量应遵循“看不清不测”的原则，宜就近桩位测量。平面及断面点应能真实地反映地形变化和地物、地貌特征。

(2) 线路中心线两侧各 50m 范围内，对线路有影响的建（构）筑物、道路、管线、地下电缆、河流、水库、水塘、水沟、渠道、坟地、斜交或平行的梯田、悬崖、陡壁等地物、地貌，均应实测其平面位置。

(3) 线路通过森林、果园、苗圃、农作物及经济作物时，应实测其边界，并注明其种类和高度。

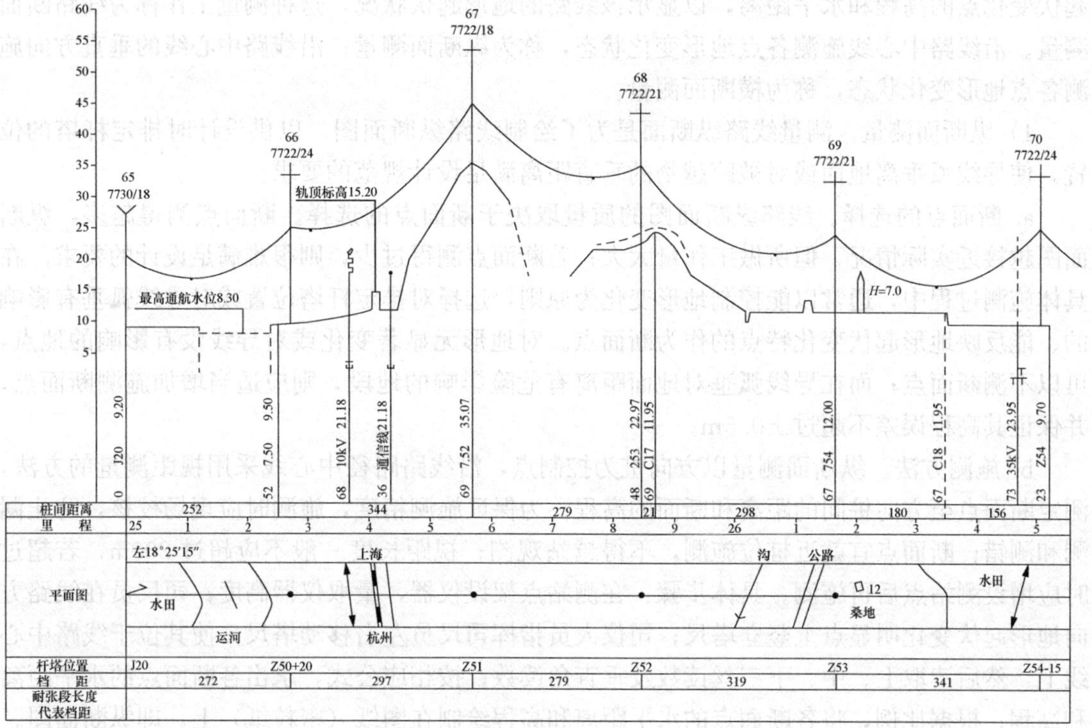

图5-6 输电线路平断面图图样

（4）当线路平行接近通信线、地下电缆时，应根据设计专业的要求实测或调绘其相对位置。

（5）半测回测定断面点的高差时，垂直度盘的指标差不应大于0.5′，否则应对仪器进行校正。

（6）平地断面点的间距不宜大于50m，独立山头不应少于三个断面点。在导线对地距离可能有危险影响的地段，断面点应适当加密。山谷、深沟等不影响导线对地安全的地方可不测绘。

（7）对线路中心断面测量时，还应根据设计专业确定的边线间距进行边线断面及风偏横断面和风偏点的测量。当导线的边线断面比中线断面高出0.5m时，必须对该边线断面进行测绘。当线路通过高出中线和边线的陡坎或陡坡附近时，应根据情况测量风偏横断面或风偏点。

（8）线路平断面图的比例尺，宜采用纵向1∶500、横向1∶5000。

平断面测量步骤如下。

（1）复核定线测量的数据。在测量线路的平断面之前，首先应复核定线测量所埋设的方向桩之间的水平距离、高差、转角点的转角度数。若与定线测量的数值吻合，则取定线测量的数据为控制数值。复核的方法与定线时采用的测量方法相同。

（2）线路的平面测量。平面测量是应用仪器测绘线路中心两侧各50m通道范围内有影响的地物地貌标高、平面分布位置，以供排定杆位时参考。

（3）线路断面测量。测绘线路中心线及局部路径的边线或垂直于线路的方向，测量地形起伏变化点的高程和水平距离，以显示该线路的地形起伏状况，这种测量工作称为线路断面测量。沿线路中心线施测各点地形变化状态，称为纵断面测量；沿线路中心线的垂直方向施测各点地形变化状态，称为横断面测量。

1）纵断面测量。测量线路纵断面是为了绘制线路纵断面图，以供设计时排定杆塔的位置，使导线弧垂离地面或对被跨越物的垂直距离满足设计规范的要求。

a. 断面点的选择。线路纵断面图的质量取决于断面点的选择。断面点测得越多，纵断面图越接近实际情况，但所做工作量太大；若断面点测得过少，则很难满足设计的要求。在具体施测过程中，通常以能控制地形变化为原则，选择对排定杆塔位置或对导线弧垂有影响的、能反映地形起伏变化特点的作为断面点。对地形无显著变化或对导线没有影响的地点，可以不测断面点；而在导线弧垂对地面距离有危险影响的地段，则应适当增加施测断面点，并保证其高程误差不超过±0.5m。

b. 施测方法。纵断面测量以方向桩为控制点，沿线路路径中心线采用视距测量的方法，测定断面点至方向桩间的距离和断面的高程。为保证施测精度，施测时应现场校核，防止漏测和测错；断面点宜就近桩位施测，不得越站观测；视距长度一般不应超过 200m，若超过时应增设测站点后再施测。具体步骤：在测站点架设仪器，量取仪器高度；司尺员在线路方向地形起伏变化明显点上竖立塔尺；司仪人员指挥司尺员左右移动塔尺，使其位于线路中心线上，然后读取上、中、下三丝读数及垂直角读数；按相应公式，求出各断面点的水平距离和高程；根据比例，将各断面点的水平距离和高程绘制在图纸（密粒纸）上，即纵断面图。

如图 5-7 所示，以视距测量为例介绍纵断面具体测量步骤。

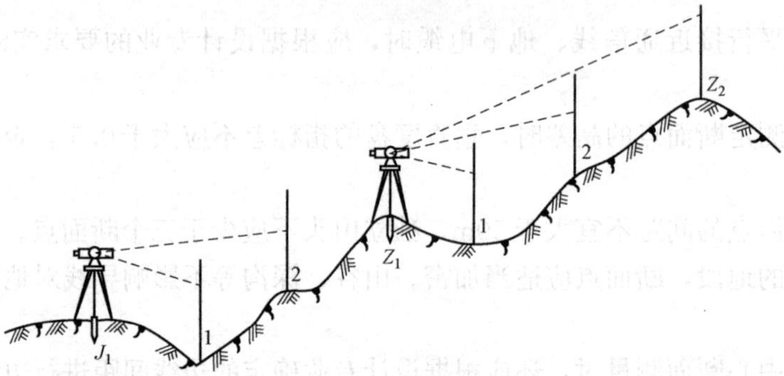


图 5-7 纵断面测量

a）将经纬仪安置在 $J_1$ 桩上，并整平、对中，量取仪高 $i$，以线路后视直线桩为依据，测定出线路前视方向，或者指挥司尺员立标志杆于前视方向 $Z_1$ 桩上，以标定测量方向。

b）线路方向标定后，锁定水平制动。观测员指挥司尺员立尺于图 5-7 中断面点 1 上，使望远镜对准视距尺或棱镜，测出 $J_1$ 与 1 点之间的视距、竖直角的读数，并将观测值记入记录簿（表 5-1）中。依同法再观测图 5-7 中 2 和 $Z_2$ 的视距和竖直角。

c）将仪器移至 $Z_1$ 桩上安置，以后视 $J_1$ 或前视 $Z_2$ 为依据，测定出线路前视方向；按上述方法继续施测 $Z_1$ 与 $Z_2$ 间的各地形变化特征点。

d）根据在观测站对各断面点的观测记录，分别计算观测站与断面点间的水平距离、高差及标高，并记录于表 5-1 中。

**表 5-1　　视距断面记录**

| 测站<br>仪高 | 测点 | 上丝读数<br>下丝读数 | 视距<br>间隔 | 竖直角读数 ° | ′ | ″ | 平均竖直角 ° | ′ | ″ | 水平<br>距离 | 里程 | 始算<br>高差 | 中丝<br>读数 | 高差 | 标高 | 备注 |
|---|---|---|---|---|---|---|---|---|---|---|---|---|---|---|---|---|
| $\frac{J_1}{1.50}$ | 1 | 1.865<br>1.335 | 0.53 | 96 | 15 | 20 | −6 | 15 | 10 | 52.37 | 52.37 | −5.74 | 1.6 | −5.84 | 94.16 | $J_1$ 标高 100m |
| | 1 | 1.865<br>1.335 | 0.53 | 263 | 45 | 00 | | | | | | | | | | |
| | 2 | 1.98<br>1.02 | 0.96 | 87 | 16 | 00 | 2 | 43 | 50 | 95.78 | 95.78 | 4.57 | 1.5 | 4.57 | 104.57 | |
| | 2 | 1.98<br>1.02 | 0.96 | 272 | 43 | 40 | | | | | | | | | | |
| | $Z_1$ | 2.335<br>0.865 | 1.47 | 83 | 54 | 20 | 6 | 05 | 30 | 145.34 | 145.34 | 15.51 | 1.6 | 15.41 | 115.41 | |
| | $Z_1$ | 2.335<br>0.865 | 1.47 | 276 | 05 | 20 | | | | | | | | | | |
| $\frac{Z_1}{1.55}$ | (1) | 0.63<br>0.57 | 0.06 | | | | | | | 6.00 | | | 0.6 | 0.95 | 116.31 | 左边相 |
| | (1) | 0.63<br>0.57 | 0.06 | | | | | | | | | | | | | |
| | 1 | 2.715<br>2.285 | 0.43 | 95 | 11 | 40 | −5 | 11 | 50 | 42.65 | 187.99 | −3.88 | 2.50 | −4.83 | 110.58 | |
| | 1 | 2.715<br>2.285 | 0.43 | 264 | 48 | 00 | | | | | | | | | | |
| | 2 | 2.265<br>1.335 | 0.93 | 86 | 06 | 40 | 3 | 53 | 20 | 92.57 | 237.91 | 6.29 | 1.80 | 6.04 | 121.45 | |
| | 2 | 2.265<br>1.335 | 0.93 | 273 | 53 | 20 | | | | | | | | | | |
| | $Z_2$ | 2.98<br>1.42 | 1.56 | 83 | 31 | 00 | 6 | 28 | 50 | 154.01 | 299.35 | 17.49 | 2.20 | 16.84 | 132.25 | |
| | $Z_2$ | 2.98<br>1.42 | 1.56 | 276 | 28 | 40 | | | | | | | | | | |

c. 纵断面图的绘制。在送电线路测量中的断面图绘制，为了使排杆定位和各相互之间的距离直观明了，一般采用方格纸（毫米纸）绘制。根据断面记录计算出的各断面点的里程、标高，在方格纸的纵线上绘制标高，横线上绘制里程，并将各断面点以线连接即成纵断面图，如图 5-8 所示。

为了突出地形变化的特点，纵向比例尺常大于横向比例尺。送电线路断面图通常采用纵向 1∶500、横向 1∶5000 的比例尺绘制。在城市规划区，往往档距比较小，且地物和交跨较复杂，断面图绘制时一般要放大比例尺，采用纵向 1∶200、横向 1∶2000 的比例尺。

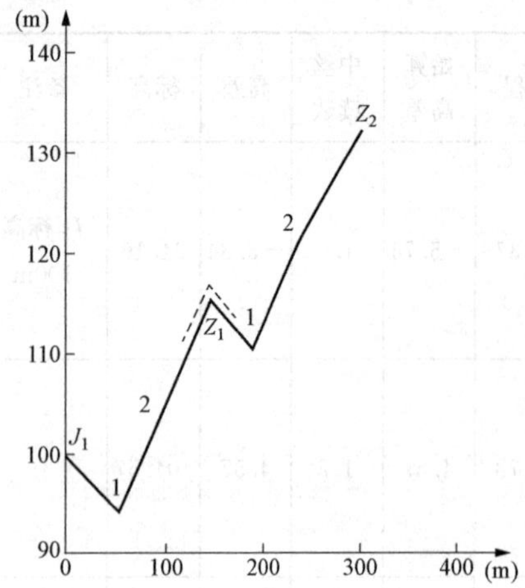


图 5-8 送电线路纵断面图

为配合现场杆塔定位，断面图一般采用随测随画作业方式，对于非主要地形控制点进行目测，现场画入断面图，构成一幅完整的输电线路纵断面图，作为线路设计的基础资料。

2）边线纵断面测量。在设计排定线路杆塔位置时，除了考虑线路的中心导线弧垂对地面的安全距离外，还应考虑线路两侧的导线（边线）弧垂对地面距离是否满足要求。两侧导线的断面称为边线断面。设计要求当边线地面高出中线地面 0.5m 时，应施测边线纵断面。在测出线路中线某断面点后，司尺员从该点沿垂直方向线上向外量出一个线间距离，立尺测其高程，即为边线断面点的高程。

3）横断面测量。当线路沿着大于 1/5 的斜坡地带或接近陡崖、建筑物通过时，应测量与线路路径垂直的横断面，以便在设计排定杆塔位置时，充分考虑边导线在最大风偏后对斜坡地面或对突出物的安全距离是否满足要求。为此，横断面测量前应根据实地地形、杆塔位置和导线弧垂等情况，认真选定施测横断面的位置和范围。施测时，将经纬仪安置在线路方向桩上，先测定横断面与中线交点的位置和高程；然后将经纬仪安置在横断面与中线交点上，后视方向桩再转动照准部 90°，固定照准部；采用与纵断面测量相同的方法测出高于中线地面一侧的横断面。其施测宽度一般为 20～30m。

4. 跨越障碍物三角形分析法测距

在选线、定线测量过程中，有时往往需要了解线路可能经过的河流宽度及山顶的高度。若测点间距离较远，到对岸及山顶竖立塔尺和棱镜较困难，则其数据可通过三角关系测量和求解。

（1）河宽测量。如图 5-9 所示，$A$、$B$ 两点间的距离为待测距离，$A$、$C$ 是根据现场地形布设的测定基线。

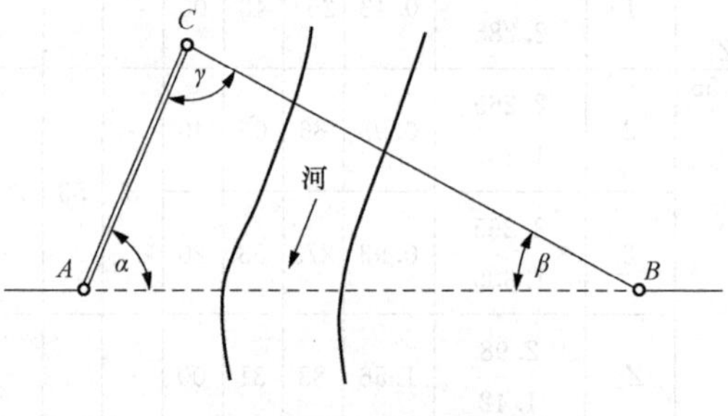


图 5-9 跨越河流测距

施测步骤如下：

1）基线选择：在 $A$ 或 $B$ 点选择一条基线，基线应布设在地势比较平坦、便于丈量距离的地方，尽可能与所求边垂直。基线的长度不宜小于所求边的 1/10，基线的长度用钢卷尺拉成水平往返丈量，取其平均值作为测量成果。

2）将仪器分别安置于三角形的两个角的顶点 $B$、$C$ 上，采用测回法观测一个测回，施测其水平角 $\beta$、$\gamma$ 的角值。

3）由平面三角学任意三角形边角关系的正弦定理知

$$\frac{AB}{\sin\gamma}=\frac{AC}{\sin\beta}=\frac{BC}{\sin\alpha} \tag{5-3}$$

则

$$AB=AC\frac{\sin\gamma}{\sin\beta} \tag{5-4}$$

［案例 3］　如图 5-9 所示，已知基线 $AC=60m$，$\angle\beta=28°17'$，$\angle\gamma=84°32'$。试求 A、B 的水平距离。

**解**　将题中已知数据代入式（5-4），得

$$AB = AC\frac{\sin\gamma}{\sin\beta} = 60\times\frac{\sin 84°32'}{\sin 28°17'} = 60\times\frac{0.9955}{0.4738} = 126.051(\text{m})$$

（2）山顶高程测量。如图 5-10 所示，C 点为待测高程。

施测步骤如下：

1）在山脚较平坦地带选定一个合适点 A 架设经纬仪，在山顶寻找一醒目标志点 C。

2）将望远镜瞄准 C 点，测出垂直角 $\alpha_A$，调整水平角为 0°。

3）顺时针转动仪器，在山脚较平坦处另确定一个合适点 B，测出水平角 $\alpha$ 及 A、B 两点间的水平距离（最好为整数），且用钢卷尺往返丈量。

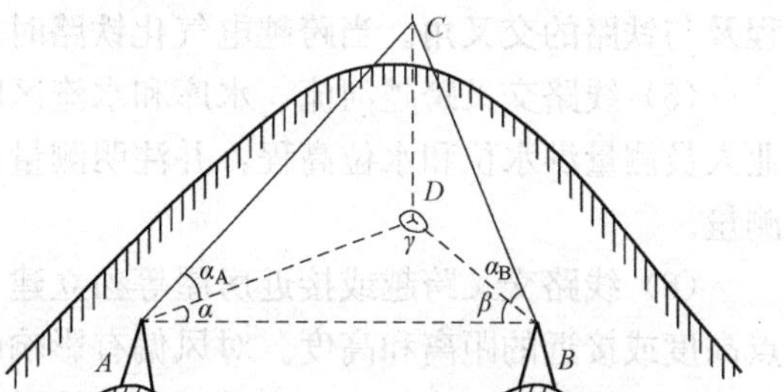

图 5-10　山顶高程测量

4）将经纬仪架设在 B 点，先将望远镜瞄准 C 点，测出垂直角 $\alpha_B$，调整水平角为 0°，逆时针转动仪器瞄准 A 点，测出水平角 $\beta$。

5）根据正弦定理可得

$$AD = \frac{AB\sin\beta}{\sin\gamma} \tag{5-5}$$

$$BD = \frac{AB\sin\alpha}{\sin\gamma} \tag{5-6}$$

其中

$$\gamma = 180° - (\alpha + \beta)$$

从而得出 C 点高程为

$$H = CD + i_A = AD\tan\alpha_A \tag{5-7}$$

或者

$$H = CD + i_B = BD\tan\alpha_B \tag{5-8}$$

式中：$i_A$、$i_B$为 A、B 测点仪高。

5. 线路交叉跨越测量

当线路与河流、电力线、电信线、铁路、公路、架空索道、房屋等地上或地下建筑物交叉跨越时，为了保证线路导线与被跨越物的距离满足设计要求，需要进行交叉跨越测量，测定与被跨越物交叉点的位置，以及被跨越物的标高，作为确定档距、跨越地点和垂弧设计的参考依据。当线路跨越河流时，除进行跨越河流的平断面测量外，还应测定线路与河流的交叉角，测出历年最高洪水位和常年供水位及航道位置。

输电线路交叉跨越测量应符合架空输电线路水文勘测技术规范中的以下规定：

（1）对一、二级通信线，10kV 及以上的电力线，有危险影响的建（构）筑物，宜就近桩位观测一测回。

（2）线路交叉跨越通信线时，应测量中线交叉点的上线高。中线或边线跨越电杆时，应测量杆顶高程。当左右杆不等高时，还应选测有影响一侧的边线或风偏点高程。对一、二级

通信线，应按设计要求测量交叉角。

（3）线路交叉跨越或钻过已有电力线时，应测量中线交叉点最高或最低线的线高。当中线或边线跨越杆塔顶部时，应测量杆塔顶部高程。当已有电力线左右线不等高且影响跨越或钻过时，还应测量有影响一侧边线交叉点最高或最低线的线高及风偏点的线高。对35kV及以上的电力线应在不同位置进行校测，其不符值应按定位测量中的有关要求执行。

（4）线路交叉铁路和公路时，应测量交叉点轨顶及路面高程，注明通向、被交叉处的里程及与铁路的交叉角。当跨越电气化铁路时，还应测量机车电力线交叉点线高。

（5）线路交叉跨越河流、水库和水淹区时，应根据设计和水文专业的需要，配合水文专业人员测量洪水位和水位高程，并注明测量日期。当河中立塔时，应根据需要进行河床断面测量。

（6）线路交叉跨越或接近房屋等独立建（构）筑物（边线外5m以内）时，应测量交叉点高度或接近的距离和高度。对风偏有影响的建（构）筑物也应测绘。

（7）线路交叉跨越架空索道、危险管道、渡槽等建（构）筑物时，应测绘交叉点顶部高程及对线路边线有影响的边线交叉点高程和风偏点高程，并注明被跨越物的名称、材料等。

（8）线路跨越电缆、油气管道等地埋设施时，应根据设计人员提出的位置，测量其平面位置、交叉点地面高程及交叉角，并注明被跨越物的名称。

（9）线路交叉跨越拟建或正在建设的设施时，应根据设计人员现场指定的位置和要求进行测绘。

施测方法以跨越输电线路为例，如图5-11所示，$A$点为新建输电线路中心线一测站点，被跨越物是一输电线路，其最高点为一根避雷线。测量线路中心线与被跨越避雷线交叉点对地面的高度$H_B$。

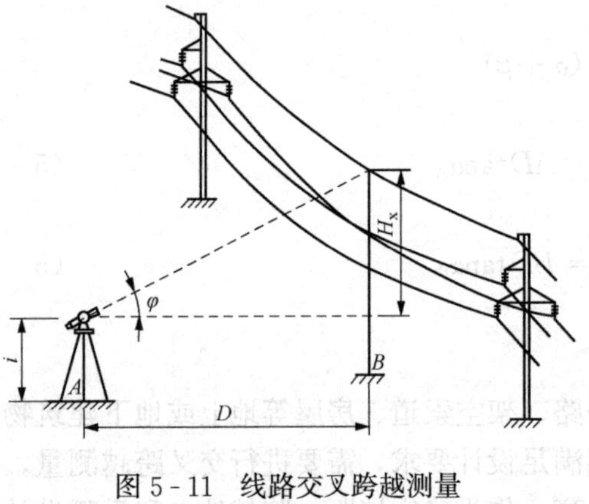


图5-11 线路交叉跨越测量

测量步骤：将仪器安置在线路中心线测站$A$点上，$B$点为线路中心线与避雷线交叉点在地面的投影。将视距尺（或棱镜）立于$B$点上，用视距测量法测出$AB$之间的水平距离$D$。然后上旋望远镜，以中丝对准避雷线，用一测回法测出仰角$\varphi$值。采用全站仪测量，可由内置软件遥测高程程序直接计算悬高$H_x$，则避雷线对地的高$H_B$按下式求出：

$$H_B = H_A + H_x + i \qquad (5-9)$$

或

$$H_B = H_A + D\tan\varphi + i \qquad (5-10)$$

式中：$H_A$为观测点的已知标高；$H_x$为悬高；$i$为仪器高度；$\varphi$为竖直角观测平均值；$D$为观测点至交叉点的水平距离。

**［案例4］** 如图5-11所示，已知测站标高$H_A=9.35$m，$\angle\varphi=10°40'$，$D=85$m，$i=1.53$m。试求避雷线的标高为多少。

**解** 将题中已知数据代入式（5-10），得

$$H'_B = H_A + D\tan\varphi + i = 9.35 + 85\tan 10°40' + 1.53$$
$$= 9.35 + 85 \times 0.1883 + 1.53 = 26.89\text{(m)}$$

（10）施测注意事项。

1）交叉跨越点位于线路中心，当被跨越避雷线的左、右侧存在高差时，还需测出线路边线与避雷线较高侧交叉点的相对高度；同理，当线路穿越已有线路时，应测出本线路的避雷线与已有导线较低侧交叉点的相对高度。

2）重要交跨应在前视方向和后视方向各施测一次，彼此校核。

3）当新建线路完工后，在试运行之前，需对跨越电力线路、重要通信线及铁路、公路、架空管道、索道等重要交叉跨越处的实际垂直高度，按交叉跨越的施测方法进行实测，并将实测数据换算成导线最大弧垂状态时与被跨越物的最小垂直距离，并校核是否能满足规程规定的要求。

6. 实训练习

（1）参照图5-3，选择学校内任一建筑物为障碍物，假定线路部分路径为$A$、$B$、$D$、$E$点。在距离建筑物大于90m范围内任选一点为$A$点假定为已知，由施工图计算可得$AB=52m$，$BD=65m$，$DE=62m$。请将路径$B$、$D$、$E$点参考已知点$A$按三角法定线标定至地面上。

（2）任选一坡度场地，假定线路方向，完成线路中心方向200m长范围内的纵横断面测量工作。

## 5.3　杆塔定位测量

杆塔定位测量是根据已测绘的线路断面图，设计线路杆塔的型号和确定杆塔的位置，然后将杆塔位置测设到实地已经选定的线路中心线上，并钉立杆塔位中心桩作为标志。杆塔定位工作分为图上定位、现场定位、定位测量三部分。

1. 图上定位

设计人员在图上定位时，应根据断面图和耐张段长度及平面位置估测代表档距，选用相应的弧垂模板，在断面图上比拟出杆塔的大概位置，观察模板上导线对地的安全距离和交跨物垂直距离是否满足技术规程的要求，选用合适的塔型和高度，并最大限度地利用杆塔强度设置适当的档距，同时还要考虑施工、运行的便利与安全。

2. 现场定位

在图上定位以后，再到现场把图上的杆塔位置测设到线路中心线上，并进行实地检查验证。若发现塔位不合适时，可及时进行修正，再返回到原图上定位，重新排列杆塔位置，反复进行直至满足要求。图上定位和现场定位可分阶段进行，也可以在现场按次序同时进行。一般是将测断面、定位、交桩三项工作放在一道工序上完成。

3. 定位测量

当杆塔的实地位置测设后，需对杆塔位的地面标高、杆塔位之间的档距及杆塔位的施工基面等进行测量，最后将杆塔位置的地面标高、杆塔高度、杆塔型号、杆塔位序号、档距及弧垂的数据标注在断面图上。输电线路的平断面图是设计测量工作的总目标，也是线路施工部门必需的技术资料。

# 第6章 架空线路施工阶段测量

根据输电线路施工先后顺序，施工阶段测量主要工作有：根据平断面图，对杆塔位置进行复测和定位；依据杆塔中心桩位，准确测设杆塔、拉线基础位置；杆塔尺寸及杆塔组立检查；架空紧线后的弧垂观测及检查。

## 6.1 线路施工复测和分坑测量

线路施工复测和分坑测量是线路施工的一项重要工作。施工前，根据施工图纸提供的线路中心线上各直线桩、杆塔位中心桩及测站桩的位置、桩间距离、档距和高程进行复核测量。桩位及相互距离和高差，其误差不能超出允许范围。若超出允许范围，则应查明原因并予以纠正。当杆塔位置校核完成并确认无误后，根据该塔的基础类型进行基础坑位置的测定及坑口的放样称为分坑，而前项工作称为复测，通常把这两项工作合在一起称为复测分坑。

1. 线路复测

输电线路杆塔位中心桩的位置，是由设计人员经设计测量绘制的线路断面图，根据架空线的弧垂及地物、地貌、地质、水文等有关技术参数精心设计确定的。由于设计定位到施工，需经过电气、结构的设计周期，往往间隔一段较长的时间。在这段时间里，可能会因农耕或其他原因发生杆塔桩位偏移或杆塔桩丢失等情况，甚至在线路的路径上又新增了地物，改变了路径断面，所以在线路施工前，应按照有关技术标准、规范，对设计测量钉立的杆塔位中心桩位置进行全面复核。对于桩位偏移或丢桩情况，应补钉丢失桩。复测的目的是避免认错桩位，纠正被移动过的桩位和补钉丢失桩，使施工与设计相一致。施工复测的施测方法与设计测量所使用的测量方法完全相同，复测内容主要包括：线路杆塔桩位复测、档距复测、高程复测、杆塔桩位丢失后的补桩及设计规定移桩的复测、主要建筑相关数据复测、危险点及交叉跨越的复测等。

线路复测宜采用的方法如下：

1）采用经纬仪加塔尺进行角度及视距的测量。

2）使用全站仪进行角度及距离的测量。

3）使用卫星定位实时动态测量功能进行线路复测。

4）水准仪配合钢卷尺进行杆（塔）位塔基测量。

线路复测测量应符合下列要求：

1）复测转角桩的度数，使用经纬仪或全站仪宜测量一测回；使用卫星定位实时动态测量功能时，复测的转角桩与前后直线桩位距离宜不小于100m；复测转角桩度数与设计转角度数的差值限差为$1'30''$。

2）杆（塔）位档距的复测限差应不大于档距的1%。

3）复测直线杆（塔）位桩的直线角，直线角偏差不应超过$1'30''$；如果以两相邻直线桩为基准，与线路横向偏差不应超过 5cm。

4）复测杆（塔）位桩的高程，相邻杆（塔）位桩间的高差值与设计值的限差为 50cm。

5）危险点、交叉跨越的复测，复测高程与设计高程差值限差为 50cm；其与邻近杆（塔）位复测的距离限差为 2%；复测偏距限差为 2%。

6）主要建筑或拆迁房屋的复测，复测高程与设计高程差值限差为 50cm；其与邻近杆（塔）位复测的距离限差为 1%；复测偏距限差为 1%。

7）杆（塔）位基面的复测高差限差为 50cm。

8）线路复测时，杆塔位桩丢失或设计重新调整杆塔位，需依据设计提供的杆塔明细表和平断面图的成果进行补桩或移桩。

下面将主要介绍杆塔桩位复测、档距和标高复测、补桩测量、辅助桩测量。

（1）杆塔桩位复测。

1）直线杆塔桩位复测主要采取分中法（定线测量中介绍过此方法）、测回法。

a. 分中法。根据断面图及现场实际地形，直线杆塔桩位复测以两相邻能相互通视的直线桩为基准，采用经纬仪（或全站仪）正倒镜分中法来复测杆塔位中心桩位置是否在线路的中心线上，若有偏移值，其横线路方向的偏移值应不大于 50mm。如图 6-1 所示，$Z_1$、$Z_2$ 为直线桩，2 号为直线杆塔中心桩。

施测步骤：将仪器安置在 $Z_2$ 桩上，正镜后视 $Z_1$ 桩上的标杆，固定水平旋钮后竖转望远镜，前视 2 号杆塔桩，在 2 号杆塔桩左右测得 $A$ 点；沿水平方向旋转望远镜，即倒镜瞄准 $Z_1$ 桩，再竖转望远镜前视 2 号杆塔桩，在 2 号杆塔桩左右测得 $B$ 点；量取 $AB$ 的中点 $C$，如 $C$ 点与 2 号桩重合，表明该直线杆塔桩位是正确的；如不重合，量取 $C$ 至 2 号桩的水平距离 $D$，$D$ 为杆塔桩的横线路方向偏移量，直线杆横线路方向位移不应超过 50mm。如不超过限值，则为合格；超过时，应将杆塔位移至 $C$ 点上，以 $C$ 点作为改正后的杆塔桩位。

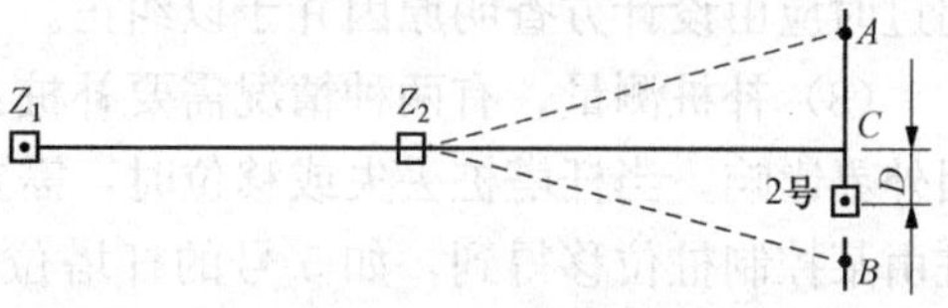

图 6-1　直线桩复测分中法

b. 测回法。如图 6-2 所示。将仪器安置在 2 号直线杆塔中心桩上，以后视 $Z_2$ 桩为基准，复核盘左、盘右测量 $Z_2$、$Z_3$ 间水平角的平均角度值是否为 180°。如实测水平角平均值在 180°±1′以内，则认为杆塔中心桩 2 号是在线路的中心线上；若实测水平角平均值超过 180°±1′，则杆塔中心桩位置发生了偏移，根据角度和桩间距离可计算出偏移值。如横线路方向偏移值超出允许值，需采用正、倒镜分中法予以纠正。

图 6-2　直线桩复测测回法

2）转角杆塔桩位复测。转角杆塔位的复测，采用测回法复测线路转角的水平角度值，看其复测值是否与原设计的角度值相符合。一般往往存在一定的偏差，但偏差量不应大于 1′30″。如图 6-3 所示，将仪器安置在转角桩 $J_2$ 上，瞄准后视方向直线桩 $Z_5$，然后竖转望远镜，在 $Z_5$ 的延长线上钉立一个辅助延长桩 $Z_7$。线路转角杆塔桩的角度，是指转角桩的前一直线的延长线与后一直线的夹角 $\alpha$。线路方向在前一直线延长线左侧的角称为左转角，在右侧的角称为右转角。图 6-3 中的 $\alpha$ 是线路的左转角。复测时用这个角度值与设计图纸提供的角度值对比，判定转角桩的角度是否符合要求。如所测角度值不大于误差规定值，则认为合格；如误差超过规定值，则应重新仔细复测以求得正确的角度值。如角度有错误，应立即与设计人员联系修正。

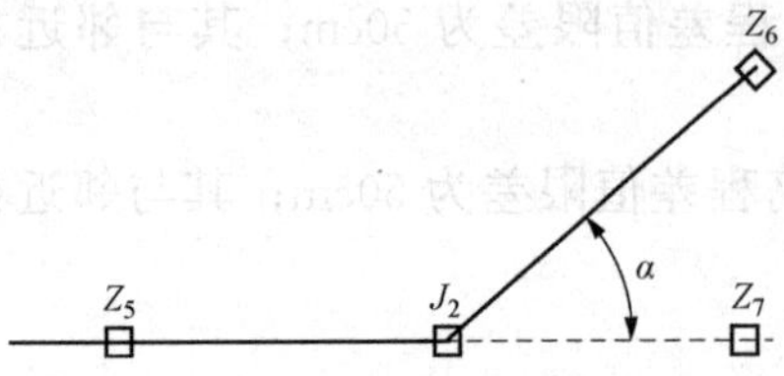

图6-3 转角杆塔桩位复测

（2）档距和标高复测。线路杆塔的高度是依据地形、交跨物的标高和导线的最大弧垂及杆塔的使用条件来确定的。因此，若相邻杆塔桩位间的档距及杆塔位置、断面标高发生测量错误或误差较大，将会导致导线的对地或对被跨物的安全电气距离不够，或者超出杆塔使用条件。若线路竣工后发现这样的问题，势必造成返工，因而造成人力、物力等诸方面的浪费。所以，复测工作非常重要，它是有可能发现设计测量错误的重要一环。

对于输电线路，桩之间的距离和高程可采用视距法同向两测回或往返各一测回测定，其视距长度不宜大于400m，当受地形限制时，可适当放长。视距法测量档距时，110kV及以上架空电力线路不应超过设计档距的1%，中低压架空电力线路不应超过设计档距的3%；当距离大于600m时，宜采用电磁波测距仪或全站仪施测。

以下地形危险点处应重点复测高程：导线对地距离有可能不够的地形凸起点的标高、杆塔间被跨越物的标高、相邻杆塔位的相对标高。实测值与设计值之间的偏差不应超过0.5m，超过时应由设计方查明原因并予以纠正。

（3）补桩测量。有两种情况需要补桩：一是由于设计测量到施工测量要经过一段时间，因外界影响，当杆塔桩丢失或移位时，需要补桩测量，称为丢桩补测；二是设计时某杆塔位桩由某控制桩位移得到，如5号的杆塔位置为$Z_5+30$，即5号的位置由$Z_5$桩前视30m定位，这也需要复测时补桩测量，称为位移补桩。补桩测量应根据塔位明细表、平断面图上原设计的桩间距离、档距、转角度数进行补测钉桩。

1）补直线桩。直线桩丢失或被移动，应根据线路断面图上原设计的桩间距离，用正、倒镜分中延长直线法测定补桩。

2）补转角杆塔位桩。当个别转角杆塔位丢桩后，应做补桩测量，施测方法如图6-4（a）所示。设图6-4（a）中$J_2$为丢失的转角桩，将仪器安置于$Z_5$桩上，以后视$Z_4$为依据标定线路方向，采用正、倒镜分中延长直线的方法，根据设计图纸提供的桩间距离，在望远镜的前视方向上，$J_2$的前后分别钉$A$、$B$两个临时木桩，并钉上小铁钉。用细线临时搭在$A$、$B$两桩钉上，再将仪器移至直线桩$Z_6$上安置，以前视直线桩$Z_7$为依据，倒镜与$A$、$B$两桩钉细线交点就是$J_2$转角桩中心位置，交点钉钉即可。

（4）辅助桩测量。当线路杆塔中心桩复测确定后，应及时在杆塔中心桩的纵向及横向钉立辅助桩，以备施工时标定仪器的方向；当基础土方开挖施工或其他原因使杆塔中心桩覆盖、丢失或被移动时，可利用辅助桩位恢复杆塔中心桩原来的位置；辅助桩还可用来检查基础根开、杆塔组立质量。因此，辅助桩也被称为施工控制桩。

直线杆塔辅助桩的测钉方法如图6-4（b）所示。将仪器安置在杆塔位中心桩上，用望远镜瞄准前后杆塔桩或直线桩，指挥在视线方向上本杆塔桩位不远处的合适位置，钉立$A$辅助桩，倒镜视线上钉立$C$辅助桩，通常$A$、$C$称为顺线路或纵向辅助桩；然后将望远镜沿水平方向旋转90°，再在线路中心线垂直方向上钉立$B$、$D$两辅助桩，则称为横向辅助桩。

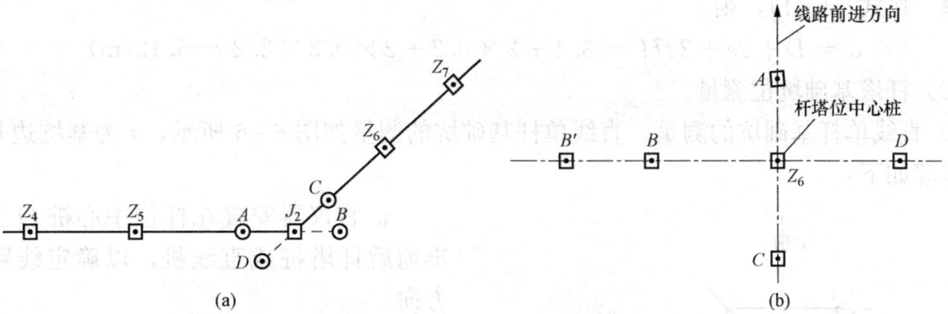


图 6-4　补桩、辅助桩测量

(a) 补转角杆塔位桩的测钉；(b) 直线杆塔辅助桩的测钉

辅助桩的位置应根据地形情况和杆塔的高度而定，距杆塔中心桩一般 20～30m。若地形较为平坦，其距离可选在大于杆塔高度。位置选择在较稳妥又不易受碰动的地方为宜。当遇有特殊地形不便在杆塔桩两侧钉立桩时，也可以在同一侧钉两个桩［图 6-4（b）中的 $B'$ 桩］。

2. 杆塔基础坑位测量

杆塔基础坑位测量，是根据定位的中心桩位，依照基础图规定的尺寸并考虑基础施工中的施工空间和基础开挖的安全坡度，将杆塔基础坑的位置测设到线路指定的杆塔位上，并钉立木桩作为基坑开挖的依据，即通常所说的分坑测量。分坑测量包括坑口尺寸数据计算和杆塔基础坑位测量两个步骤。

（1）坑口尺寸数据计算。坑口尺寸根据基础底面宽、坑深、坑底施工空间及安全坡度进行计算。图 6-5 是一个铁塔基础坑剖视图，$D$ 为基础设计宽度，$H$ 为基础设计高度，$e$ 为施工的操作宽度，$a$ 为坑口放样宽度尺寸。

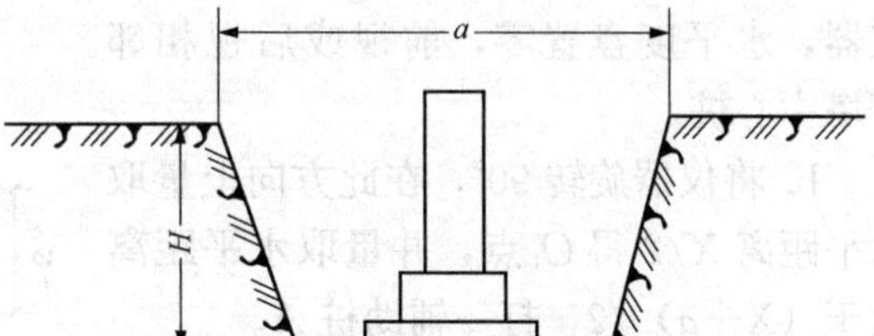


图 6-5　铁塔基础坑剖视图

坑口放样宽度尺寸 $a$ 可用式（6-1）计算

$$a = D + 2e + 2fH \tag{6-1}$$

式中：$f$ 为基础坑的安全坡度，与土壤的安息角有关。

对于不同的土壤，其 $f$、$e$ 值不同，取值详见表 6-1。

**表 6-1　一般基坑开挖的安全坡度和施工操作宽度**

| 土壤分类 | 砂土、砾土、淤泥 | 砂质黏土 | 黏土、黄土 | 坚土 |
|---|---|---|---|---|
| 安全坡度 $f$ (m) | 0.75 | 0.5 | 0.3 | 0.15 |
| 施工操作宽度 $e$ (m) | 0.3 | 0.2 | 0.1～0.2 | 0.1～0.2 |

**［案例 1］**　如图 6-5 所示，设基础底面为正方形，宽度 $D=3.4$m，埋深 $H=2.2$m，土质为黏土，查表 6-1 得 $e=0.2$，$f=0.3$，试求坑口放样宽度尺寸 $a$ 的值。

**解** 按式（6-1），则

$$a=D+2e+2fH=3.4+2\times0.2+2\times0.3\times2.2=5.12(\mathrm{m})$$

（2）杆塔基础坑位测量。

1）直线单杆基础坑的测量。直线单杆基础坑的测量如图6-6所示，$a$为基坑边长。其测量步骤如下：

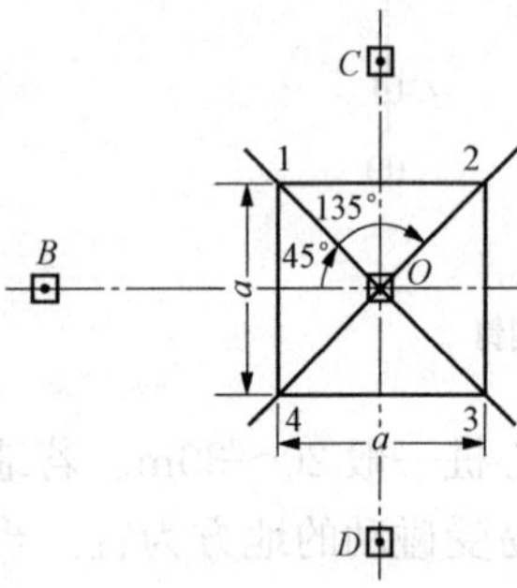


图6-6 直线单杆基础坑的测量

a. 将仪器安置在杆位中心桩$O$上，瞄准前后杆塔桩或直线桩，以确定线路前进方向。

b. 钉立$A$、$B$辅助桩，将水平度盘置零，即把水平度盘读数调到0°0′0″位置。

c. 水平旋转望远镜使读数处于45°位置，将皮尺或钢卷尺的零刻度线对准杆位中心桩的小铁钉标记，在望远镜的视线方向上量取在$\sqrt{2}a/2$长度得点1，钉立木桩。

d. 依次顺时针旋转照准部，水平度盘读数分别为135°、225°和315°的望远镜的视线方向量取同样的距离，分别得到点2、3、4，并在各点上钉立木桩。

1、2、3、4这四点即为单杆基础坑的四个顶点标志，则分坑测量完成。

2）直线双杆基础坑的测量。直线双杆基础坑的测量如图6-7所示，其中$X$为根开尺寸，$a$为基坑边长。其测量步骤如下：

a. 在杆位中心桩$O$点设测站，安置仪器，水平度盘置零，前视或后视相邻杆塔中心桩。

b. 将仪器旋转90°，在此方向上量取水平距离$X/2$得$O_1$点，并量取水平距离大于（$X+a$）/2，打一辅助桩$A$。

c. 翻转望远镜，以同样方法得到$O_2$点和辅助桩$B$。

d. 从中心桩$O$点起在横线路方向线上分别量取（$X+a$）/2与（$X-a$）/2，得Ⅰ、Ⅱ两点。

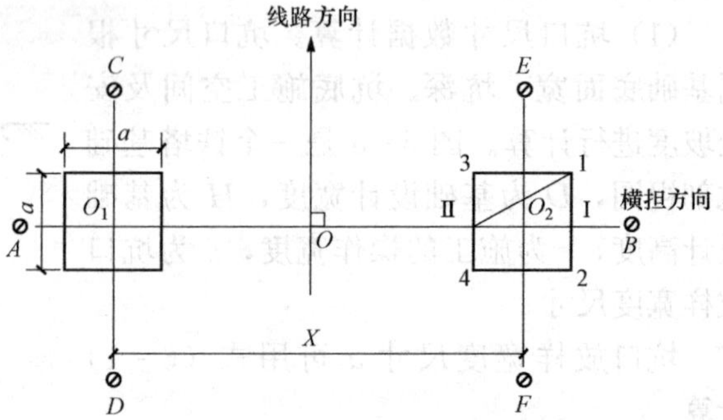


图6-7 直线双杆基础坑的测量

e. 取皮尺长为（$1+\sqrt{5}$）$a/2$，即Ⅰ1+Ⅱ2。使尺两端分别与Ⅰ、Ⅱ两点重合，在距Ⅰ点$2/a$处拉紧皮尺得点1，折向对称侧得点2。同理得出点3、4。

f. 重复步骤d、e，测量出左侧基坑口位置尺寸。

3）直线四角铁塔基础的分坑测量。因直线四脚铁塔本身结构，铁塔基础坑可归结为下述三种类型：基础根开相等，坑口宽度相等；基础根开不等，坑口宽度相等；基础根开不等，坑口宽度不等。下面分别介绍各种基坑的分坑方法。

a. 基础根开相等，坑口宽度相等的基础分坑测量。基础根开相等，坑口宽度相等的基础也称为正方形基础，分坑图如图6-8所示，测量步骤如下：

a）计算塔位中心桩$O$点距坑远角点及近角点距离$E_1$、$E_2$分别为

$$E_1=\frac{\sqrt{2}}{2}(x+a) \qquad (6-2)$$

$$E_2=\frac{\sqrt{2}}{2}(x-a) \qquad (6-3)$$

b）在塔位中心桩$O$点安置仪器，仪器前视或后视相邻杆塔位中心桩，水平度盘置零。

c）仪器转45°，在此方向线上量取距离大于$2E_1$，定出辅助桩$A$。

d）同样方法，依次顺时针旋转照准部，水平度盘读数分别为135°、225°和315°的望远镜的视线方向量取同样的距离，分别得到辅助桩$B$、$C$、$D$。

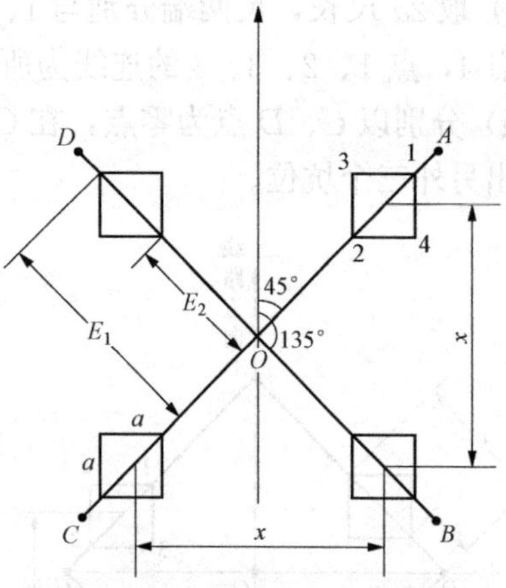


图6-8　基础根开相等，坑口宽度也相等的基础分坑测量

e）以$O$点为零点，在$OA$方向线上量水平距离$E_1$、$E_2$得1、2两点。取$2a$尺长，皮尺两端分别与1、2点重合，在尺中部口处拉紧即确定点3，折向另一侧得点4，点1、2、3、4的连线为所要求的坑口位置。

f）同理测量出其余三个基础坑口位置尺寸。

［**案例2**］　如图6-8所示，设基础根开$x=3.650$m，基础底面为正方形，宽度$D=2.2$m，埋深$H=1.8$m，土质为坚土，查表6-1得$e=0.15$，$f=0.22$，试求$E_1$、$E_2$的值。

**解**

$$a=D+2e+2fH=2.2+2\times0.15+2\times0.22\times1.8=3.292(\text{m})$$

$$E_1=\frac{\frac{1}{2}(x+a)}{\sin45^\circ}=\frac{\sqrt{2}}{2}(x+a)=\frac{\sqrt{2}}{2}(3.650+3.292)=4.909(\text{m})$$

$$E_2=\frac{\frac{1}{2}(x-a)}{\sin45^\circ}=\frac{\sqrt{2}}{2}(x-a)=\frac{\sqrt{2}}{2}(3.650-3.292)=0.253(\text{m})$$

b. 基础根开不等，坑口宽度相等的基础分坑测量。基础根开不等，坑口宽度相等的基础也称为矩形基础，分坑图如图6-9所示，测量步骤如下：

a）在塔位中心桩$O$点设置仪器，前视相邻杆塔位中心桩，水平度盘置零。

b）在此方向线上，以$O$点为零点量取$OA=1/2(x+y)$得$A$辅助桩；倒转镜头，在$AO$的延长线上量取$OB=1/2(x+y)$得$B$辅助桩。

c）将仪器水平旋转90°，在此方向上以$O$点为零点，量取$OC=1/2(x+y)$得$C$辅助桩；倒转镜头，在$CO$延长线上量取$OD=1/2(x+y)$得$D$辅助桩。

d）计算$D$点距坑远角点、近角点距离$E_1$、$E_2$分别为

$$E_1=\frac{\sqrt{2}}{2}(y+a) \qquad (6-4)$$

$$E_2=\frac{\sqrt{2}}{2}(y-a) \qquad (6-5)$$

e）以$C$点为零点，在$CA$方向线上量取水平距离$E_1$、$E_2$得1、2两点。

f）取 $2a$ 尺长，尺两端分别与 1、2 点重合，在尺中部 $a$ 处拉紧即确定出点 3，折向另一侧得点 4，点 1、2、3、4 的连线为所要求的坑口位置。

g）分别以 $C$、$D$ 点为零点，在 $CB$、$DA$、$DB$ 方向线上量取 $E_1$、$E_2$ 值，用同样的方法确定出另外三个坑位。

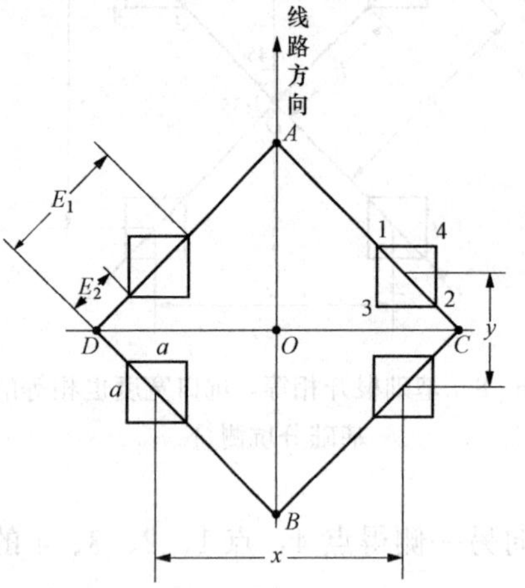


图 6-9 基础根开不等，坑口宽度相等的基础分坑测量

需要说明的是，当 $x=y$ 时，矩形基础就变成正方形基础，所以正方形基础只是基础的一种特殊形式。一般情况下（地形较好时），正方形基础的分坑方法也最好采用矩形基础分坑的（即按图 6-9 分坑示意图）方法。因为该种方法分坑时四个辅助桩是闭合的，校对四个辅助桩的相互距离无误后，可保证基础坑的位置及找正各层模板及地脚螺栓位置的准确性。

c. 基础根开不等，坑口宽度不等的基础分坑测量。其分坑图如图 6-10 所示，测量方法与正方形基础完全相同，只是分别要测量出 $L_1$、$L_2$ 和 $l_1$、$l_2$ 距离值。在测量时，注意不要将大基坑与小基坑在线路侧相互调换。本类型基础多用于高低腿铁塔及部分转角铁塔中。目前，500kV 线路中的高低腿铁塔出现了矩形基础，分坑仍按矩形基础的分坑方法进行。

d. 全方位铁塔基础分坑测量。现在有许多输电线路基础为了减少开挖工作量和保护环境的需要，设计部门根据四个塔腿地形高差的不同，设计成四个根开不等、坑口尺寸不等的高低腿，称为全方位塔腿，如图 6-11 所示。该塔腿基础分坑方法与正方形基础方法相似，不同之处是四个基坑尺寸都不相等，必须按对应的根开和基坑边长分别计算四组。

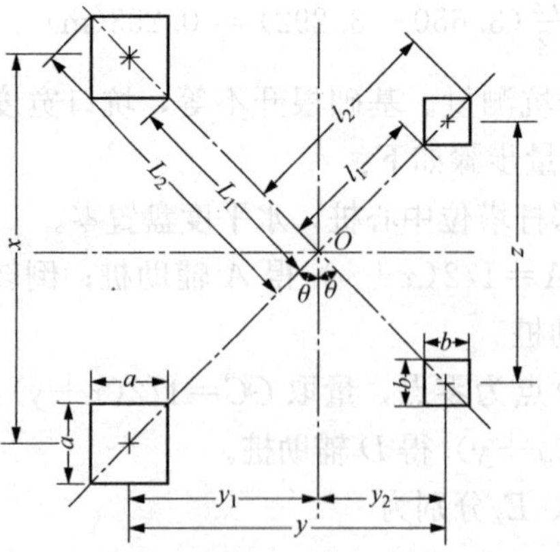


图 6-10 基础根开不等，坑口宽度不等的基础分坑测量

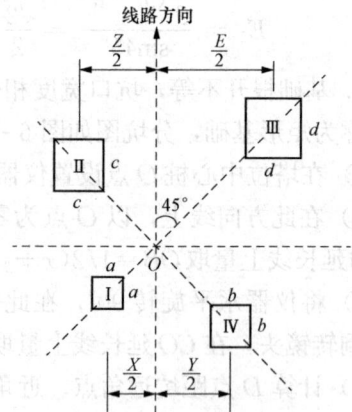

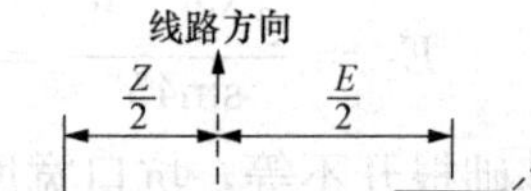


图 6-11 全方位铁塔基础分坑测量

4）转角杆塔基础的分坑测量。转角杆塔的杆塔位桩有两种形式：一种是杆塔位中心桩即是转角杆塔的杆塔位桩，这种称为无位移转角杆塔；另一种是杆塔位中心桩不是转角杆塔

的杆塔位桩，转角杆塔位桩与杆塔位中心桩之间有一段距离，这种称为有位移转角杆塔。这两种杆塔的分坑测量方法不尽相同，下面简要介绍它们的施测方法。

a. 无位移转角杆塔基础的分坑测量。当线路转角小，横担较窄时，其所引起的位移可忽略不计，这种杆塔称为无位移转角杆塔。无位移转角杆塔基础的分坑图如图6-12所示，其转角值为$\alpha$。

无位移转角杆塔基础的分坑测量步骤如下：

a）将仪器设置在$O$点，在线路转角$\alpha$的角平分线上通过塔位桩$O$点测定出$A$、$B$辅助桩。

b）将仪器水平旋转90°，测定出$C$、$D$辅助桩，使得$AB$垂直于$CD$，以这两条相互垂直的线作为分坑的基准线。

c）转角塔一般为等根开等坑口宽度，因此，接下来按直线正方形基础分坑方法进行测量。

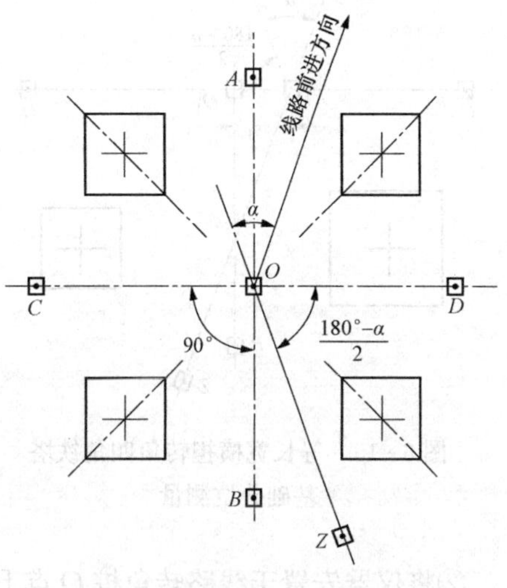


图6-12　无位移转角杆塔基础的分坑图

b. 有位移转角杆塔基础的分坑测量。杆塔的位移是由于转角、横担宽度、不等长横担及直线杆塔换位等引起的。当转角杆塔的转角值较大，导线横担较宽或不等长时，使导线挂线后，会引起线路实际角度的变化；当直线杆塔换位时，由于导线位置的变换（相当于转角）而引起直线杆塔及其绝缘子串上的附加水平分力。为了消除这种影响，必须将塔位中心桩向设计确定的位移方向上平移一段距离。下面将介绍转角杆塔的等长宽横担和不等长宽横担的分坑测量方法。

a）等长宽横担转角杆塔基础分坑。由于转角杆塔横担宽度和绝缘子挂板长度的影响，使转角杆塔的中心位置与原转角点产生位移。因此，如果不考虑位移值，将会导致转角杆塔两侧的直线杆塔出现小转角，位移越大，引起的偏角也越大。等长宽横担转角杆塔位移如图6-13所示，等长宽横担转角双杆塔分坑测量如图6-14所示，等长宽横担转角四角铁塔基础分坑测量如图6-15所示。

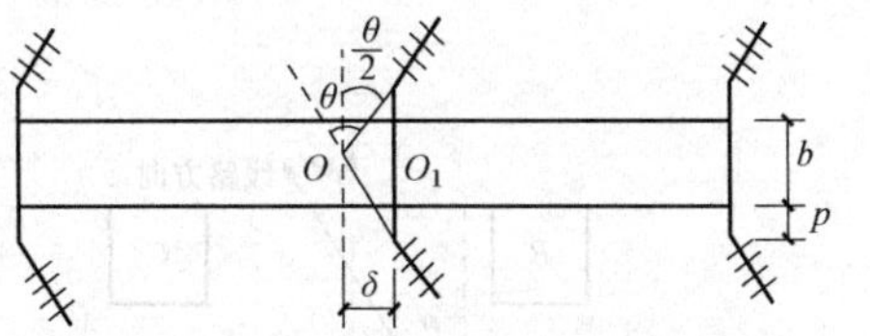


图6-13　等长宽横担转角杆塔位移

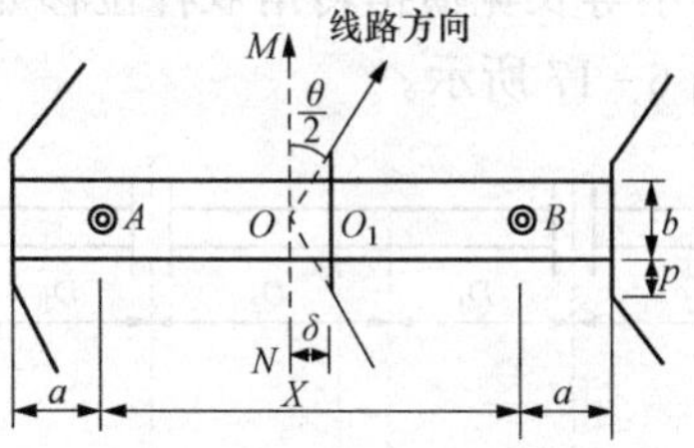


图6-14　等长宽横担转角双杆塔分坑测量

等长宽横担转角双杆塔分坑测量步骤如下：

①位移计算。由图6-13可知，转角杆塔位移值为

$$\delta=\left(\frac{b}{2}+p\right)\tan\frac{\theta}{2} \tag{6-6}$$

式中：$\theta$为线路转角；$b$为横担宽度；$p$为绝缘子串挂板螺孔到横担边缘长度。

②如图6-14所示，将仪器设置在线路转角点$O$（线路中心点），对准线路方向，向转

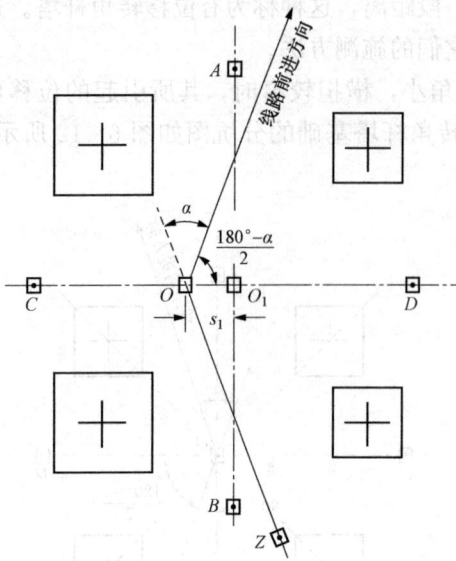

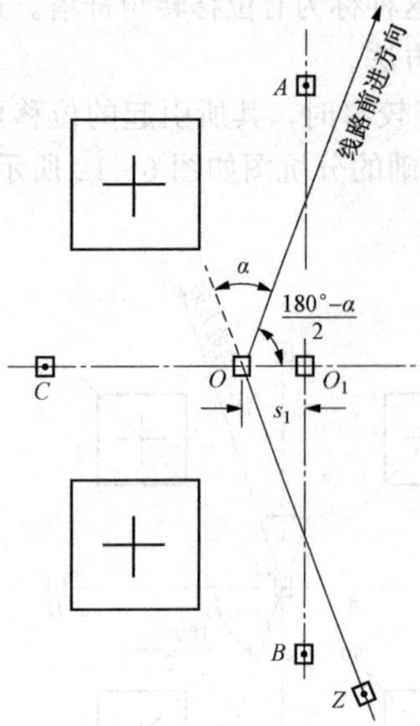


图 6-15　等长宽横担转角四角铁塔基础分坑测量

角外侧水平角旋转 $\theta/2$，确定 $MN$ 直线，即假想线路方向。

③以假想线路方向为基准，水平角再转 90°，确定横担方向。在此方向从 $O$ 点向外角侧量取距离 $X/2-\delta$，确定一个杆坑中心点 $A$；同理，从 $O$ 点向内角侧量取距离 $X/2+\delta$，确定另一个杆坑中心点 $B$。

④根据杆坑中心点 $A$ 和 $B$，按前述直线双杆基础坑进行分坑测量。

等长宽横担转角四角铁塔基础分坑测量步骤如下：

①位移计算。由图 6-15 可知，转角杆塔位移值为

$$s_1=\left(\frac{b}{2}+p\right)\tan\frac{\alpha}{2} \tag{6-7}$$

式中：$\alpha$ 为线路转角；$b$ 为横担宽度；$p$ 为绝缘子串挂板螺孔到横担边缘长度。

②将仪器安置于线路转角桩 $O$ 点上，以后视杆塔桩或直线桩为依据，将水平度盘置零，测出（$180°-\alpha$）/2 水平角，在望远镜正、倒镜的视线方向上钉 $C$、$D$ 辅助桩。

③在线路转角的内角 $OD$ 连线上，量取 $OO_1=s_1$，钉立转角塔位中心 $O_1$ 桩。

④将仪器移至 $O_1$ 桩上，望远镜瞄准 $D$ 桩，水平旋转 90°，在正、倒镜的视线方向上钉立 $A$、$B$ 辅助桩。

⑤根据上述钉立的 $A$、$B$、$C$、$D$ 四个辅助桩，按前述的铁塔基础的分坑方法进行施测。

b）不等长宽横担转角杆塔基础分坑。由于线路转角大（60°～90°），其外侧耐张引流线与接地体（杆塔、拉线等）之间的电气间隙较小，因此操作人员上杆工作容易发生危险。为此，对于 60°以上的转角杆塔一般设计长短横担，即把外角侧加长，内角侧缩短，而横担总长不变。不等长宽横担转角双杆位移如图 6-16 所示，不等长宽横担转角四角铁塔基础分坑测量如图 6-17 所示。

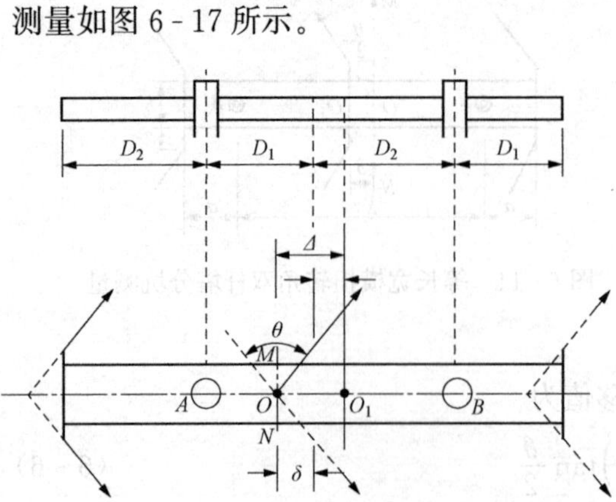


图 6-16　不等长宽横担转角双杆位移

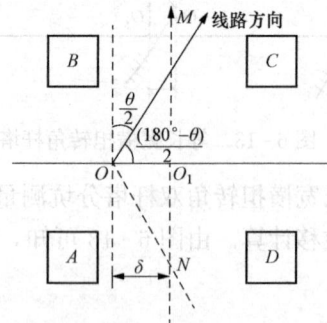

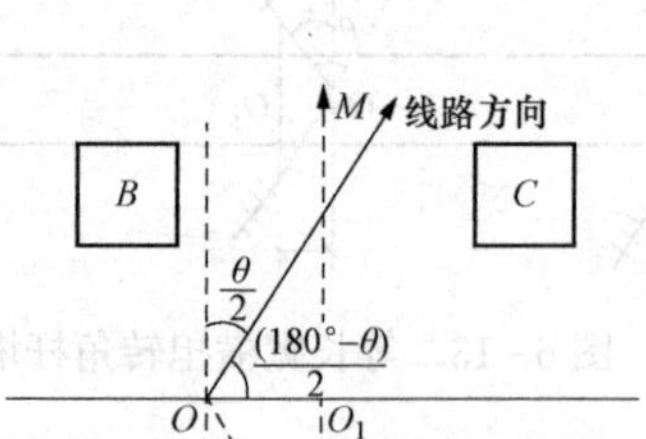


图 6-17　不等长宽横担转角四角铁塔基础分坑测量

不等长宽横担转角双杆塔基础分坑测量步骤如下：

①位移计算。如图6-16所示，总位移为

$$\Delta=\delta+\frac{D_2-D_1}{2} \tag{6-8}$$

$$\Delta=\left(\frac{b}{2}+p\right)\tan\frac{\theta}{2}+\frac{D_2-D_1}{2} \tag{6-9}$$

式中：$D_1$为短横担长度；$D_2$为长横担长度；$\theta$为线路转角；$b$为横担宽度；$p$为绝缘子串挂板螺孔到横担边缘长度。

②将仪器设置于线路转角点（线路中心点）$O$，对准线路方向，向转角外侧水平角转$\theta/2$。确定$MN$直线，即假想线路方向。

③以假想线路方向为基准，水平角再转90°，确定横担方向。在此方向从$O$点向外角侧量取距离$D_1-\delta$，确定一个杆坑中心点$A$；同理，从$O$点向内角侧量取距离$D_2+\delta$，确定另一个杆坑中心点$B$。

④分别将仪器移至两杆坑中心点$A$和$B$，按前述直线双杆基础坑进行分坑测量。

不等长宽横担转角四角铁塔基础分坑测量步骤如下：

①位移计算同前述不等长宽横担转角双杆塔基础。

②将仪器设置于线路转角点（线路中心点）$O$，对准线路方向，向转角内侧水平角转$90°-\theta/2$，确定横担方向。

③从$O$点向内角方向量取距离$\delta$，得杆塔结构中心点$O_1$。

④将仪器移至$O_1$，对准横担方向水平角转90°，确定$MN$假想线路方向，由$MN$方向按直线正方形基础分坑。

3. 拉线基础坑位测量

每杆塔的分坑，除主杆基坑（简称主坑）以外，还应包括所有的拉线坑的分坑。拉线杆塔采用拉线来稳定杆塔结构，拉线杆塔具有经济指标低、材料消耗少和施工方便等优点。在杆塔组立前，要正确地测定拉线坑的位置，才能使拉线符合设计要求，以保证杆塔的稳定和电气距离的安全。拉线坑的位置与横担轴线之间的水平夹角，以及拉线对杆轴线的夹角有关。拉线形式有四方形、V形、X形和“八”字形等，本节主要介绍V形和X形拉线基础坑位测量和坑口放样及拉线长度的计算方法。

（1）V形拉线基础坑位测量和拉线长度计算。图6-18为直线杆V形拉线的正面图和平面布置图，其中，$h$为拉线悬挂点至杆轴与地面交点的垂直高度；$a$为拉线悬挂点与杆轴线交点至杆中心线的水平距离；$H$为拉线坑深度；$D$为杆塔中心至拉线坑中心的水平距离。

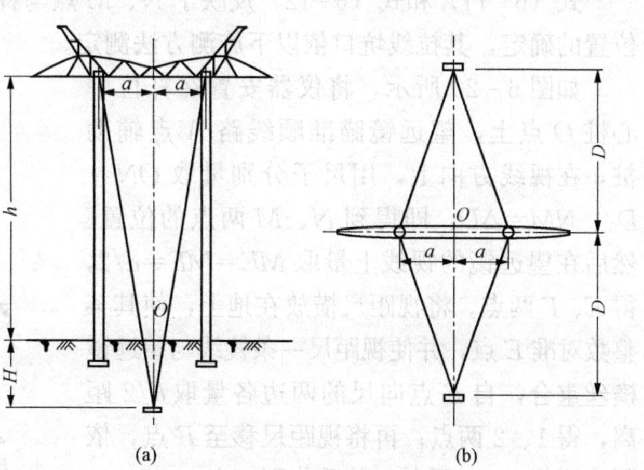

图6-18　直线杆V形拉线

(a) 正面图；(b) 平面布置图

V形拉线坑位置分布于横担前、

后两侧，同侧两根拉线合盘布置，并在线路的中心线上，前后左右对称于横担轴线和线路中心线。由此，对同一基拉线杆，因为 $h$ 不变，当杆位中心 $O$ 点地面与拉线坑中心地面水平时，图 6-18 中两侧 $D$ 值应相等；当杆位中心 $O$ 点地面与拉线坑中心地面存在高差时，两侧 $D$ 值不相等，则拉线坑中心位置随地形的起伏沿线路中心线而移动，拉线的长度也随之增长或缩短。

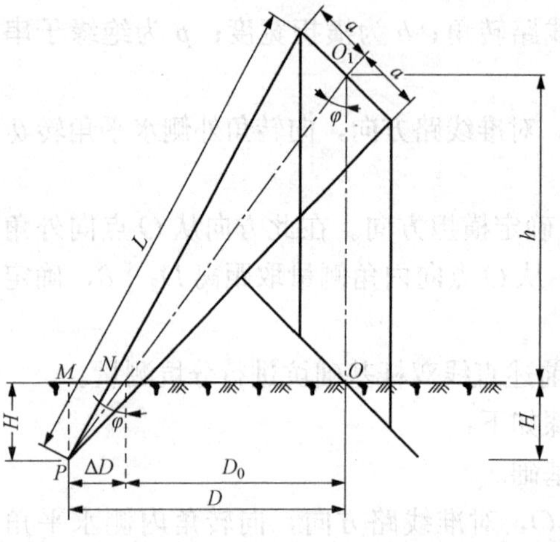


图 6-19　V形拉线基础坑位几何关系图

图 6-19 为V形拉线基础坑位几何关系图。从图 6-19 中可知：

$$\varphi = \arctan\frac{D}{h+H} \tag{6-10}$$

无论地形如何变化，$\varphi$ 角必须保持不变，所以当地形起伏时，杆位中心 $O$ 点至 $N$ 点之间的水平距离 $D_0$ 和拉线长 $L$ 也随之变化。下面就此三种情况介绍拉线坑位的测量方法。

1）$N$ 点与 $O$ 点地面等高。如图 6-19 所示，$O_1$ 为两拉线悬挂点间的中心，$\varphi$ 为V形拉线杆轴线平面与拉线平面之间的夹角，$P$ 为两根拉线形成V形的交点，$M$ 为 $P$ 的地面点位置（坑位中心），$N$ 为拉线平面中心线 $O_1P$ 与地面的交点（拉线出土位置），其他符号的含义与图 6-18 相同。由图 6-19 可得出

$$D_0 = h\tan\varphi \tag{6-11}$$

$$\Delta D = H\tan\varphi \tag{6-12}$$

$$D = D_0 + \Delta D = (h+H)\tan\varphi \tag{6-13}$$

$$L = \sqrt{O_1P^2 + a^2} = \sqrt{(h+H)^2 + D^2 + a^2} \tag{6-14}$$

式中：$D_0$ 为杆位中心桩至 $N$ 点的水平距离；$\Delta D$ 为拉线坑中心桩至 $N$ 点的水平距离；$L$ 为拉线全长。

式（6-11）和式（6-12）反映了 $N$、$M$ 点与杆位中心 $O$ 点之间的关系。$N$、$M$ 地面点位置的确定，其拉线坑口依以下施测方法测定。

如图 6-20 所示，将仪器安置在杆位中心桩 $O$ 点上，望远镜瞄准顺线路 $A$ 点辅助桩，在视线方向上，用尺子分别量取 $ON=D_0$、$NM=\Delta D$，即得到 $N$、$M$ 两点的位置。然后在望远镜的视线上量取 $ME=MF=a/2$，得 $E$、$F$ 两点。将视距尺横放在地上，使其某整数对准 $E$ 点，并使视距尺一条棱线与望远镜横丝重合，自 $E$ 点向尺的两边各量取 $b/2$ 距离，得 1、2 两点；再将视距尺移至 $F$ 点，依同法测得 3、4 两点。最后分别钉立 1、2、3、4 桩，该拉线坑位放样测量完成。倒转望远镜，按上述方法操作，测量出另一侧的拉线

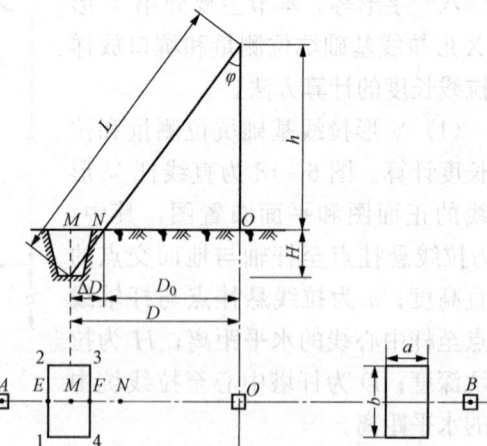

图 6-20　平坦地形的V形拉线坑位测量

坑口位置。

2）$N$ 点地面高于 $O$ 点地面。如图 6-21 所示，$N$ 点地面高于杆位中心桩 $O$ 点地面，两点间的高差为 $\Delta h$，由图 6-21 中关系可知：

$$D_0=(h-\Delta h)\tan\varphi \tag{6-15}$$

$$D=D_0+\Delta D=(h-\Delta h+H)\tan\varphi \tag{6-16}$$

从以上公式函数关系可以看出，当 $\Delta h$ 增大时，$D_0$ 及 $D$ 将会减小；当 $\Delta h$ 减小时，$D_0$ 及 $D$ 都将增大。因此，拉线的长度也随之变化，拉线的长度 $L$ 按式（6-17）计算

$$L=\sqrt{(h-\Delta h+H)^2+D^2+a^2} \tag{6-17}$$

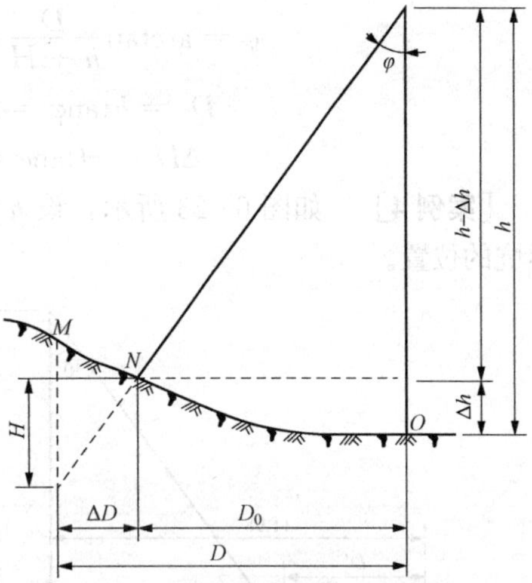


图 6-21　V 形拉线基础坑位地面高于杆位中心桩地面几何关系图

3）$N$ 点地面低于 $O$ 点地面。如图 6-22 所示，$N$ 点地面低于杆位中心桩 $O$ 点地面，其高差为 $-\Delta h$，将 $-\Delta h$ 分别代入式（6-15）～式（6-17），可求出 $D_0$、$D$ 和 $L$ 的值。从图 6-22 中可以看出，当 $M$ 点低于 $N$ 点时，拉线基础的埋深应从 $M$ 点起算，因此，$D_0$、$D$ 和 $L$ 的长度为

$$D_0=(h+\Delta h)\tan\varphi \tag{6-18}$$

$$D=(h+\Delta h_1+H)\tan\varphi \tag{6-19}$$

$$L=\sqrt{(h+\Delta h_1+H)^2+D^2+a^2} \tag{6-20}$$

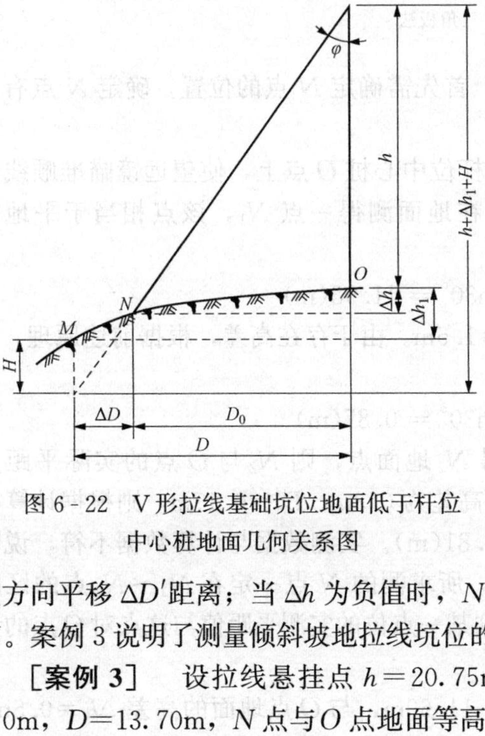


图 6-22　V 形拉线基础坑位地面低于杆位中心桩地面几何关系图

综合上述情况分析可知，要测定拉线坑的位置，必须先定出 $N$ 点，而 $N$ 点又根据 $\Delta h$（$\Delta h_1$）和 $D_0$ 确定。在实际施工测量中，预先按上述公式，根据拉线的悬挂高度 $h$、拉线与杆轴线的夹角 $\varphi$ 及拉线坑深 $H$ 已知数据，采用可编程的计算器进行现场计算，或用电子表 Excel 计算并制成表格，以备在测量时根据线路地形情况中查取。

在进行拉线坑位测量时，首先计算出 $D_0$ 和 $\Delta D$ 的值，定出平地时的 $N$ 点和 $M$ 点的位置；然后在 $N$（或 $M$）点立视距尺，测出杆位中心桩 $O$ 点与 $N$（或 $M$）点的高差值 $\Delta h$，即 $\Delta h=H_N-H_O$（或 $\Delta h=H_M-H_O$）。当 $\Delta h$ 为正值时，表明 $N$（或 $M$）点高于 $O$ 点地面，应向 $O$ 点方向平移 $\Delta D'$ 距离；当 $\Delta h$ 为负值时，$N$（或 $M$）点低于 $O$ 点地面，应向外侧平移 $\Delta D$ 距离。案例 3 说明了测量倾斜坡地拉线坑位的施测方法。

**［案例 3］**　设拉线悬挂点 $h=20.75$m，基坑深 $H=2.2$m，拉线悬挂点间距离 $2a=7.0$m，$D=13.70$m，$N$ 点与 $O$ 点地面等高，试求 $\varphi$、$D_0$ 和 $\Delta D$ 的值。

**解**

$$\varphi=\arctan\frac{D}{h+H}=\arctan\frac{13.70}{20.75+2.2}=30^{\circ}50'$$

$$D_0=h\tan\varphi=20.75\tan30^{\circ}50'=12.39(\mathrm{m})$$

$$\Delta D=H\tan\varphi=2.2\tan30^{\circ}50'=1.31(\mathrm{m})$$

**［案例 4］** 如图 6-23 所示，设 $h=20.75\mathrm{m}$，$H=2.2\mathrm{m}$，$\varphi=30^{\circ}$。试计算并测量出 V 形坑的位置。

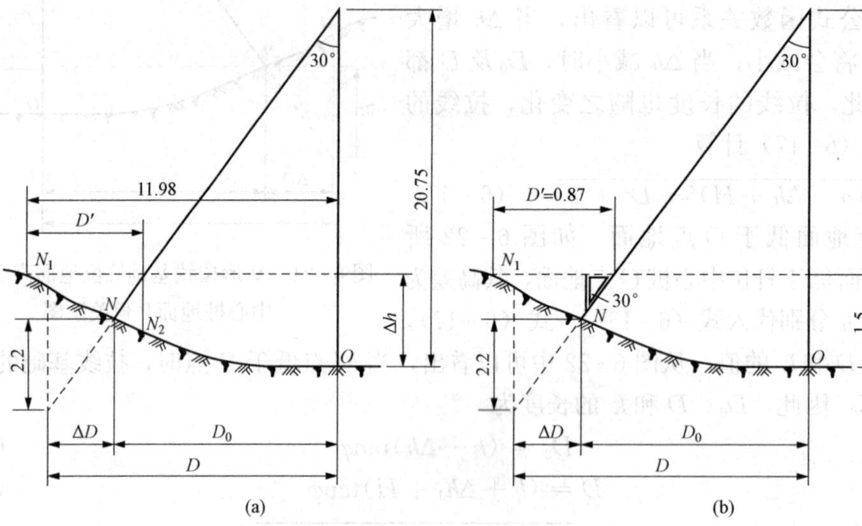


图 6-23 测量拉线坑位

(a) 试凑法；(b) 三角板法

**解** 如图 6-23 所示，拉线坑处在斜坡上侧，首先需确定 $N$ 点的位置。确定 $N$ 点有两种测法，下面结合本例介绍其施测方法。

a. 试凑法。将仪器安置于图 6-23（a）中的杆位中心桩 $O$ 点上，使望远镜瞄准顺线路中心线，由 $O$ 点向视线方向用尺量取平距 $D_1$，在地面测得一点 $N_1$，该点相当于平地的 $N$ 点。

$$D_1=h\tan\varphi=20.75\tan30^{\circ}=11.98(\mathrm{m})$$

测得 $N_1$ 点与 $O$ 点地面高差为 1.5m，即 $\Delta h=1.5\mathrm{m}$。由于存在高差，根据前述原理，$N$ 点应在 $N_1$ 向 $O$ 点移动 $D'$：

$$D'=\Delta h\tan\varphi=1.5\tan30^{\circ}=0.87(\mathrm{m})$$

自 $N_1$ 点向 $O$ 点方向上量取平距 0.87m，得 $N_2$ 地面点，则 $N_2$ 与 $O$ 点的实际平距为 $11.98-0.87=11.11(\mathrm{m})$。测得 $N_2$ 点与 $O$ 点地面高差为 0.3m，$D'=0.17\mathrm{m}$，则根据计算得 $N_2$ 与 $O$ 点的平距应为 $D_1-D'=11.98-0.17=11.81(\mathrm{m})$。实测数据与计算数据不符，说明 $N_2$ 点不是所求测的 $N$ 点。由以上平距数据可知，所求测的 $N$ 点一定在 $N_1\sim N_2$ 点的区间内。因此，自 $N_2$ 向 $N_1$ 点方向逐点试凑，当试凑到某一点位的实测平距值与这点对 $O$ 点的计算值距相等时，表明该点即为所求测的 $N$ 点。

设测得某点时，实测得该点至 $O$ 点的平距为 11.69m，与 $O$ 点地面的高差 $\Delta h=0.5\mathrm{m}$，则 $D'=0.29\mathrm{m}$，得这点到 $O$ 点的计算平距 $D_0=11.98-0.29=11.69(\mathrm{m})$。两者相符，所以，

该点就是所求测的 $N$ 点。

在实际测量中，一般只需试凑 3～4 次即可确定求测点的位置，这就是施测中最常用的试凑法。

当 $N$ 点位置确定后，拉线坑口放样方法可参照前述的平坦地形的测量方法进行分坑。采用试凑法测量拉线坑，不但适用于 $N$ 点高于杆位中心桩 $O$ 点地面的情况，同样也适用于 $N$ 点低于 $O$ 点地面的情况，而且还适用于 $M$ 点低于 $O$ 点的地形。用试凑法确定求测的 $N$（或 $M$）点时，只需满足实测点至 $O$ 点的实测平距值等于该点于平地时对 $O$ 点的 $D_0$（或 $D$）值与相应的高差位移位值 $D'$ 之和，即可确定所求测的 $N$（或 $M$）点的位置。

b. 三角板法。三角板法是另一种确定拉线坑的 $N$（或 $M$）点位置的方法。下面仍以［案例 4］为例，介绍其施测方法。

首先预制作一块一个角度 $\varphi=30°$ 的直角三角板，$\varphi$ 是 V 形拉线杆轴线平面与拉线平面间的夹角。

如图 6-23（b）所示，将仪器安置在杆位中心桩 $O$ 点上，望远镜瞄准顺线路中心线，在视线方向上，用尺量取平距 $D_1=11.98\text{m}$，测得 $N_1$ 点和该点与 $O$ 点的地面高差。设 $\Delta h$ 为 1.5m，计算得 $D'$ 为 0.87m，将尺子自 $N_1$ 点沿 $O$ 点方向拉紧拉平，并使零刻划线对准 $N_1$ 点，将三角板非 $\varphi$ 角的锐角顶点对准尺上的 0.87m 刻划线，且使其直角边与尺子重合，则三角板斜边的延长线与地面的交点即为 $N$ 点。为了避免错误，在测得 $N$ 点之后，仍需测 $N$ 点与 $O$ 点的高差和平距进行复核检查。

4）V 形拉线长度计算。上述拉线 $L$ 全长包括连接金具、钢绞线及拉线棒等长度之和。其中钢绞线因地形的变化，其长度可增长或缩短，其余金具和铁件按设计要求配置。所以，在实际工程中最需要的是计算出钢绞线的下料长度。同时，为了钢绞线在受力的情况下不至于从连接线夹中滑出，在钢绞线与线夹连接的两端各增加一个回头绑扎长度，其长度一般由设计图纸明确。因此，在计算出拉线 $L$ 之后，应减去连接金具和拉线棒等固定长度，再加上两端钢绞线的回头绑扎长度，这才是钢绞线的下料实长。

**［案例 5］**　［案例 4］中，若知 $a=3.5\text{m}$，试计算一根拉线的全长及钢绞线的下料长度。

**解**　图 6-23 中的 $N$ 点地面高于 $O$ 点地面，得

$$L=\sqrt{(h-\Delta h+H)^2+D^2+a^2}$$

$$=\sqrt{(20.75-0.5+2.2)^2+(11.69+2.2\tan 30°)^2+3.5^2}=\sqrt{684.22}=26.16(\text{m})$$

设连接金具、拉线棒等长度为 3.20m，钢绞线回头长度每端 0.35m，则钢绞线的下料长度为

$$L_G=26.16-3.20+0.35\times 2=23.66(\text{m})$$

拉线与基础铁件连接一般在基础上面，那么钢绞线的下料长度还要减去连接点至坑底的斜长。

(2) X 形拉线基础坑位测量和拉线长度计算。

1）X 形拉线基坑位测量。图 6-24 为 X 形拉线的正面图和平面布置图。图 6-24（a）中 $h$ 为拉线悬挂点至地面的垂直高度，$\varphi$ 为拉线与杆轴线垂线间的夹角，$a$ 为拉线悬挂点与杆轴交点至杆中心的水平距离，$H$ 为拉线坑深度；图 6-24（b）中，$\beta$ 为拉线与横担轴线在水平方向的夹角，$O_1$、$O_2$ 两点为拉线与横担轴线的交点，$D$ 为拉线坑中心与 $O_1$、$O_2$ 间的水平距离，$O$ 为拉线杆位中心桩标记。

图 6-25 为平坦地形 X 形拉线中的一根拉线的纵剖视图，其中，$D_0$为拉线悬挂点 $O_1$至拉线与地面交点 $N$（拉线出土或称马槽口）的水平距离，$\Delta D$ 为 $N$ 点到拉线坑中心 $M$ 点的水平距离，$D$ 为 $O_1$点到拉线坑中心 $M$ 点（$D_0+\Delta D$）的水平距离，$M$ 点为拉线坑中心 $P$ 在地面上的位置，$L$ 为一根拉线的全长。

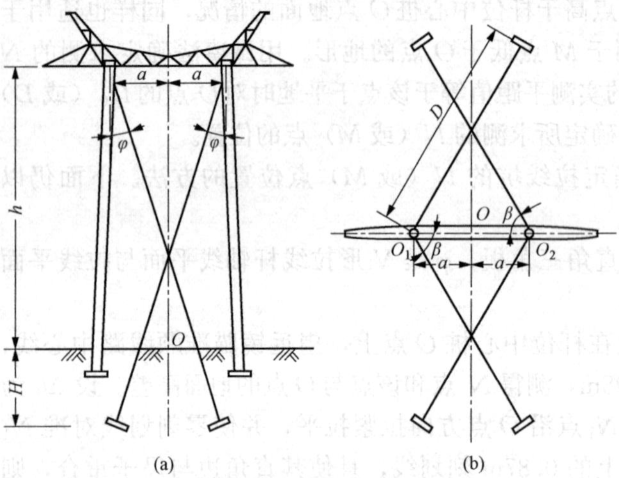


图 6-24　直线杆 X 形拉线图

(a) 正面图；(b) 平面布置图

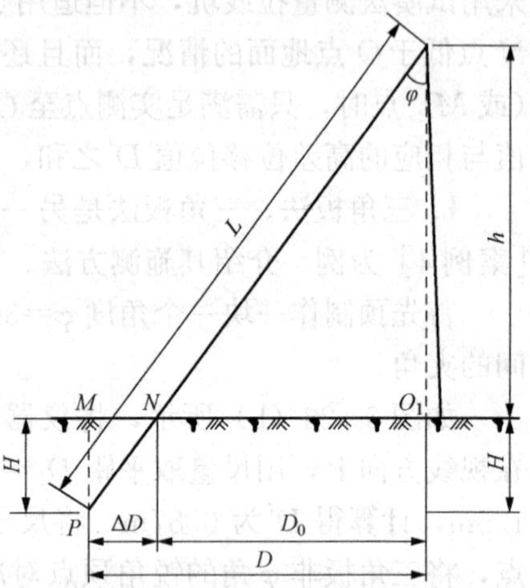


图 6-25　平坦地形 X 形拉线中的一根拉线的纵剖视图

如图 6-25 所示，设 $O_1$、$N$ 和 $M$ 三点位于同一水平线上，则由几何原理得出如下关系：

$$D_0 = h\tan\varphi \tag{6-21}$$

$$\Delta D = H\tan\varphi \tag{6-22}$$

$$D = D_0 + \Delta D = (h+H)\tan\varphi \tag{6-23}$$

由图 6-24（b）可以看出，X 形拉线布置在横担的两侧，且每一侧各有两个拉线坑，呈对称分布，每根拉线与横担的夹角均为 $\beta$。因此，其分坑测量在具体操作方法上与 V 形拉线的分坑测量有所不同。

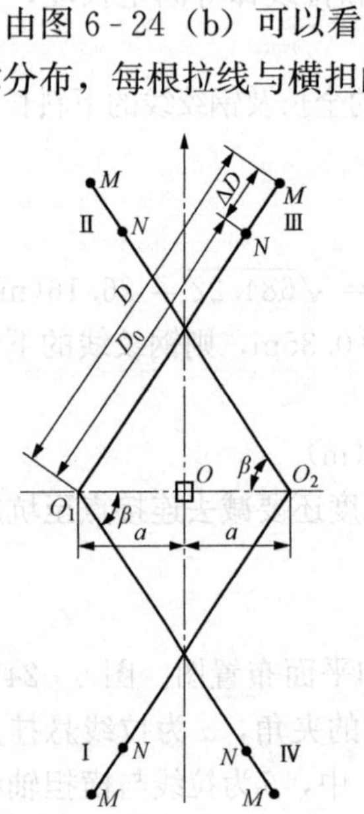


图 6-26　X 形拉线垂直投影图

如图 6-26 所示，设四个拉线坑中心地面位置都与杆位中心桩处地面等高。

拉线基础坑分坑测量方法如下：

a. 将仪器安置于图 6-26 所示的杆位中心桩 $O$ 点上，用望远镜瞄准顺线路方向直线桩，然后水平转动望远镜使视线处于横线路方向。采用正、倒镜在视线方向上用钢卷尺量取 $OO_1=OO_2=a$，确定 $O_1$、$O_2$ 两点的地面位置，并且钉桩作标志。

b. 将仪器移至 $O_1$点安置，使望远镜瞄准横线路方向辅助桩，同时将水平度盘读数置零。然后使望远镜顺时针水平转动 $\beta$ 角度，在视线方向上用尺量取计算所得 $D_0$、$D$ 距离值，由此得 $N$ 点和 $M$ 点。其后按前述 V 形拉线基坑的放样方法进行测量，即可完成图 6-26 中的Ⅳ号拉线基坑的测量。

再使望远镜逆时针水平方向旋转 $2\beta$ 角度，按同样方法可完成Ⅲ号拉线的分坑测量。

c. 将仪器移至 $O_2$ 桩上安置，参考步骤 b，即可完成图 6-26 中的Ⅰ、Ⅱ号拉线坑位的测量。

注意：为防止 X 形两根拉线在交叉处相互摩擦而使钢绞线磨损，仪器在 $O_1$ 或 $O_2$ 其中一个桩位测量拉线坑位时，一般将 $\varphi$ 角值增大或缩小 1°左右，使Ⅲ、Ⅳ或Ⅰ、Ⅱ拉线坑位的 $N$ 点到 $O_1$ 或 $O_2$ 点的水平距离 $D_0$ 加长或缩短一段小距离，一般 0.3m 左右即可。

2）X 形拉线长度计算。当 X 形拉线坑位的 $N$（或 $M$）点地面与杆位中心桩地面存在正、负高差时，其拉线测量方法与 V 形拉线基坑有地形高差情况时的测量方法相同。拉线长度的计算也按如下三种情况确定。

a. 在平地 $N$ 点与 $O_1$ 点同在一水平面上，如图 6-25 所示，设 $h=20.75\text{m}$，$H=2.2\text{m}$，$\varphi=30°$，则拉线全长为

$$L=\frac{h+H}{\cos\varphi}=\frac{20.75+2.2}{\cos 30°}=26.50(\text{m})$$

b. 在坡地 $N$ 点高于 $O_1$ 点，如图 6-27 所示，设高差 $\Delta h=1.5\text{m}$，则拉线全长为

$$L=\frac{h-\Delta h+H}{\cos\varphi}=\frac{20.75-1.5+2.2}{\cos 30°}=24.77(\text{m})$$

c. 在坡地 $N$（或 $M$）点低于 $O_1$ 点，如图 6-28 所示，设高差 $\Delta h_1=1.5\text{m}$，则拉线全长为

$$L=\frac{h+\Delta h_1+H}{\cos\varphi}=\frac{20.75+1.5+2.2}{\cos 30°}=28.23(\text{m})$$

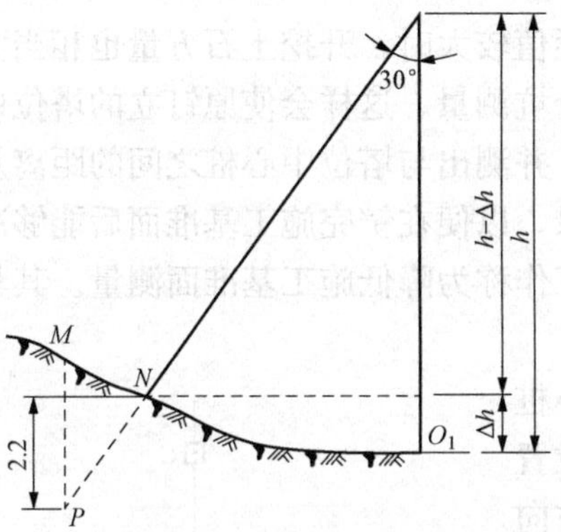


图 6-27　拉线基坑中心高于杆位中心桩地面

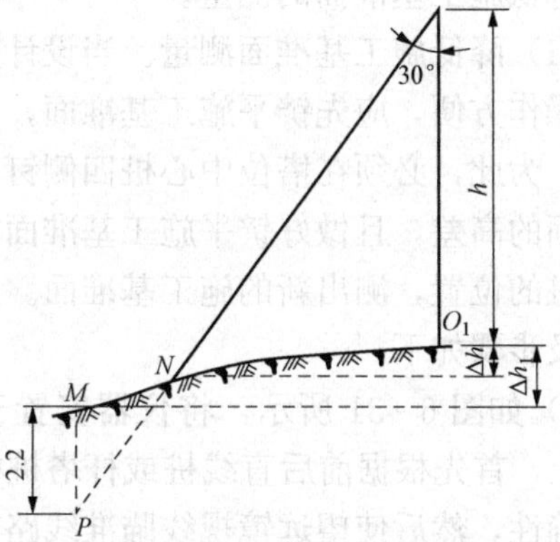


图 6-28　拉线坑中心低于杆位中心桩地面

4. 施工基准面的测定

杆塔、拉线基础分坑测量完毕后，接下来的工序就是进行基坑土方开挖。土方开挖平面尺寸由分坑测量确定，开挖深度则以设计图纸给定的杆塔中心桩基面标高为基准，进行深度的计算。杆塔基础地面为施工基准面，简称施工基面，如图 6-29 所示。

图 6-29　基础施工基准面

一般来说，同塔各基坑地面之间并不是水平的，它们之间存在高差。为了确定每个

基坑从地表面起应挖的实际深度，就必须测出各基坑地面的高差值。为了控制和检查基坑开挖的深度，就必须在各坑口位置测定一个基准。当各个基础坑都在一个较平坦的地面上时，可以使用同一个基准标高；如果各坑位高差较大，坑口又较宽，每个坑的四个桩位也高低不平，一般选择较低的坑位桩作为基准。这样，才能检验出坑深是否符合设计要求。

图 6-29 中杆塔桩基面与施工基准面之间的高差 $K$ 称为基础施工基面值。杆塔桩地面垂直降低一段 $K$ 值距离，称为降低施工基面，如图 6-29 所示；若杆塔桩地面垂直上升一段 $K_1$ 值距离，称为升高施工基面，如图 6-30 所示。

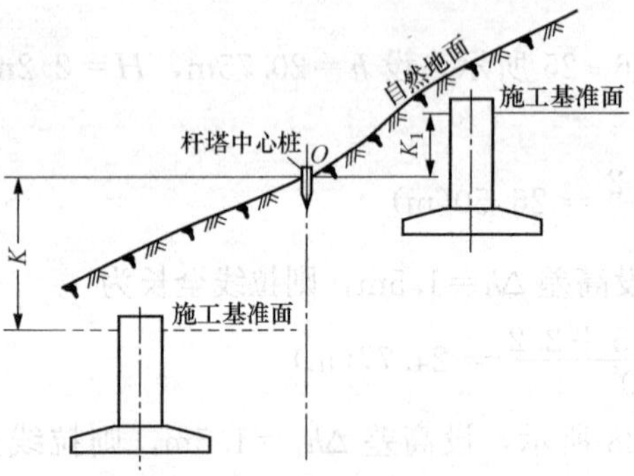


图 6-30 基础的不等高施工基准面

杆塔处于大坡度地面，设计时为了减少土石方开挖量，往往采用图 6-30 不等高塔腿的铁塔。这类铁塔基础一般有高低两个施工基准面，也有多个施工基准面的。例如，500kV 线路中的铁塔，由于铁塔根开大，在位于山地陡坡时，因土石方开挖困难，往往采用两个以上施工基准面，如图 6-30 所示，自塔位中心桩 $O$ 点地面起，在 $O$ 点之上短腿基础施工基准面的值 $K_1$ 为正，在 $O$ 点之下长腿基础施工基准面的值 $K$ 为负。$K$ 为正值，直接参考杆塔中心桩进行施工基准面测定；$K$ 为负值，在施工基准面测定时，可能会使原钉立的塔位中心桩被挖掉。以下将主要介绍降低施工基准面的测量。

（1）降低施工基准面测量。当设计施工基准面值较大时，开挖土石方量也相当大，为了施工操作方便，应先铲平施工基准面，然后进行分坑测量。这样会使原钉立的塔位中心桩被挖掉，为此，必须在塔位中心桩四侧钉出辅助桩，并测出与塔位中心桩之间的距离及与施工基准面的高差，且做好铲平施工基准面的移桩记录，以便在铲完施工基准面后能够准确恢复塔位桩的位置，测出新的施工基准面。这项测量工作称为降低施工基准面测量。其具体施测方法及步骤如下：

1）如图 6-31 所示，将仪器安置于塔位中心桩 $O$ 点上，首先根据前后直线桩或杆塔桩检查该桩位置的准确性，然后使望远镜视线瞄准线路前、后视方向的直线桩（杆塔桩），用正、倒镜在前、后视线方向上钉立 $A$、$B$ 辅助桩；再将望远镜水平旋转 90°，在线路垂直方向的正、倒镜视线上钉立 $C$、$D$ 辅助桩。如因地形、地物等障碍物不能在四侧钉立辅助桩，可在同侧钉立两个桩。各辅助桩钉立应距塔位中心桩稍远些，以防土石方开挖时被埋没或碰动。各辅助桩至塔位中心桩的距离要用钢卷尺丈量或用电子测距，并做好记录。

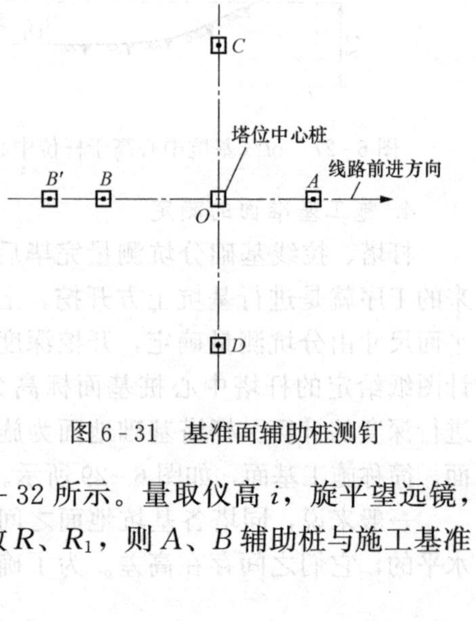


图 6-31 基准面辅助桩测钉

2）测量辅助桩与施工基准面之间的高差，如图 6-32 所示。量取仪高 $i$，旋平望远镜，指挥司尺员将尺子逐点立在各辅助桩上，读取尺上读数 $R$、$R_1$，则 $A$、$B$ 辅助桩与施工基准面的高差 $N$、$N_1$ 分别为

$$N = i + K - R \quad (6-24)$$

$$N_1 = i + K - R_1 \quad (6-25)$$

3）当新的施工基准面铲除施工完毕后，即恢复塔位中心桩的原位置，将仪器安置在图6-31中的辅助桩A点上，使望远镜瞄准辅助桩B点，沿视线方向按A桩与塔位中心桩O点的水平距离钉立新塔位桩，并在桩端顶面画一条与视线重合的直线。然后将仪器移至辅助桩C点安置，瞄准辅助桩D点，在望远镜视线与新塔位桩顶面的直线相交点钉立小铁钉，该点即为降低基准面后的塔位中心桩O点。

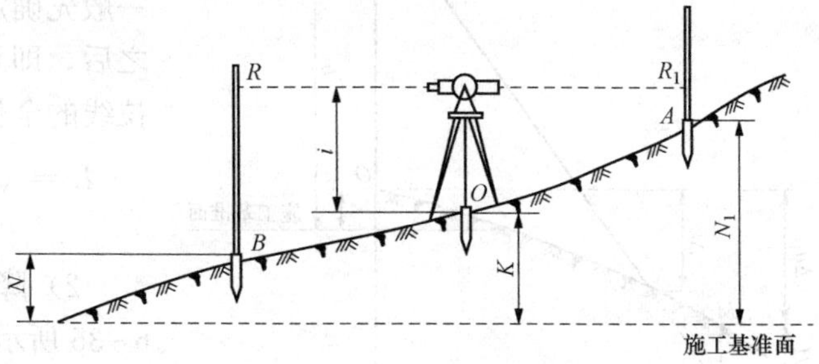


图6-32　施工基准面与辅助桩高差测量

4）当塔位中心桩恢复之后，即可按前述铁塔基础的分坑方法进行分坑测量。基础的埋深自恢复后（新）的塔位中心桩地面起始计算。

（2）降低施工基准面的拉线坑测量。杆塔处需降低施工基准面时，往往施工基准面尚未铲除时就测定拉线坑。实际施工过程中，对于一些较小的施工基面，并不是将它铲除后再进行基础施工，有时甚至不需要铲除。遇到这种情况，将如何正确测量拉线坑基础呢？下面以V形和X形拉线为例，分述其施测方法。

1）降低基准面的V形拉线坑测量。

a. N点高于O点，如图6-33所示。

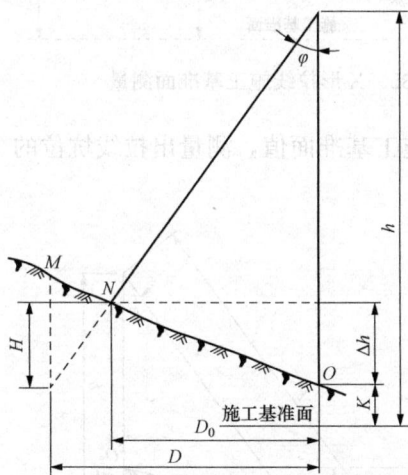

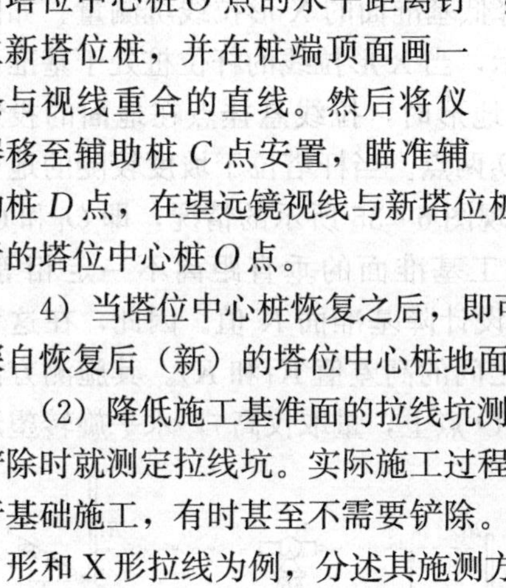


图6-33　N点高于O点降低基准面的V形拉线坑测量

N点地面高于杆位桩O点地面，其高差为$\Delta h$，施工基准面值为K，$\varphi$为拉线与杆轴线垂线间的夹角。此时相当于拉线的悬挂高度h降低了一个降基准面K值。由图6-33的几何关系可知，当仪器安置于O点时，测量拉线坑的水平距离值为

$$D_0 = (h - K - \Delta h)\tan\varphi \quad (6-26)$$

$$D = (h - K - \Delta h + H)\tan\varphi \quad (6-27)$$

则拉线全长为

$$L = \sqrt{(h - K - \Delta h + H)^2 + D^2 + a^2} \quad (6-28)$$

式中：a为拉线悬挂点与杆轴交点至杆中心线的水平距离。

当N点或M点位置确定之后，拉线坑口的放样测量方法与前文介绍的方法相同。

b. N点低于O点，如图6-34所示。

M点及N点均低于杆位桩O点地面，其高差分别为$-\Delta h_1$和$-\Delta h$。将仪器安置于O点位置测量拉线坑位时，由图6-34的几何关系可知，拉线坑的水平距离值为

$$D = (h - K + \Delta h_1 + H)\tan\varphi \quad (6-29)$$

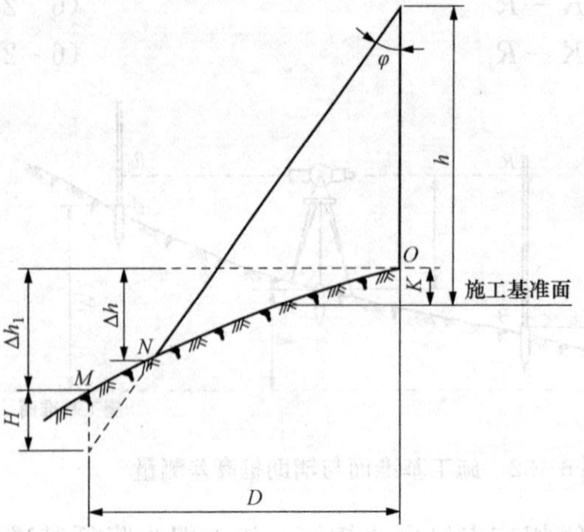


图 6-34　N点低于O点降低基准面的V形拉线坑测量

当测量山坡下侧的拉线坑位时，即$M$点低于$N$点地面，为了拉线坑深符合设计要求，一般先确定$M$点的地面位置。$M$点位置确定之后，即可按前述方法进行分坑放样测量。拉线的全长按下式计算：

$$L=\sqrt{(h-K+\Delta h_1+H)^2+D^2+a^2} \tag{6-30}$$

2）降低基准面的X形拉线坑测量。如图6-35所示，当X形拉线的杆位桩处于基准面有变化的地形时，拉线悬挂点在地面的投影为$O_1$和$O_2$两点。当杆塔位于坡度较陡的地方时往往出现图6-35所示的情况，即$O_1$和$O_2$两点到施工基准面的垂直距离不一定相等，同时又有设计降基准面$K$值。因此，在这种情况下需先分别测量出$O_1$和$O_2$两点与杆塔施工基准面之间的高差值$K_1$和$K_2$。其施测方法是将仪器安置于图6-35中尚未铲除施工基准面$K$值的$O$点上，量取仪高$i$，水平旋转望远镜，分别读取$O_1$和$O_2$尺上的读数$R_1$和$R_2$，则$O_1$、$O_2$两点到杆位施工基准面的高差分别为

$$K_1=i+K-R_1 \tag{6-31}$$

$$K_2=i+K-R_2 \tag{6-32}$$

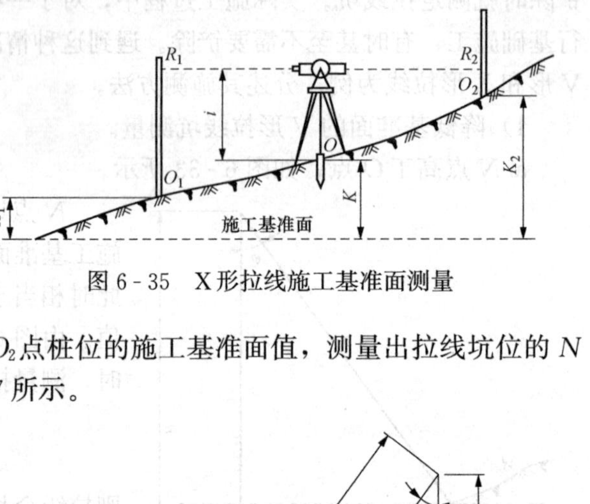


图 6-35　X形拉线施工基准面测量

测出$K_1$和$K_2$后，将仪器先后安置于$O_1$和$O_2$点上测设$N$点，其施测方法与测降低基准面V形拉线坑时测$N$点的测法相同。将$K_1$和$K_2$值分别当作$O_1$和$O_2$点桩位的施工基准面值，测量出拉线坑位的$N$（或$M$）点地面位置，如图6-36和图6-37所示。

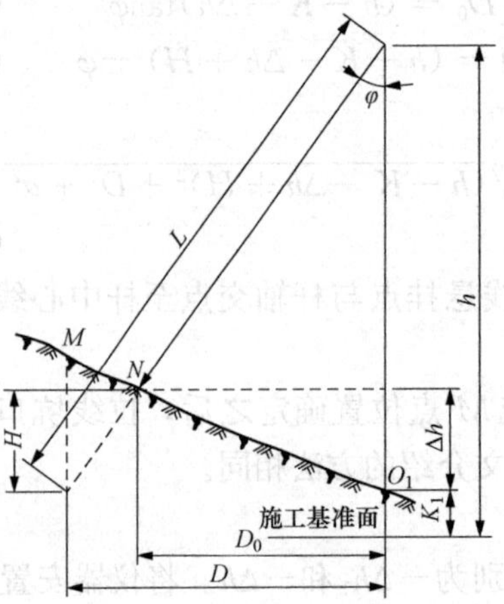


图 6-36　N点高于O点降低基准面的X形拉线坑测量

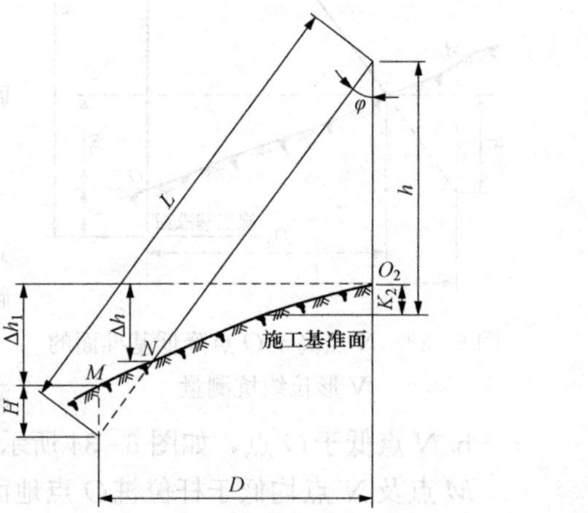


图 6-37　N点低于O点降低基准面的X形拉线坑测量

a. 当 $N$ 点高于 $O_1$ 点时，如图 6 - 36 所示，则

$$D=(h-\Delta h-K_1+H)\tan\varphi \tag{6-33}$$

b. 当 $N$ 点低于 $O_2$ 点时，如图 6 - 37 所示，则

$$D=(h+\Delta h_1-K_2+H)\tan\varphi \tag{6-34}$$

c. 拉线全长为

$$L=\frac{h\pm\Delta h-K+H}{\cos\varphi} \tag{6-35}$$

5. 实训练习

（1）选择一平地，假定某线路方向，在线路方向上选择任一点作为直线单杆基础中心桩 $O$ 点。已知基础宽度 $D=3\text{m}$，深度 $H=6\text{m}$，土质为砂质黏土。请在平地上完成此直线单杆基础的分坑测量工作。

（2）选择一平地，假定某线路方向，在线路方向上选择任一点作为双杆基础中心桩 $O$ 点。已知基础坑口放样尺寸 $a=4\text{m}$，根开 $x=8\text{m}$。请在平地上完成此双杆基础的分坑测量工作。

（3）选择一平地，假定某线路方向，在线路方向上选择任一点作为正方形基础（等根开等坑口）中心桩 $O$ 点。已知基础坑口放样尺寸 $a=3\text{m}$，根开 $x=8\text{m}$。请在平地上完成此正方形基础的分坑测量工作。

（4）选择一平地，假定某线路方向，在线路方向上选择任一点作为不等根开不等坑口宽度基础中心桩 $O$ 点，如图 6 - 38 所示。已知 $a=4\text{m}$、$b=2\text{m}$，$x_1=3\text{m}$、$x_2=4\text{m}$，$y_1=6\text{m}$、$y_2=8\text{m}$。请在平地上完成此不等根开不等坑口宽度基础的分坑测量工作。

（5）选择一平地，假定某线路前进方向，$\alpha=35°$，在前进线路方向上选择任一点作为有位移转角杆塔基础中心桩 $O$ 点，如图 6 - 39 所示。已知 $a=4\text{m}$、$b=2\text{m}$，$x_1=3\text{m}$、$x_2=4\text{m}$，$y_1=6\text{m}$、$y_2=8\text{m}$。请在平地上完成此有位移转角杆塔基础的分坑测量工作。

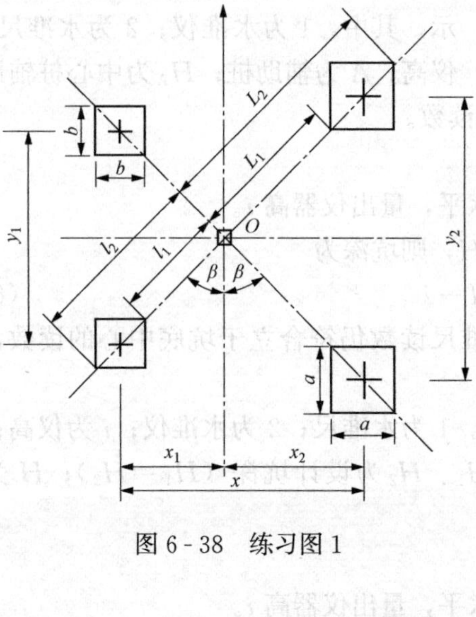

图 6 - 38　练习图 1

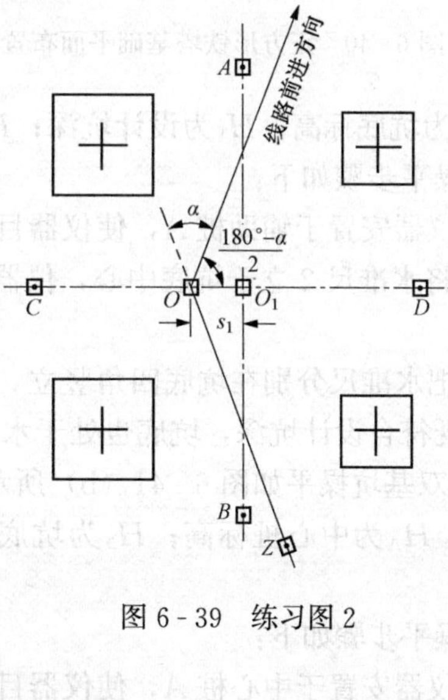

图 6 - 39　练习图 2

## 6.2 基础坑的操平找正

根据分坑、施工基准面数据进行杆塔、拉线基础坑开挖之后，要对基础坑深度进行测

量检查（即基础操平工作），对基础坑中心、坑口及坑底尺寸进行测量复核（即基础找正工作），确保基础坑各数据满足设计图纸要求，然后才能进行下一步基础施工工作。基础坑的操平找正工作是基础施工的质量控制关键点，也是整个输电线路施工测量的重要环节。

基础按与杆塔的连接形式不同分为有地脚螺栓基础、无地脚螺栓基础、插入式基础。无论哪种类型的基础，基础坑的操平找正工作都必须使其基础根开尺寸、基础对角线、坑口尺寸、坑深尺寸符合设计图纸要求。

1. 基础坑操平找正基本方法

（1）基础坑找正。如图 6-40 所示，以正方形铁塔基础平面布置图为例，1～4 点表示基础坑坑口顶角点位置，1′～4′点表示基础坑坑底顶角点位置。

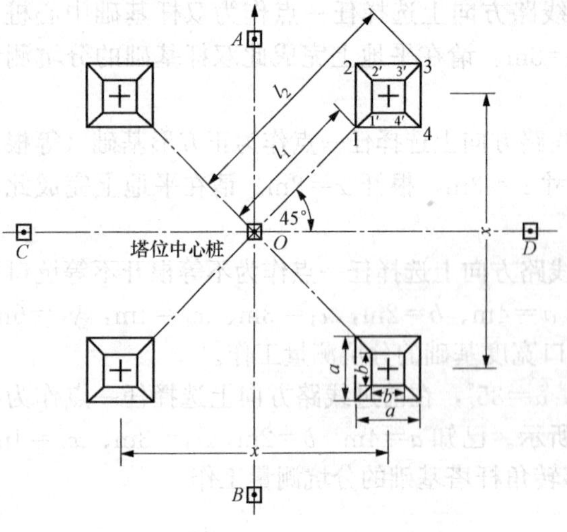

图 6-40 正方形铁塔基础平面布置图

基础坑方位及坑口、坑底宽度检查，指检查基础坑开挖成形后的基础坑是否是一个由坑口和坑底组成的平截倒立锥体，坑口和坑底相应对角线是否与正方形基础的对角线一致。检查方法是：将仪器安置于塔位中心桩 $O$ 点上，按分坑时的方法测出 45°，量出坑口 $l_1$、$l_2$ 的实际距离是否与原分坑时的数据相同，$O_{1'}$ 及 $O_{3'}$ 的距离是否分别为 $\sqrt{2}/2(x\pm b)$，坑口和坑底的边长 $a$ 和 $b$ 是否与原分坑时的数据相同。

（2）基础坑操平。

1）单基础坑操平如图 6-41（a）所示。其中，1 为水准仪；2 为水准尺；$i$ 为仪高；$A$ 为辅助桩；$H_A$ 为中心桩辅助桩标高；$H_0$ 为坑底标高；$H_1$ 为设计坑深；$H$ 为仪器读数。

其操平步骤如下：

a. 仪器安置于辅助桩 $A$，使仪器目镜置于水平，量出仪器高 $i$。

b. 将水准尺 2 立于坑底中心，仪器测出高 $H$，则坑深为

$$H_1 = H - i \tag{6-36}$$

c. 把水准尺分别在坑底四角竖立，如果水准尺读数仍符合立于坑底中心的读数，说明基础坑既符合设计坑深，坑底也处于水平位置。

2）双基坑操平如图 6-41（b）所示。其中，1 为水准尺；2 为水准仪；$i$ 为仪高；$A$ 为中心桩；$H_A$ 为中心桩标高；$H_0$ 为坑底标高；$H_1$、$H_2$ 为设计坑深（$H_1 = H_2$）；$H$ 为仪器读数。

其操平步骤如下：

a. 仪器安置于中心桩 $A$，使仪器目镜置于水平，量出仪器高 $i$。

b. 将水准尺 1 分别立于两坑坑底中心，仪器测出高 $H$。两坑的 $H$ 值应相等，两坑深为

$$H_1 = H_2 = H - i \tag{6-37}$$

c. 把水准尺分别在坑底四角竖立，如果水准尺读数仍符合立于坑底中心的读数 $H$，说

明两基础坑已平，且符合设计的标高。

其中，杆塔基础坑深的允许偏差为－50～＋100mm，拉线基础坑深不允许有负偏差。对于现浇混凝土基础有垫层者，未浇灌垫层前第一次坑底操平，浇灌垫层后应第二次再操平；对于转角、终端塔的基础坑操平，应根据设计预偏值要求，将外角侧坑深增大（其增后值为内角侧坑深＋预偏值）。

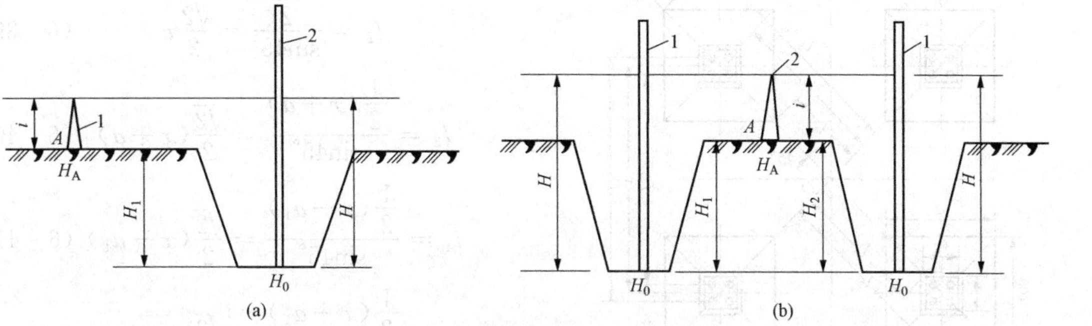


图6-41　单、双基础坑操平

(a) 单基础坑操平；(b) 双基础坑操平

2. 等高塔腿基础坑操平找正

(1) 混凝土电杆基础底盘找正。

1) 单杆底盘找正。单杆底盘找正布置图如图6-42所示。其也要用分坑时辅助桩$A$、$B$，在$AB$线间按分坑时记录数字$l_A$、$l_B$量得坑位中心桩$C$点，在$C$点上吊一垂球，调整底盘十字线中点和垂球尖中点，则底盘找正完毕。根据需要可再测底盘操平。

2) 双杆底盘找正。双杆底盘找正布置图如图6-43所示。校验底盘中心位置是否在双杆分坑的坑位中心上，校验方法如下：

a. 将底盘划好十字线，并确定交点为中心点。

b. 利用分坑时所钉的辅助桩$A$、$B$，在$A$、$B$间拉一条细铁丝或细线绳，它应经过中心桩$O$点。

c. 自中心桩$O$点分别沿$A$、$B$方向量取$D/2$（$D$为双杆间根开）得$E$、$F$两点。

d. 自$E$、$F$两点分别悬一垂球，移动底盘，直到使底盘中心与垂球尖端重合为止。

e. 底盘找正后，再进行底盘操平，其方法和基础坑操平相似，若有误差再进行调整，直到两底盘找正并居于同一深度为止。

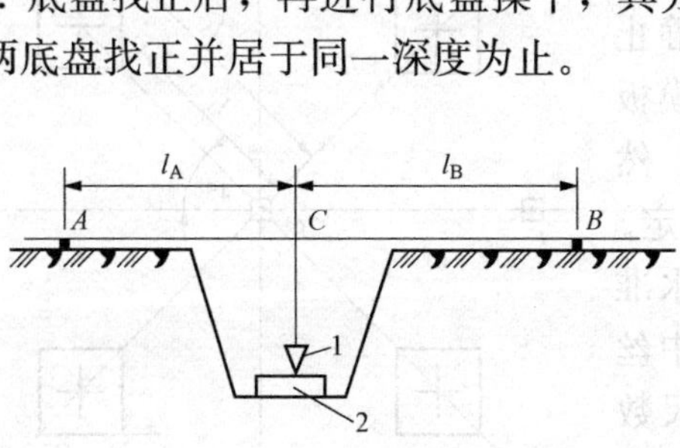


图6-42　单杆底盘找正布置图

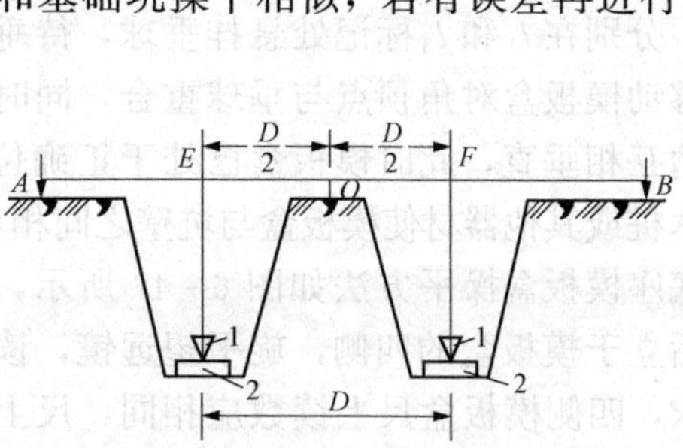


图6-43　双杆底盘找正布置图

(2) 正方形塔现场浇制地脚螺栓基础。正方形塔现场浇制地脚螺栓基础在输电线路工程中比较常用，现以图6-44为例，介绍现浇基础的操平找正方法。

从图 6-44 中可以查得有关基础各项设计参数，通过这些数据可以计算出下列施工所需参数

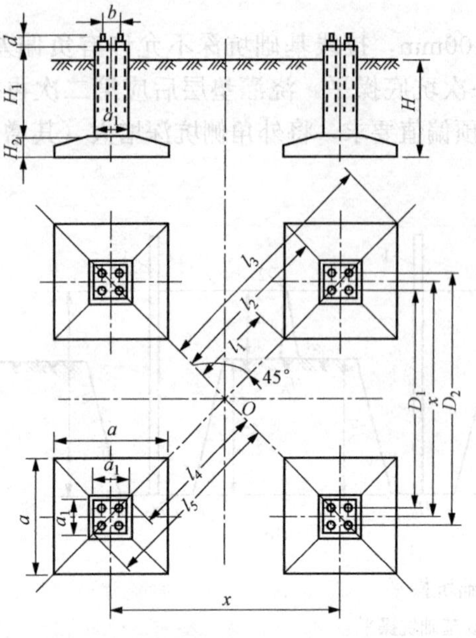

图 6-44　正方形塔现场浇制地脚螺栓基础

$$l_1=\frac{\frac{1}{2}(x-a)}{\sin 45^\circ}=\frac{\sqrt{2}}{2}(x-a) \quad (6-38)$$

$$l_2=\frac{\frac{x}{2}}{\sin 45^\circ}=\frac{\sqrt{2}}{2}x \quad (6-39)$$

$$l_3=\frac{\frac{1}{2}(x+a)}{\sin 45^\circ}=\frac{\sqrt{2}}{2}(x+a) \quad (6-40)$$

$$l_4=\frac{\frac{1}{2}(x-a_1)}{\sin 45^\circ}=\frac{\sqrt{2}}{2}(x-a_1) \quad (6-41)$$

$$l_5=\frac{\frac{1}{2}(x+a_1)}{\sin 45^\circ}=\frac{\sqrt{2}}{2}(x+a_1) \quad (6-42)$$

式中：$a$ 为基础底座宽度；$a_1$ 为基础立柱宽度；$l_1$、$l_3$ 为塔位中心 $O$ 点至基础底座对角之间的水平距离；$l_2$ 为塔位中心 $O$ 点至基础中心之间的水平距离；$l_4$、$l_5$ 为塔位中心 $O$ 点至基础立柱对角之间的水平距离。

根据上述计算数据操平找正基础，其测量步骤如下：

a. 如图 6-45 所示，将仪器安置在塔位中心桩 $O$ 点上，准确地对中、整平之后，以顺线路方向辅助桩 $A$、$B$ 为前视点和后视点，并将水平度盘读数置零，测出线路中心线与基础对角线的夹角 45°，在正、倒镜的视线方向的基础中心对角线上钉立 $A'$ 和 $B'$ 控制桩；再使望远镜水平旋转 90°，依同法钉立 $C'$ 和 $D'$ 控制桩，使四个控制桩顶面与塔位中心桩顶面等高，并在桩顶上钉一小铁钉为中心标记，使其与塔位中心桩的小铁钉之间拉一细扎线或弦线，并拉紧拉平。自 $O$ 点起用钢卷尺在弦线上精确量取 $l_1$、$l_3$ 的长度，并在这两点的位置上做出标记。

b. 当基础底座模板在基础坑内按设计尺寸组合后，即可进行底座模板盒的操平找正，如图 6-46 所示，分别在 $l_1$ 和 $l_3$ 标记处悬挂垂球，待垂球静止时，移动模板盒对角顶点与垂球重合，同时使模板盒邻边互相垂直，此时模板盒已处于正确位置，然后用木桩或其他器材使模板盒与坑壁之间相对固定。

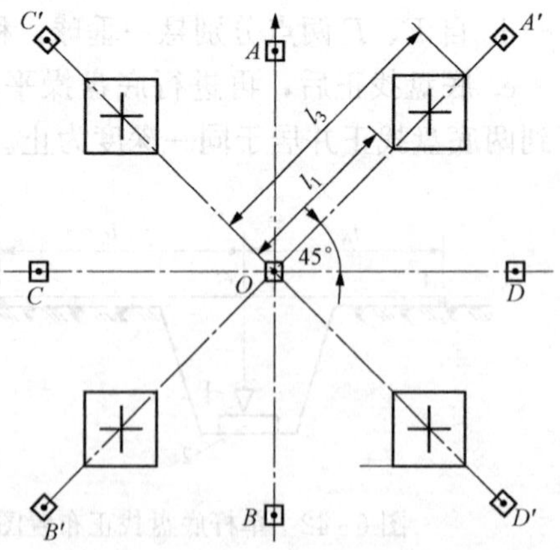

图 6-45　基础施工控制桩测量

底座模板盒操平方法如图 6-47 所示，将水准尺先后立于模板盒的四侧，旋平望远镜，读取中丝读数 $R$，四侧模板盒尺上读数应相同，尺上切尺数均为 $R=i+H-H_1$。其中 $i$ 为仪高，$H$ 为基础设计坑深，$H_1$ 为底座模板盒高度。当 $R$ 值与切尺数不等时，施仪人员应及时把调整高差的数值准确地告诉

坑内支模人员，并用斜块将模板盒垫平，使四侧读数相等；再将模板盒与坑壁之间支撑牢固，一个坑底模板盒操平之后，再操平其余各坑，使各坑底模板盒上的水准尺的切尺读数一致。

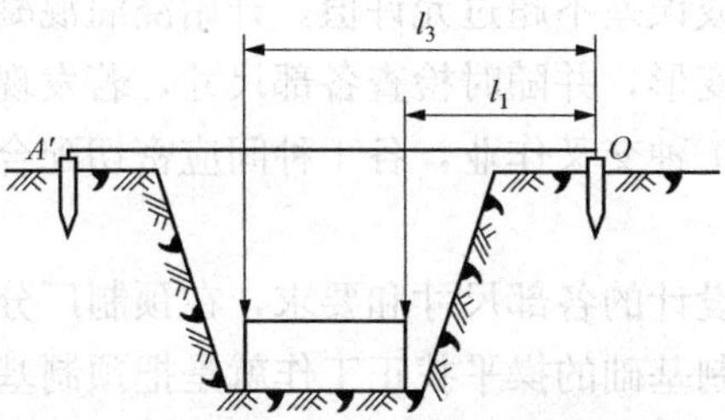

图 6-46　底座模板盒找正

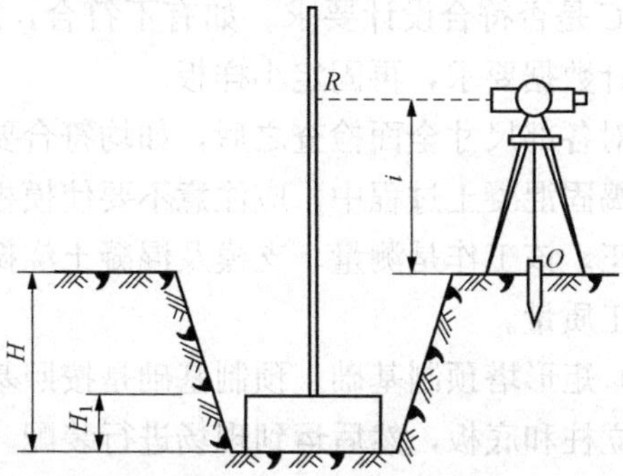

图 6-47　底座模板盒操平

c. 坑底模板盒操平找正后，将基础的立柱模板盒竖直地组装在底模板盒上。根据计算的 $l_4$、$l_5$ 的距离，依同样的方法，操平找正各立柱模板，并将其与坑壁支撑牢固。

d. 地脚螺栓操平找正。施工时通常采用小样板来操平找正地脚螺栓，小样板的形状和结构如图 6-48 所示。小样板由一块比立柱模板上口对角线稍长一点的钢板制成，宽度约 10cm（视地脚螺栓直径而定），其厚度一般为 3～4cm（钢样板厚度应为 3～4mm）。在样板上按地脚螺栓直径钻两个孔，孔间距离按地脚螺栓间距 $\sqrt{2}b/2$ 确定。在小样板上两对角线孔间绘制一条直线，并在两对角线孔的中点绘制一条垂直交线延伸到小样板边缘。将小样板放置于立柱模板顶面，如图 6-48（b）所示，地脚螺栓的上端穿过小样板的孔洞，使螺栓上端与基础顶面的距离符合设计 $d$ 值要求，然后拧上螺帽。

找正地脚螺栓时，如图 6-49 所示，将仪器安置于塔位中心桩 $O$ 点上，使望远镜瞄准基础对角线控制桩（如 $A'$ 桩），然后轻轻移动小样板，用钢卷尺精确地丈量塔位中心桩 $O$ 点至小样板上两直线交点（基础中心）间的距离 $l_2$，使 $l_2=\sqrt{2}x/2$。同时，还使小样板上的两地脚螺栓中心的连线和中点相交线与望远镜中的十字丝相重合，此时基础的操平找正施测工作完成。

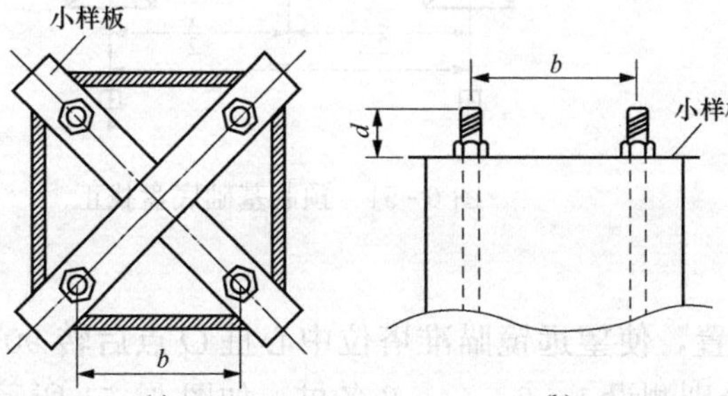

图 6-48　小样板的形状和结构

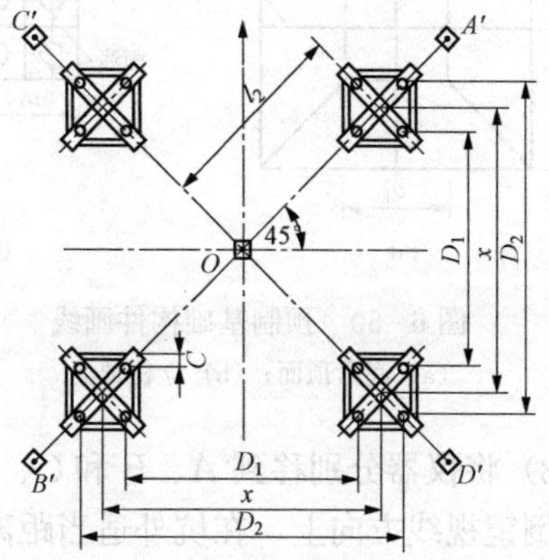

图 6-49　地脚螺栓找正

e. 其他几个基础也按上述方法进行操平找正，然后对整基塔的基础进行全面检查。首先检查基础根开 $x$ 的值、两基础地脚螺栓之间的距离 $D_1$ 和 $D_2$ 的值是否符合设计数据，其中点是否在顺线路或横线路方向上，即是否与望远镜的竖丝重合，以及地脚螺栓距模板内边缘的距离 $C$ 是否符合设计要求。如有不符合，应复查找出原因，调整小样板，直至各部尺寸符合设计数据要求，再固定小样板。

当对各部尺寸全面检查之后，如均符合要求或误差不超过允许值，开始浇灌混凝土。在浇灌和捣固混凝土过程中，应注意不要使模板盒变形，并随时检查各部尺寸，若发现误差应及时校正。该工作是测量、支模及混凝土浇捣多工种交叉作业，各工种间应密切配合，确保工程施工质量。

（3）矩形塔预制基础。预制基础是按照基础设计的各部尺寸和要求，在预制厂分别制作基础的立柱和底板，然后运到现场进行装配。预制基础的操平找正工作就是把预制基础安装到塔位的正确位置上。它的操平找正方法和浇制基础基本上相同，所不同的是：浇制基础是操平找正模板盒和地脚螺栓，而预制基础则是直接操平找正预制构件。下面以矩形塔的预制基础为例，介绍其操平找正方法，步骤如下：

1）预制基础构件组装前，分别在底座和立柱顶面过其中心绘制两条互相垂直的直线，作为基础找正的标记，如图 6-50 所示。

2）将仪器安置在塔位中心桩 $O$ 点，如图 6-51 所示，使望远镜瞄准顺线路方向辅助桩，同时将水平度盘置零。在正、倒镜视线方向上，分别测设 $A$、$B$ 点两个控制桩，使塔位中心桩与两桩距离等于半根开，即 $OA=OB=y/2$；再将望远镜水平旋转 90°，依同法钉立横线路方向半根开控制桩 $C$、$D$ 点，且 $OC=OD=x/2$。

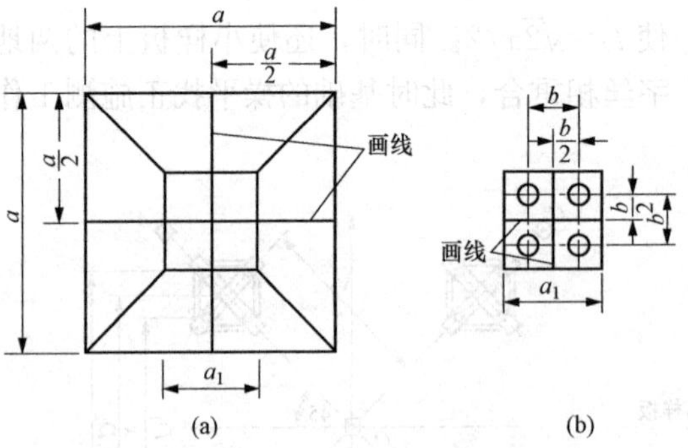


图 6-50　预制基础构件画线

（a）底盘顶面；（b）立柱顶面

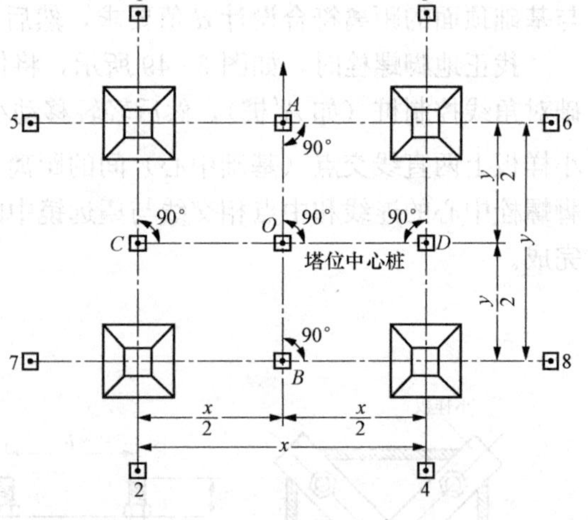


图 6-51　预制基础底盘找正

3）将仪器分别移到 $A$、$B$ 和 $C$、$D$ 安置，使望远镜瞄准塔位中心桩 $O$ 点后转 90°，在正、倒镜视线方向上，在坑外适当距离处分别测设 1、2、…、8 各桩，如图 6-51 所示，要求各桩顶面位于同一水平面上，并在桩顶面钉上小钉。若各桩间地形高低不平，应挖地槽，以便放线和量距。

4）待基础底座吊入基坑后，将1～8桩上的小钉用弦线扎上纵横交叉的平直线，所扎的弦线都在同一水平面上，各弦线的交点就是基础中心的地面位置。然后在每坑的弦线交点处悬挂一垂球，并在距交点任一侧接近基础底座边缘处悬挂另一垂球，将两垂球放到坑下接近底盘表面。当垂球静止时，坑内人员拨动底座，使底座上所画的直线与两垂球尖重合，且底座的中心与弦线交点悬挂的垂球尖对准，这样基础底座即可处于正确位置。再按前述方法在底座四侧立水准尺操平底座。如发现不平，用锤子轻轻敲击高侧或垫实低侧。由于操平底座对找正互有影响，因此须经多次检查，才能使基础底座处于正确位置的平整状态。依上法操平找正其余底座，必须使各基础底座都处于正确的位置和同一水平面上。

5）基础底座操平找正之后，进行基础立柱的吊装。在吊装的同时检查立柱是否垂直于底座，然后用找正基础底座的方法找正立柱。

6）四个基础的底座和立柱分别操平找正之后，再检查整基基础的根开 $x$、$y$ 的值，以及相邻地脚螺栓之间的距离是否符合设计数据，实测根开的中点是否与塔位中心桩上仪器的纵、横线路方向的视线重合。

7）从理论上来说，以上各数据完全与设计和施工数据相符合，那么整基基础就位于正确位置了。但是，实际上由于预制基础构件加工一般比较粗糙，尺子量距的松紧程度也有不同，以及操作中有误差等原因，往往需多次检查和调整才能完成。最后还需测出各立柱顶面高差值并做好记录。

8）基础完全操平找正后，就可以进行回填工作。在回填土过程中，随时检查各部尺寸，如发现误差应立即校正。最后对各部尺寸做一次全面检查，以确保施工质量。

（4）塔脚插入式基础。塔脚插入式基础如图6-52所示，它把铁塔的第一段主材（塔腿角钢）浇制在基础混凝土中。由于铁塔主材一直伸入基础底盘，并进行结构锚固，因此基础立柱部分不配置钢筋。塔脚材料不能直接安放在坑底地下，而是安放在按设计规格预制的混凝土垫块（也有设计为角钢桩，这里以混凝土垫块为例），并与基础混凝土浇制在一起。当混凝土达到一定设计强度时，拆除模板，将基坑回填土并经分层夯实后，再在第一段塔体上组装其余各段塔材。

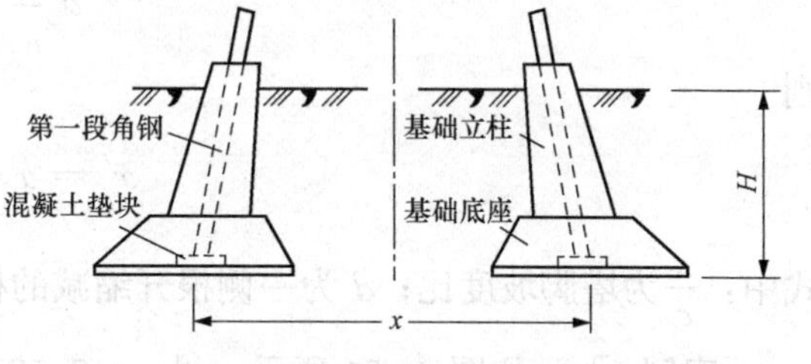

图6-52　塔脚插入式基础

塔脚插入式基础的操平找正方法和步骤如下：

1）将仪器安置在塔位中心桩 $O$ 点上，首先检查基础坑分坑数据，然后操平找正每个基础坑中的预制混凝土垫块，并在垫块上画垂直平分线标记。垫块找正后，用砂浆固定，以免移动。

2）为了便于塔脚操平找正，要对塔脚第一段进行标记，印记如图6-53所示。该印记是在塔材加工时按设计部位在塔材上打一行冲印，专为操平找正和量塔脚根开而设置的。从塔脚原印记处量根开不方便拉尺，各塔脚要由原印记向上引出等距确定新印记，如图6-54所示。

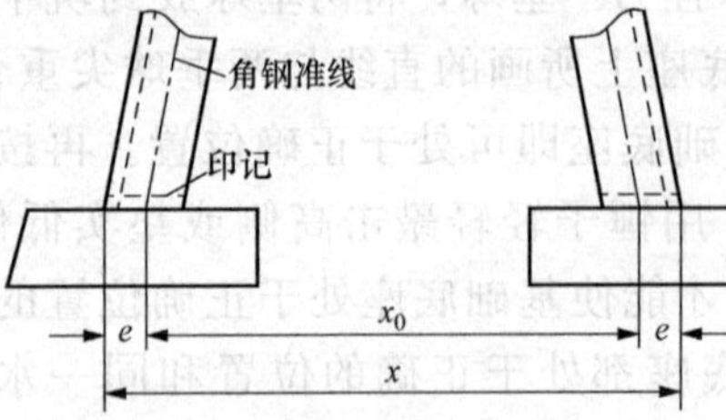


图 6-53 插入式主材的印记和根开

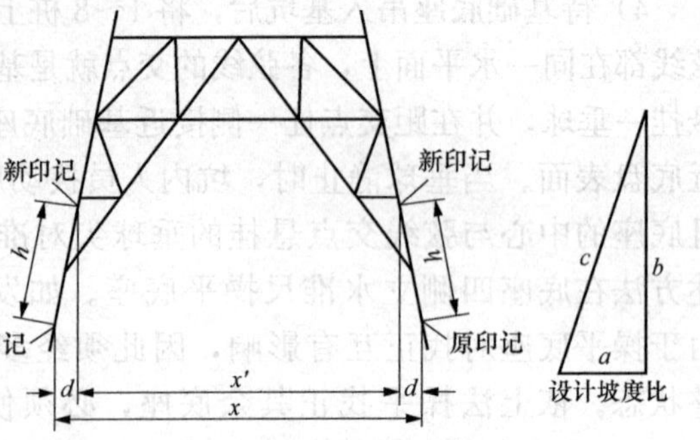


图 6-54 第一段插入式铁塔新印记和根开

3）相关数据计算：如图 6-53 所示，设计根开是两塔脚主材准线间的水平距离 $x_0$，而施工中的施工根开是为量距方便而采用两塔脚主材背棱线间的距离 $x$，则

$$x = x_0 + 2e \tag{6-43}$$

式中：$e$ 为准线到角钢背棱线之间的宽度。

如图 6-54 所示，新印记的塔脚根开计算公式如下：

$$x' = x - 2d \tag{6-44}$$

因为

$$\frac{a}{c} = \frac{d}{h} \tag{6-45}$$

其中

$$d = h\frac{a}{c}$$

则

$$x' = x - 2h\frac{a}{c} \tag{6-46}$$

式中：$\frac{a}{c}$ 为塔脚坡度比；$d$ 为一侧根开缩减的根开距离。

**[案例 6]** 如图 6-54 所示，设 $x=7.525\text{m}$，$h=1.1\text{m}$，$a=0.1083\text{m}$，$c=1.0\text{m}$，试计算新印记的根开值 $x'$。

**解**

$$x' = x - 2h\frac{a}{c} = 7.525 - 2\times 1.1\frac{0.1083}{1} = 7.287(\text{m})$$

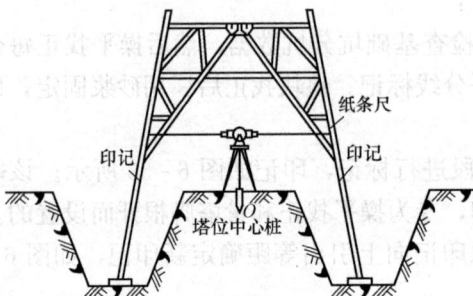

图 6-55 插入式铁塔操平

4）塔脚操平。如图 6-55 所示，将仪器安置在塔位中心桩 $O$ 点上。首先测出各塔脚的高差，以印记为准，要求四个塔脚应在同一水平面上。在望远镜水平视线方向的塔脚角钢内侧各贴一条长约 10cm，宽约 1.5cm，最小分划为毫米的纸条尺。使置平的望远镜中丝瞄准纸条尺上的读数，然后在塔脚主材底部垫镀锌斜铁块，使四个塔脚的中丝读数大致相同。

5）塔脚找正。如图 6-56 所示，将仪器安置在塔位中心桩上，经精确地对中、整平后，使望远镜瞄准顺线路方向辅助桩。拨动望远镜视线方向两侧塔脚，使其根开 $x'$ 符合设计数据，同时使其根开值的中点与望远镜的竖丝重合。倒转望远镜，依上述方法拨正后两侧塔脚根开。使望远镜水平旋转 90°，瞄准横线路方向辅助桩，依同法找正两个侧面。然后，用钢卷尺丈量塔脚内侧对角线的距离 $E$，若塔脚根开拨动正确，则两对角线的距离 $E$ 值相等，$E$ 理论值计算公式如下：

$$E=\sqrt{2}(x'-l) \tag{6-47}$$

式中：$l$ 为塔脚主材宽度。

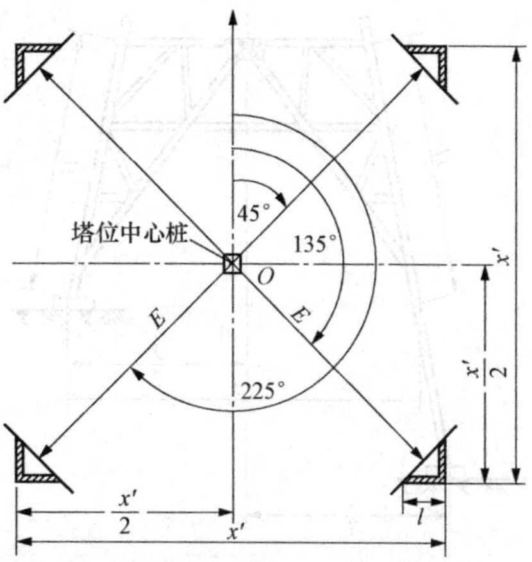


图 6-56　插入式铁塔找正

6）由于第一段塔体已组装成一个整体，因此，无论是拨正还是操平塔脚，都将影响与此侧相连一侧塔脚位置的变化。对于这一类基础操平拨正工作，须经过多次反复的操平和拨正，才能使塔脚各部尺寸和塔体高度平面完全符合设计要求。此后拧一次第一段塔体上的各部螺栓，为防止在登塔和紧固螺栓过程中影响各部尺寸的变化，最后还要对各部尺寸做一次全面复查。

3. 不等高塔腿基础操平找正

不等高塔腿有采用地脚螺栓的现浇基础和预制基础，也有塔脚插入式基础，它们的操平找正方法基本相同。本节仍以不等高塔腿插入式基础为例，介绍其操平找正方法。

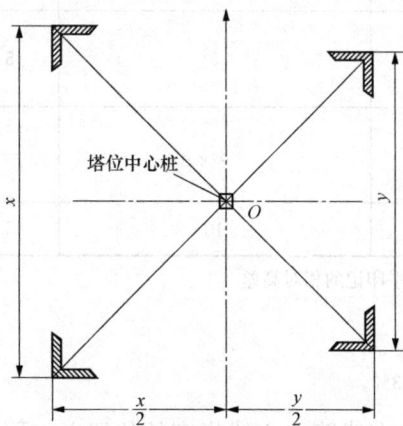

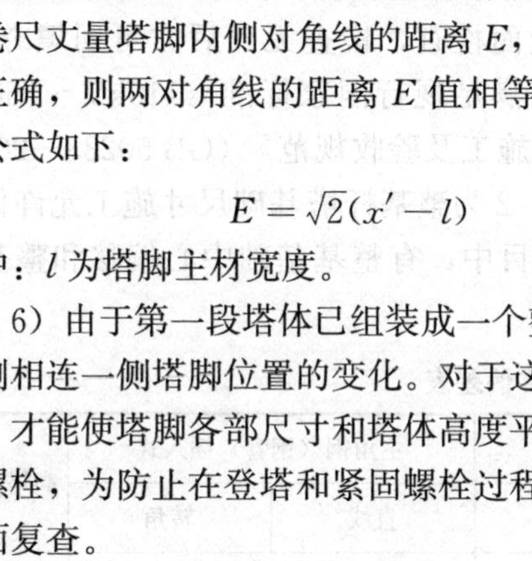


图 6-57　不等高塔腿插入式根开

不等高塔腿基础有其自身的特点：两对基础之间存在着一段高差，基础的大小也不相等，正面根开与侧面根开不等距。如图 6-57 所示，塔腿根开由四个数据确定，分别为长腿根开 $x$、短腿根开 $y$ 及 $x/2$、$y/2$。如果我们根据这些数据来施测，丈量根开时，必然要经多次变换数据，操作很不方便，而且容易在操作中产生误差。由图 6-57 中的数据可知，它的两个半根开与两侧面的半根开相等，如采用根开及半根开数据作为操平找正基础的依据，就可化繁为简。

图 6-58 是不等高塔第一段塔体结构，可以看出，尽管塔腿长短不等，可是它的坡度比都是相同的。铁塔的第一段上端水平材的螺栓互为对称并在同一水平面上。因此，我们可以沿短腿外侧背棱自印记起至第一段水平材螺孔中心量取距离长度 $H$，再从两长腿第一段水平材螺孔中心沿角钢外侧背棱向下各量取与 $H$ 等长距离，做一标记，则在这个标记处的四侧塔腿根开值一定相等，且等于短腿根开 $y$。这样我们即可根据短腿根开 $y$ 用等高塔腿的施测方法来进行不等高塔腿的操平找正测量。

在实际施测工作中，为了防止在量取 $H$ 长度过程中的误差，一般用一块直角三角板，使其一直角边平分与水平材连接的塔腿主材螺孔中心，另一直角边与角钢背棱线重合，画一

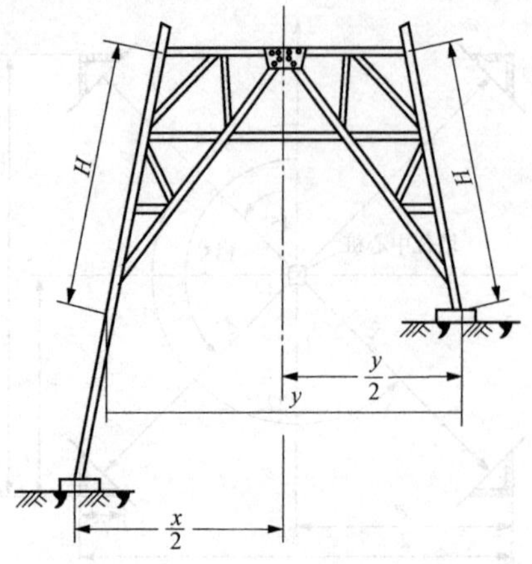


图 6-58 不等高塔第一段塔体结构

条横线与背棱线相交，并以此交点作为量距的起点，在四侧量取同样的长度 $H$，其值大小视方便丈量为度。

4. 基础复查

基础浇注完毕经过凝固期后拆模，这时须对基础的本体和整基基础的浇注质量、各部尺寸，以及整基基础中心与塔位中心桩、线路中心线的相对位置进行一次全面检查，检查无误后方可回填夯实。其质量标准应满足现行国家标准《110kV～750kV架空输电线路施工及验收规范》(GB 50233—2014)的要求，表 6-2 为整基杆塔基础尺寸施工允许偏差表。在检查项目中，有整基基础中心偏移和整基基础扭转两个项目，下面分别介绍这两项的检查方法。

**表 6-2 整基杆塔基础尺寸施工允许偏差表**

| 项目 | | 地脚螺栓式 | | 主角钢（钢管）插入式 | | 高塔基础 |
|---|---|---|---|---|---|---|
| | | 直线 | 转角 | 直线 | 转角 | |
| 整基基础中心与中心桩间的位移（mm） | 横线路方向 | 30 | 30 | 30 | 30 | 30 |
| | 顺线路方向 | | 30 | — | 30 | — |
| 基础根开及对角线尺寸（%） | | ±2 | | ±1 | | ±0.7 |
| 基础顶面或主角钢（钢管）操平印记间相对高差（mm） | | 5 | | 5 | | 5 |
| 插入式基础的主角钢（钢管）倾斜率 | | — | | 3% | | — |
| 整基基础扭转（′） | | 10 | | 10 | | 5 |

注 1. 转角塔基础的横线路是指内角平相对高差或插入式基础的操平印记的相对高差。
2. 高低腿基础顶面标高是与设计标高相比。
3. 高塔是指按大跨越设计，塔高在 100m 以上的铁塔。
4. 插入式基础的主角钢（钢管）倾斜率的允许偏差为设计值的 3%。

(1) 整基基础中心偏移检查。如果铁塔准确地组立在线路中心线指定的位置上，那么，整基基础中心与塔位中心正好相重合。如不重合，则出现整基基础中心偏移顺线路方向或横线路方向。直线塔基础、转角铁塔基础的位移检查方法相同，现以直线铁塔整基基础为例进行整基基础偏移检查，如图 6-59 所示。

直线塔整基基础偏移检查施测步骤如下：

1) 找出每个主柱上同组地脚螺栓的中心 $O_1$、$O_2$、$O_3$、$O_4$，以细线连接 $O_1$ 及 $O_3$，再连接 $O_2$ 及 $O_4$。

2) 两对角线的交点处吊一垂球在地面处定出 $O'$ 点，$O'$ 点即为整基基础的实测中心。

3) 塔位中心桩为 $O$，$A$、$B$ 为顺线路方向辅助桩，$C$、$D$ 为横线路方向辅助桩，用细线

连接 $BO$，用钢卷尺测量 $O'$ 至 $BO$ 连线的垂直距离 $O'B'$，该距离即为整基基础与中心桩间的横线路方向位移。

4）同理，用细线连接 $CO$，用钢卷尺测量点 $O'$ 至 $CO$ 连线的垂直距离，该距离即为整基基础与中心桩间的顺路线方向位移。

（2）整基基础扭转检查。整基基础在正常情况下，通过线路中心桩的顺线路方向和横线路方向应分别与基础的纵向和横向根开的中点相重合。如不重合，则说明整基基础存在扭转现象。现以正方形地脚螺栓基础为例进行整基基础扭转检查，其余基础扭转检查方法相同。正方形地脚螺栓基础扭转检查如图 6-60 所示，$a$、$b$、$c$、$d$ 分别为实测基础根开的中心。

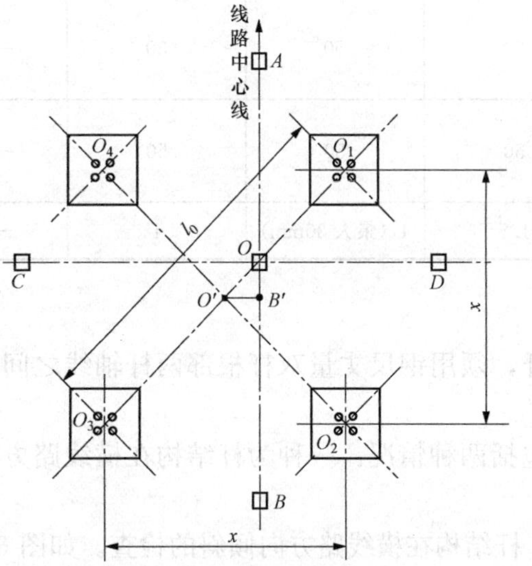


图 6-59　直线铁塔整基基础偏移检查

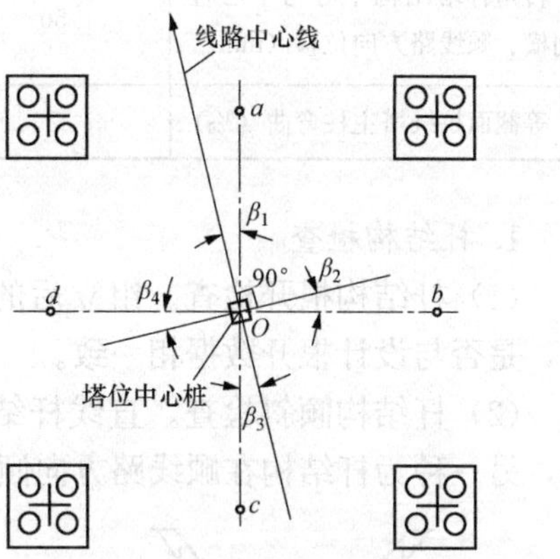


图 6-60　正方形地脚螺栓基础扭转检查

检查时，将仪器安置在塔位中心桩 $O$ 点上，使望远镜瞄准前视方向线路塔位桩或直线桩（检查转角塔基础时，应瞄准线路转角平分线），并将水平度盘读数调整到 0°位置（置零），观测此时望远镜视线方向竖丝是否与两侧的基础根开中心 $a$ 点重合。如不重合，则松开照准部的制动螺旋使望远镜瞄准 $a$ 点，测出 $\beta_1$ 扭转角。然后按顺时针方向水平旋转 90°，观测 $b$ 点是否与视线重合。如不重合，则测出角。依同法测出 $\beta_2$、$\beta_3$、$\beta_4$ 角。整基基础扭转角计算式为

$$\beta = 1/4(\beta_1 + \beta_2 + \beta_3 + \beta_4) \tag{6-48}$$

## 6.3　杆塔组装检查

杆塔组立完成后，为保证杆塔组立质量、本身结构质量，还要对杆塔结构的根开，杆塔结构面扭转，杆塔横担主柱连接处高差，杆塔结构倾斜，杆塔结构中心与中心桩横线路方向位移，转角杆塔结构中心与中心桩横、顺线路方向位移，相关数据等进行检查测量，具体要求如表 6-3 所示。其中杆塔横担主柱连接处高差、等截面拉线塔主柱弯曲可使用经纬仪直接进行测量，这里将主要针对杆塔结构根开、倾斜、扭转、位移检查测量进行介绍。

表 6-3 杆塔结构允许偏差表

| 偏差项目 | 110kV | 220～330kV | 500kV | 750kV | 高塔 |
|---|---|---|---|---|---|
| 杆塔结构根开 | ±30mm | ±5‰ | ±3‰ | ±2.5‰ | — |
| 杆塔结构面与横线路方向扭转 | 30mm | 1‰ | 4‰ | 4‰ | — |
| 双立柱杆塔横担在主柱连接处的高差（‰） | 5 | 3.5 | 2 | 2 | — |
| 悬垂杆塔结构倾斜（‰） | 3 | 3 | 3 | 3 | 1.5 |
| 悬垂杆塔结构中心与中心桩间横线路方向位移（mm） | 50 | 50 | 50 | 50 | — |
| 转角杆塔结构中心与中心桩间横、顺线路方向位移（mm） | 50 | 50 | 50 | 50 | — |
| 等截面拉线塔主柱弯曲（‰） | 2 | 1.5 | 1（最大 30mm） | 1 | — |

1. 杆结构检查

（1）杆结构根开检查。组立后的双杆根开，须用钢尺丈量双杆根部两杆轴线之间的距离，是否与设计根开数据相一致。

（2）杆结构倾斜检查。直线杆结构倾斜包括两种情况：一种为杆结构在横线路方向倾斜，另一种为杆结构在顺线路方向倾斜。

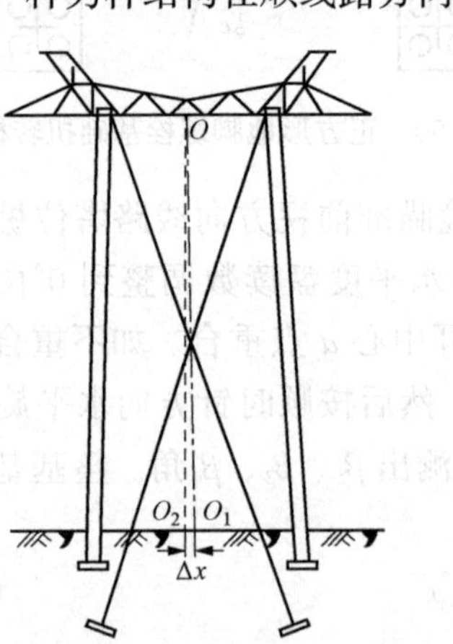


图 6-61 杆结构在横线路方向倾斜检查

1）杆结构在横线路方向倾斜的检查。如图 6-61 所示，将仪器安置在线路中心线的辅助桩上，使望远镜视线瞄准横担的中点 $O$，然后将望远镜俯视直线杆根部根开中点 $O_1$，如竖丝与 $O_1$ 重合，则表明杆结构在横线路方向上没有倾斜；如不重合，则表明有倾斜，视线偏于 $O_2$ 点，量出 $O_1$ 与 $O_2$ 间的水平距离 $\Delta x$，$\Delta x$ 即为杆结构在横线路方向上的倾斜值。

2）杆结构在顺线路方向倾斜的检查。如图 6-62 所示，将仪器安置在横线路方向的辅助桩 $C$ 点上，使望远镜视线瞄准平分横担处的杆身，然后使望远镜下旋俯视杆根，如视线平分杆根，则杆结构无顺线路方向倾斜；如视线不平分杆根，则说明有倾斜，视线偏于 $a$ 点，量取竖丝与杆根中线间的距离 $\Delta y$ 值，则 $\Delta y$ 值为杆结构在顺线路方向的倾斜值。

3）整基杆结构倾斜率计算公式为

$$\text{整基杆结构倾斜率} = \frac{\sqrt{\Delta x^2 + \Delta y^2}}{H} \times 1000‰ \tag{6-49}$$

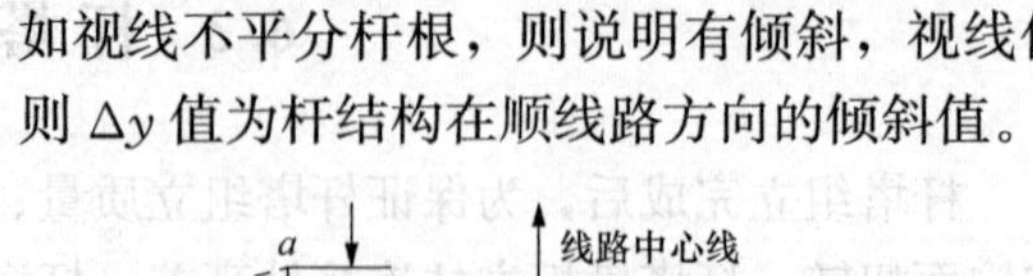


图 6-62 杆结构在顺线路方向倾斜检查

式中：$H$ 为直线杆呼称高，即杆塔最下层导线绝缘子串悬挂点到地面的垂直距离。

(3) 杆结构扭转检查。杆结构扭转是指在线路中心线垂直面内的扭转。当双杆组立后，两杆的轴线连线应通过杆位中心桩，并垂直于线路中心线。如不垂直，必然有一杆在前，另一杆在后，好比人走路一样，一脚在前一脚在后，所以俗称迈步。双杆结构扭转检查如图 6-63 所示。

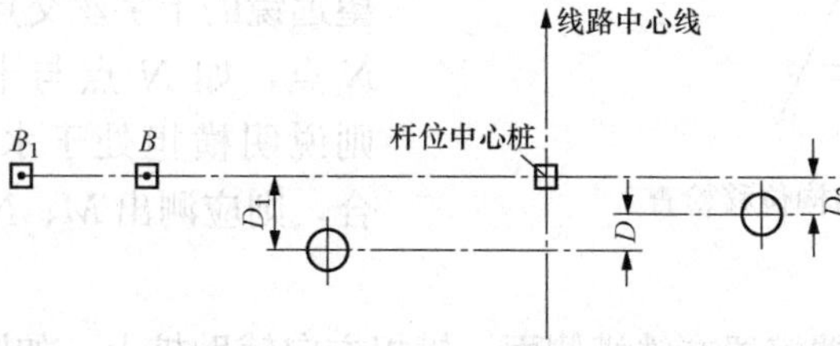


图 6-63　双杆结构扭转检查

双杆结构扭转检查步骤如下：将仪器安置在横线路方向辅助桩 $B_1$ 上，使望远镜瞄准 $B$ 辅助桩，然后使望远镜在竖直面旋转，观测杆根中心线是否与视线重合。如不重合，应量出望远镜竖丝与杆根中心线之间的距离 $D_1$；再将仪器移至另一侧辅助桩 $C_1$ 上安置，望远镜瞄准 $C$ 辅助桩，依同法观测并量取距离 $D_2$。当根开较大，它的半根开仪器能清晰观测时，可将仪器直接安置在杆位中心桩观测。杆结构在线路中心线垂直面内的扭转值 $D$ 为

$$D = |D_1 - D_2| \tag{6-50}$$

表 6-3 中，对大于 110kV 的线路要求测量迈步率，其值计算如下：

$$\text{迈步率} = \frac{|D_1 - D_2|}{\text{根开}} \times 1000‰ \tag{6-51}$$

(4) 杆结构位移检查。杆结构位移检查是指双杆结构中心与杆位中心桩间横线路方向位移的检查，如图 6-64 所示。

双杆结构位移检查步骤如下：将仪器安置在线路中心线辅助桩或直线桩上，使望远镜瞄准杆位中心桩 $O$ 点，如果望远镜竖丝不与双杆的实际根开的中点 $O_1$ 相重合，说明存在位移，应量出 $O$ 与 $O_1$ 间的水平距离 $\Delta x$。$\Delta x$ 即为双杆结构中心与杆位中心桩间横线路方向位移值。

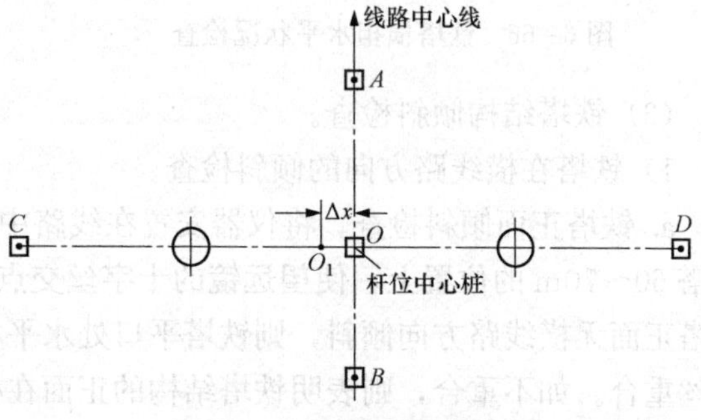


图 6-64　双杆结构位移检查

转角杆结构位移检查应分别在横、顺线路方向进行检查，如图 6-65 所示。图 6-65 中，中心桩为 $O$ 点，这里的中心桩是指转角杆设计规定位移后的中心桩，如果设计无位移，则转角桩即转角杆的中心桩。根据 $A$、$B$ 两杆的 1/2 根开找出结构中心 $O_1$，沿两杆连线上的 $O_1X_1$ 为横线路方向位移，沿两杆连线的垂直方向上的 $O_1Y_1$ 为顺线路方向位移。

2. 铁塔结构检查

铁塔结构检查的主要项目有横担水平状况、横担扭转和塔体结构倾斜三项内容。

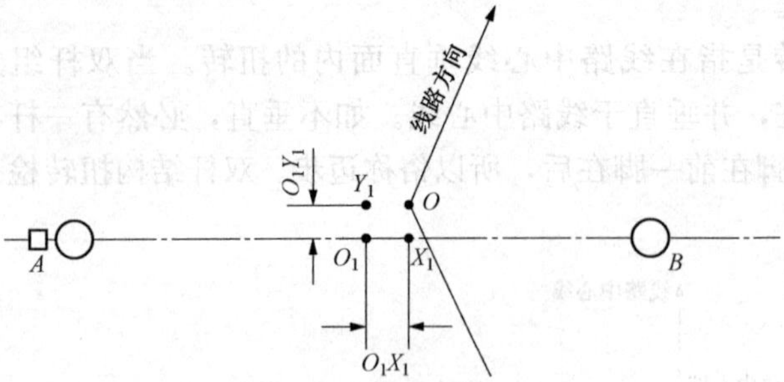


图 6-65 转角杆结构位移检查

（1）横担水平状况检查。将仪器安置在铁塔正面，距铁塔适当距离的线路中心线或转角平分线上，使望远镜的十字丝交点对准横担一端的 $M$ 点；然后仰角不变，转动照准部，使望远镜的十字丝交点对准横担另一端 $N$ 点，如 $N$ 点与十字丝交点重合，则说明横担处于水平状态；如不重合，则应测出 $M$、$N$ 两点的相对高差 $\Delta h$，如图 6-66 所示。

（2）横担扭转检查。将仪器安置在铁塔侧面，横担方向辅助桩上，如图 6-67 所示。使望远镜的十字丝交点对准横担一端中点 $M$，如另一端中点 $N$ 与十字丝交点重合，说明横担不扭转；如不重合，应量出其偏离距离 $d$。横担扭转值为

$$D=\frac{\sqrt{\Delta h^2+d^2}}{L} \tag{6-52}$$

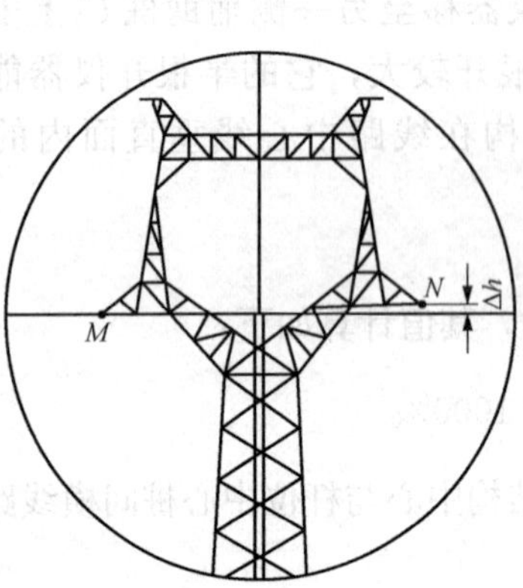


图 6-66 铁塔横担水平状况检查

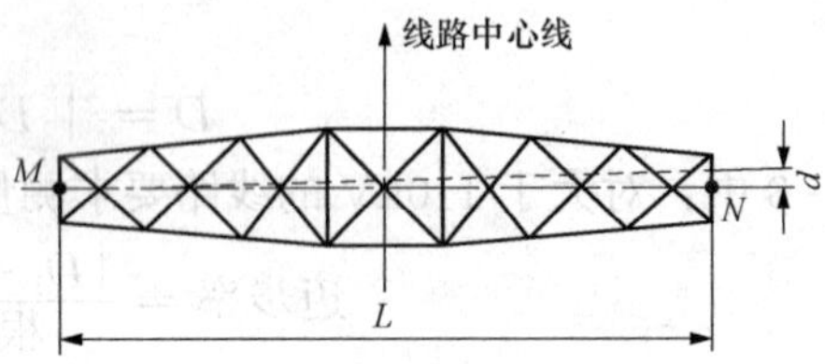


图 6-67 铁塔横担扭转检查

（3）铁塔结构倾斜检查。

1）铁塔在横线路方向的倾斜检查。

a. 铁塔正面倾斜检查。将仪器安置在线路中心线（转角塔安置在线路转角平分线），距铁塔 60～70m 的位置上，使望远镜的十字丝交点瞄准塔顶横担中点 $a$，如图 6-68 所示。如铁塔正面无横线路方向倾斜，则铁塔平口处水平材中点 $b$ 和接腿处水平材中点 $c$ 都与望远镜竖丝重合。如不重合，则表明铁塔结构的正面在横线路方向有倾斜。望远镜竖丝与 $c$ 点之间的距离 $\Delta x_1$ 即为铁塔结构正面在横线路方向的倾斜值，如图 6-69 所示。

b. 铁塔背面倾斜检查。将仪器移至铁塔背面线路中心线适当位置上安置，依上述同样观测方法，测出铁塔结构背面在横线路方向的倾斜值 $\Delta x_2$，如图 6-69 所示。

c. 铁塔本体结构在横线路方向的倾斜值计算。

当 $\Delta x_1$ 与 $\Delta x_2$ 在横线路方向不同侧时，倾斜值为

$$\Delta x=\frac{|\Delta x_1-\Delta x_2|}{2} \tag{6-53}$$

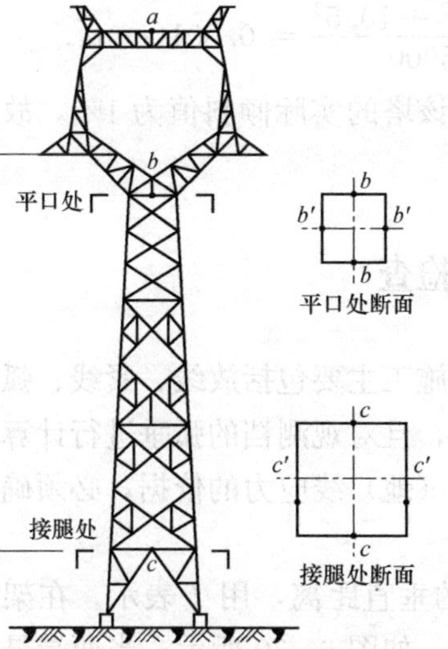


图 6-68 铁塔单线结构

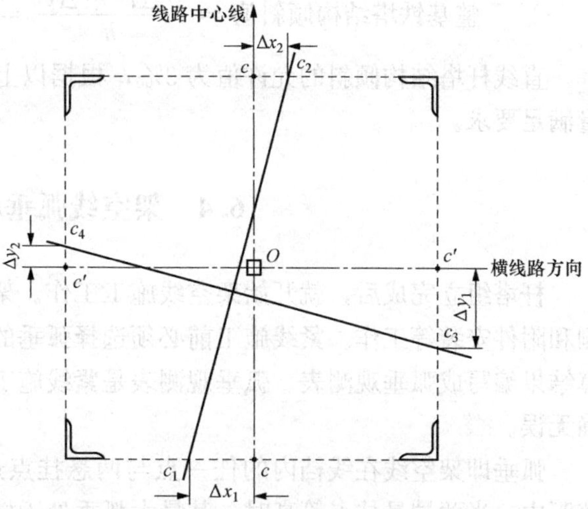


图 6-69 铁塔结构倾斜检查

当 $\Delta x_1$ 与 $\Delta x_2$ 在横线路方向同一侧时，倾斜值为

$$\Delta x = \frac{(\Delta x_1 + \Delta x_2)}{2} \tag{6-54}$$

2）铁塔在顺线路方向的倾斜检查。将仪器分别移至通过塔位中心桩的横线路方向上（转角塔在线路转角内角平分线方向上），在适当位置上安置，使望远镜的十字丝交点瞄准横担轴线的任一点，下旋望远镜视线，如与铁塔接腿处水平材中点 $c'$ 重合，则表明铁塔结构在顺线路方向无倾斜；如不重合，应分别量取铁塔两侧的 $c'$ 点与竖丝间的距离 $\Delta y_1$ 和 $\Delta y_2$，如图 6-69 所示。铁塔本体结构在顺线路方向的倾斜值如下。

当 $\Delta y_1$ 与 $\Delta y_2$ 在顺线路方向不同侧时，倾斜值为

$$\Delta y = \frac{|\Delta y_1 - \Delta y_2|}{2} \tag{6-55}$$

当 $\Delta y_1$ 与 $\Delta y_2$ 在顺线路方向同一侧时，倾斜值为

$$\Delta y = \frac{(\Delta y_1 + \Delta y_2)}{2} \tag{6-56}$$

3）整基铁塔结构倾斜率计算公式为

$$\text{整基铁塔结构倾斜值} = \frac{\sqrt{\Delta x^2 + \Delta y^2}}{h} \tag{6-57}$$

式中：$h$ 为铁塔横担中心至接腿中心的垂直距离。

**［案例 7］** 设某 110kV 线路直线塔倾斜检查，如图 6-69 所示，实测数据为 $\Delta x_1 = 45\text{mm}$，$\Delta x_2 = 20\text{mm}$，$\Delta y_1 = 36\text{mm}$，$\Delta y_2 = 15\text{mm}$，横担至接腿的垂直距离 $h = 15\text{m}$。试计算整基铁塔结构倾斜值。

**解** 各向倾斜均在顺、横线路的不同侧，得

$$\Delta x = \frac{|\Delta x_1 - \Delta x_2|}{2} = \frac{|45 - 20|}{2} = 12.5(\text{mm})$$

$$\Delta y = \frac{|\Delta y_1 - \Delta y_2|}{2} = \frac{|36 - 15|}{2} = 10.5(\text{mm})$$

$$整基铁塔结构倾斜值=\frac{\sqrt{\Delta x^2+\Delta y^2}}{h}=\frac{\sqrt{12.5^2+10.5^2}}{15000}=0.001(mm)$$

直线杆塔结构倾斜的允许值为3‰，根据以上计算，该塔的实际倾斜值为1‰，故其质量满足要求。

## 6.4 架空线弧垂观测及检查

杆塔组立完成后，就开始架空线施工工作。架线工程施工主要包括放线、紧线、弧垂观测和附件安装等工作。紧线施工前必须选择弧垂的观测档，且对观测档的弧垂进行计算，计算结果编写成弧垂观测表。弧垂观测表是紧线施工控制导（地）线应力的依据，必须确保准确无误。

弧垂即架空线在线档内的任一点与两悬挂点连线间的垂直距离，用 $f$ 表示。在架空线档距内，当两端悬挂点等高时，其最大弧垂处于档距中点，如图6-70所示；当两端悬挂点不等高时，两悬挂点高差为 $h$，其最大弧垂是指平行于两悬挂点连线的直线 $A_1B_1$ 与架空线相切的切点到悬挂点连线之间的铅垂距离，即平行四边形切点的弧垂，如图6-71所示。这个切点仍位于档距中央。所以，架空线最大弧垂也称中点弧垂，$f_1$ 和 $f_2$ 分别为其小平视弧垂和大平视弧垂。

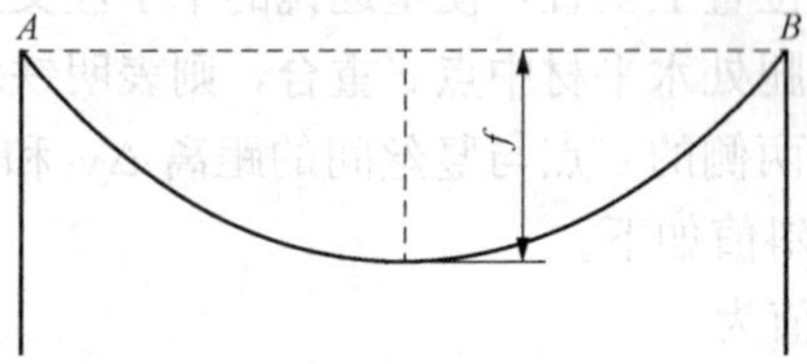


图6-70 悬挂点等高弧垂

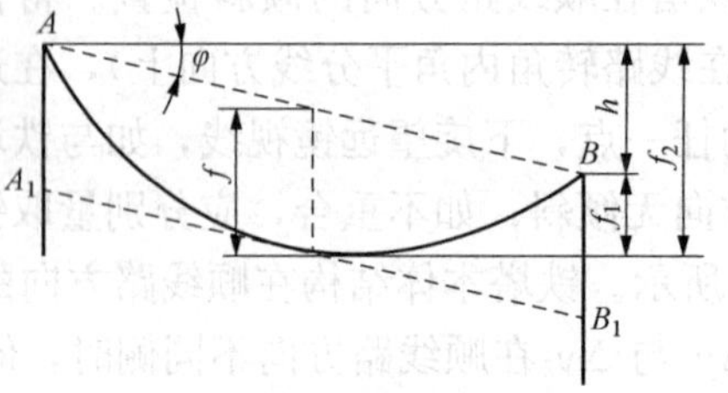


图6-71 悬挂点不等高弧垂

1. 弧垂观测档的选择

一条线路由若干个耐张段构成，每一个耐张段至少由一个档或多个档组成，仅一个档的耐张段称为孤立档；由多个档组成的耐张段称为连续档。孤立档按设计提供的安装弧垂数据观测该档即可；在连续档中，并不是每个档都进行弧垂观测，而是从一个耐张段中选择一个或几个观测档进行观测。为了使整个耐张段内各档的弧垂都达到平衡，应根据连续档的多少确定观测档的档数和位置。

(1) 对观测档的选择有下列要求：

1) 紧线段在5档及以下时应靠近中间选择一档。

2) 紧线段在6～12档时应靠近两端各选择一档。

3) 紧线段在12档以上时应靠近两端及中间各选3～4档。

4) 观测档宜选择档距较大和悬挂点高差较小及接近代表档距的线档。

5) 弧垂观测档的数量可以根据现场条件适当增加，但不得减少。

(2) 弧垂观测档的选择还应兼顾下列要求：

1) 观测档位置应分布比较均匀，相邻观测档间距不宜超过四个线档。

2）观测档应具有代表性。例如连续倾斜档的高处和低处、较高悬挂点的前后两侧、相邻紧线段的结合处、重要跨越物附近的线档应设观测档。

3）宜选择对邻近线档监测范围较大的塔号作为测站，不宜选邻近转角塔的线档作为观测档。

2. 观测档弧垂的计算

观测档的弧垂值 $f$ 是根据线路施工图中的塔位明细表，按观测档所在耐张段的代表档距和紧线时的气温查取线路安装弧垂曲线（图 6-72）中对应的弧垂值，根据观测档的档距等因素进行计算。在计算时，还须考虑观测档内有无耐张绝缘子串、悬挂点高差及观测点选择的位置等条件。

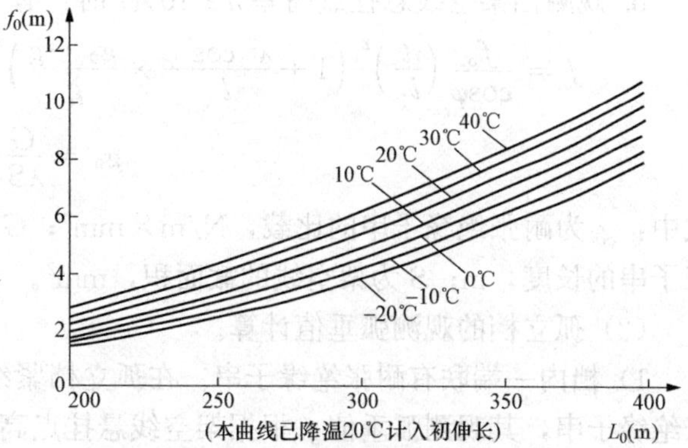


图 6-72　线路安装弧垂曲线

（1）连续档的观测弧垂值计算。

1）观测档内未联耐张绝缘子串。如图 6-71 所示，观测档观测弧垂值计算公式如下：

a. 观测档架空线悬挂点高差 $h<10\%l$ 时

$$f=\frac{l^2g}{8\sigma}=f_{\mathrm{p}}\left(\frac{l}{l_{\mathrm{p}}}\right)^2=f_0 \tag{6-58}$$

b. 观测档架空线悬挂点高差 $h\geqslant10\%l$ 时

$$f_\varphi=\frac{l^2g}{8\sigma\cos\varphi}=\frac{f_{\mathrm{p}}}{\cos\varphi}\left(\frac{l}{l_{\mathrm{p}}}\right)^2=f_0\left[1+\frac{1}{2}\left(\frac{h}{l}\right)^2\right] \tag{6-59}$$

$$\varphi=\arctan\frac{h}{l} \tag{6-60}$$

式中：$f$ 为观测档的观测弧垂（指平行四边形切点垂度），m；$f_0$ 为悬挂点高差 $h<10\%l$ 时，档距中点弧垂，m；$f_\varphi$ 为悬挂点高差 $h\geqslant10\%l$ 时，档距中点弧垂，m；$l_{\mathrm{p}}$ 为耐张段架空线代表档距，m；$f_{\mathrm{p}}$ 为对应于代表档距的架空线弧垂，m；$\varphi$ 为观测档架空线悬挂点的高差角；$l$ 为观测档架空线的档距，m；$\sigma$ 为架空线的水平应力，N/mm²；$g$ 为架空线的比载，N/m×mm²。

2）观测档内一端联耐张绝缘子串。观测档内架空线一端联有耐张绝缘子串，如图 6-73 所示。

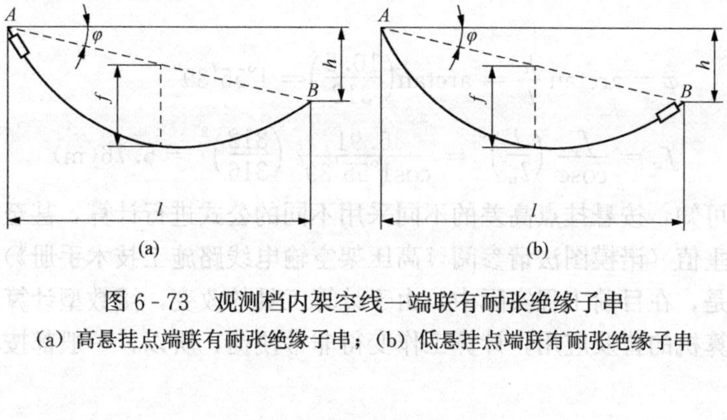


图 6-73　观测档内架空线一端联有耐张绝缘子串

（a）高悬挂点端联有耐张绝缘子串；（b）低悬挂点端联有耐张绝缘子串

观测档观测弧垂值的计算公式如下。

a. 观测档架空线悬挂点高差 $h<10\%l$ 时，有

$$f=f_{\mathrm{p}}\left(\frac{l}{l_{\mathrm{p}}}\right)^{2}\left(1+\frac{\lambda^{2}}{l^{2}}\times\frac{g_{0}-g}{g}\right)^{2}=f_{0}\left(1+\frac{\lambda^{2}}{l^{2}}\times\frac{g_{0}-g}{g}\right)^{2} \tag{6-61}$$

b. 观测档架空线悬挂点高差 $h\geqslant10\%l$ 时，有

$$f=\frac{f_{\mathrm{p}}}{\cos\varphi}\left(\frac{l}{l_{\mathrm{p}}}\right)^{2}\left(1+\frac{\lambda^{2}\cos^{2}\varphi}{l^{2}}\times\frac{g_{0}-g}{g}\right)^{2}=f_{\varphi}\left(1+\frac{\lambda^{2}\cos^{2}\varphi}{l^{2}}\times\frac{g_{0}-g}{g}\right)^{2} \tag{6-62}$$

$$g_{0}=\frac{G}{\lambda S} \tag{6-63}$$

式中：$g_0$ 为耐张绝缘子串的比载，$\mathrm{N/m\times mm^2}$；$G$ 为耐张绝缘子串的质量，N；$\lambda$ 为耐张绝缘子串的长度，m；$S$ 为架空线的截面积，$\mathrm{mm^2}$。

（2）孤立档的观测弧垂值计算。

1）档内一端联有耐张绝缘子串。在孤立档紧线时的划印状态，架空线的固定端联有耐张绝缘子串，其观测弧垂值 $f$ 根据架空线悬挂点高差 $h$ 的大小，分别按连续档观测档内一端联有耐张绝缘子串紧线计算。

2）档内两端均联有耐张绝缘子串。孤立档的两端均连有耐张绝缘子串，如图 6-74 所示。

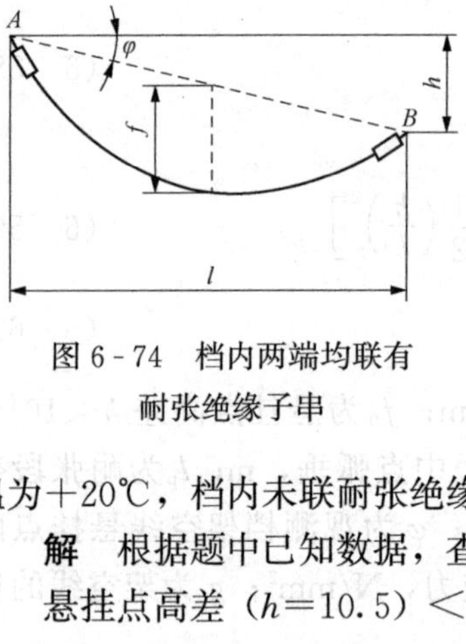


图 6-74 档内两端均联有耐张绝缘子串

其弧垂值的计算公式如下。

a. 孤立档架空线悬挂点高差 $h<10\%l$ 时，有

$$f=f_{0}\left(1+4\frac{\lambda^{2}}{l^{2}}\times\frac{g_{0}-g}{g}\right) \tag{6-64}$$

b. 孤立档架空线悬挂点高差 $\geqslant10\%l$ 时，有

$$f=f_{\varphi}\left(1+4\frac{\lambda^{2}\cos^{2}\varphi}{l^{2}}\times\frac{g_{0}-g}{g}\right) \tag{6-65}$$

**［案例 8］** 设某送电线路工程观测的档距 $l=312\mathrm{m}$，代表档距 $l_{\mathrm{p}}=316$，两端悬挂点高差 $h=10.5\mathrm{m}$，观测时气温为+20℃，档内未联耐张绝缘子串，试计算观测档弧垂值。

**解** 根据题中已知数据，查得当气温为+20℃时，$l_{\mathrm{p}}=316\mathrm{m}$ 所对应的弧垂 $f_{\mathrm{p}}=5.91\mathrm{m}$。悬挂点高差（$h=10.5$）<（$10\%\times312=31.2$），将上述数据代入式（6-58），得

$$f_{0}=f_{\mathrm{p}}\left(\frac{l}{l_{\mathrm{p}}}\right)^{2}=5.91\left(\frac{312}{316}\right)^{2}=5.76(\mathrm{m})$$

本例虽然悬挂点高差 $h<10\%l$，若按悬挂点高差 $h\geqslant10\%l$ 计算，将上述数据代入式（6-60），得

$$\varphi=\arctan\frac{h}{l}=\arctan\left(\frac{10.5}{312}\right)=1°55'39''$$

$$f_{\varphi}=\frac{f_{\mathrm{p}}}{\cos\varphi}\left(\frac{l}{l_{\mathrm{p}}}\right)^{2}=\frac{5.91}{\cos1°55'39''}\left(\frac{312}{316}\right)^{2}=5.76(\mathrm{m})$$

由以上计算可知，按悬挂点高差的不同采用不同的公式进行计算，甚至曾经采用查诺模图的方法计算弧垂值（诺模图法请参阅《高压架空输电线路施工技术手册》），都是为了减少计算工作量。但是，在目前工程实际中，由于计算工具的改变，函数型计算器或具有可编程计算器，甚至计算机的普及应用，计算工作变得非常便捷，所以，一般都按考虑悬挂点高差

影响来计算。这样，不仅便于编程，而且提高了计算精度。

**[案例 9]**　设某送电线路工程一孤立档架空线，档距 $l=225$m，两端悬挂点高差 $h=16.5$m，导线型号为 LCJ - 300/25，观测时气温为+20℃，试计算观测档弧垂值。

**解**　查得当气温为＋20℃时，$l_p=225$m 所对应的弧垂 $f_p=2.84$m；导线截面积 $S=333.31\text{mm}^2$，导线比载 $g=g_1=0.031128\text{N/m}\times\text{mm}^2$；耐张绝缘子串的长度 $\lambda=2.043$m，质量为 1116N。

耐张绝缘子串比载为

$$g_0=\frac{G}{\lambda S}=\frac{1116}{2.043\times 333.31}=1.63888(\text{N/m}\times\text{mm}^2)$$

悬挂点高差角为

$$\varphi=\arctan\frac{h}{l}=\arctan\left(\frac{16.5}{225}\right)=4°11'39''$$

1）一端联有耐张绝缘子串（划印）状态的弧垂值为

$$\begin{aligned}f&=f_\varphi\left(1+\frac{\lambda^2\cos^2\varphi}{l^2}\times\frac{g_0-g}{g}\right)^2\\&=2.84\left(1+\frac{2.043^2\cos^2 4°11'39''}{225^2}\times\frac{1.63888-0.031128}{0.031128}\right)^2=2.86(\text{m})\end{aligned}$$

2）两端联有耐张绝缘子串（复测）状态的弧垂值为

$$\begin{aligned}f&=f_\varphi\left(1+4\frac{\lambda^2\cos^2\varphi}{l^2}\times\frac{g_0-g}{g}\right)\\&=2.84\left(1+4\frac{2.043^2\cos^2 4°11'39''}{225^2}\times\frac{1.63888-0.031128}{0.031128}\right)=2.89(\text{m})\end{aligned}$$

3. 弧垂观测

架空线弧垂观测的方法一般有等长法（平行四边形法）、异长法、角度法和平视法。在实际操作时，为了操作简便，不受档距、悬挂点高差在测量时所引起的影响，减少观测时大量的现场计算量及掌握弧垂的实际误差范围，应首先选用等长法和异长法。当客观条件受到限制，不能采用等长法和异长法观测时，可选用角度法进行观测。当采用上述三种方法都不能达到观测弧垂的允许范围或难于掌握实际观测误差时，才考虑用平视法来观测架空线的弧垂。

(1) 等长法。等长法观测弧垂如图 6 - 75 所示。等长法又称平行四边形法，是最常用的观测弧垂方法。在条件允许时，应优先使用等长法。

选用等长法观测弧垂应同时满足下列要求

$$\left.\begin{aligned}&h<20\%l\\&f\leqslant h_a-2\\&f\leqslant h_b-2\end{aligned}\right\}\qquad(6-66)$$

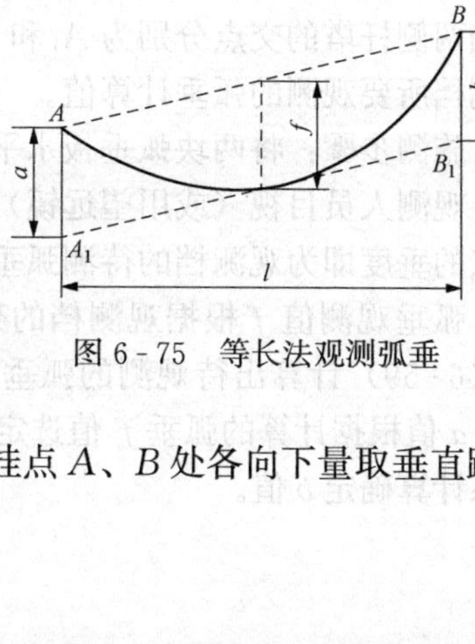

图 6 - 75　等长法观测弧垂

式中：$h$ 为观测档导线悬挂点间的高差，m；$f$ 为观测档档距的中点弧垂，m；$h_a$ 为测站端导线悬挂点至基础面的距离，m；$h_b$ 为视点端导线悬挂点至基础面的距离，m；$l$ 为观测档的档距，m。

观测步骤如下：在观测档相邻两杆塔上，由架空线悬挂点 $A$、$B$ 处各向下量取垂直距离

$a=b=f$，在 $a$、$b$ 值的下端边缘 $A_1$、$B_1$ 处各绑扎一块弧垂板。在紧线时，从一侧弧垂板上部边缘透视另一侧弧垂板上部边缘，调整架空线的张力。当架空线稳定并与 $A_1B_1$ 视线相切时，即达到设计要求。

使用等长法观测弧垂时，存在紧线前后的气温变化而引起弧垂有 $\Delta f$ 值变化的问题。为使测定的弧垂由原计算弧垂 $f$ 值及时地调整到气温变化后的所要求弧垂值，其方法是保持视点端弧垂板不动，在测站端调整弧垂板（图 6-76）：当气温升高时，应将弧垂板向下移一小段距离 $\Delta a$；当气温降低时，应将弧垂板向上移一小段距离 $\Delta a$。

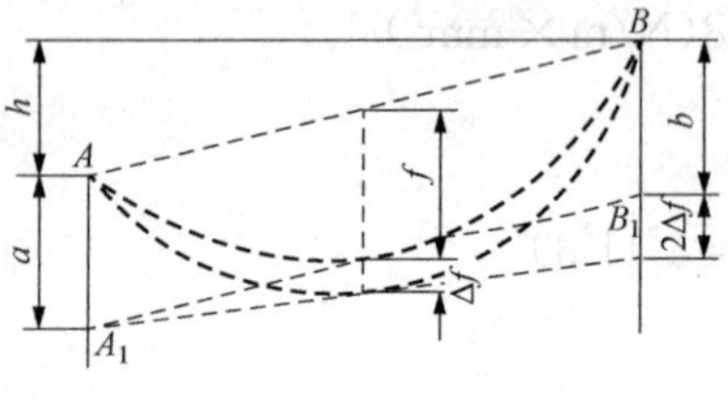

图 6-76 气温变化引起的弧垂板调整

$\Delta a$ 值为

$$\Delta a = 2\Delta f \tag{6-67}$$

式中：$\Delta a$ 为测站端因气温变化而应上下移动的距离，m；$\Delta f$ 为因气温变化观测档弧垂的变化值，m。

当气温变化不超过±10℃时，可按式（6-67）进行弧垂调整；当气温变化超过±10℃时，应将视点端弧垂板按气温变化后的弧垂重新绑扎。

（2）异长法。当观测档的架空线悬挂点间高差较大时，为了保证视线切点靠近弧垂最低点，可采用异长法观测弧垂。所谓异长法，即观测档两端弧垂板绑扎位置不等高进行弧垂观测，异长法观测弧垂如图 6-77。采用异长法观测或检查弧垂时，应同时满足下列要求

$$\begin{gathered} b \leqslant h_{\mathrm{b}} - 2 \\ \frac{1}{4} \leqslant \frac{a}{f_{\varphi}} \leqslant \frac{9}{4} \end{gathered} \tag{6-68}$$

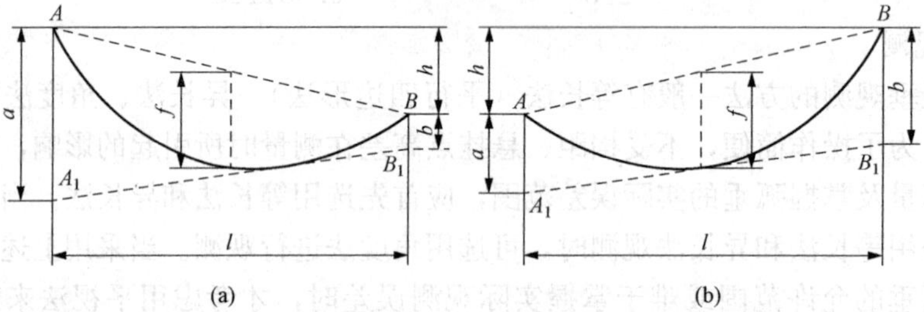

图 6-77 异长法观测弧垂

（a）低悬挂点观测弧垂；（b）高悬挂点观测弧垂

$A$、$B$ 是观测档不联耐张绝缘子串的架空线悬挂点，$A_1B_1$ 是架空线的一条切线，其与观测档两侧杆塔的交点分别为 $A_1$ 和 $B_1$。$a$、$b$ 分别为 $A$ 至 $A_1$ 点、$B$ 至 $B_1$ 点的垂直距离，$f$ 是观测档所要观测的弧垂计算值。

施测步骤：将两块弧垂板水平地绑扎在杆塔上，其上缘分别与 $A_1$、$B_1$ 点重合。当紧线时，观测人员目视（或用望远镜）两弧垂板的上部边缘，待架空线稳定并与视线相切时，该切点的垂度即为观测档的待测弧垂 $f$ 值。

弧垂观测值 $f$ 根据观测档的架空线悬挂点的高差 $h$ 值的大小，分别按式（6-58）或式（6-59）计算出待观测的弧垂 $f$ 值，即 $f_0$ 或 $f_{\varphi}$ 值；也可直接按式（6-59）计算出 $f_{\varphi}$ 值。

$a$ 值根据计算的弧垂 $f$ 值选定，即 $a \neq f$ 并小于同侧架空线悬挂点的垂直距离。按下列关系计算确定 $b$ 值。

1）观测档内不联有耐张绝缘子串。

a. 架空线的悬挂点高差 $h<10\%l$ 时，有

$$b=(2\sqrt{f_0}-\sqrt{a})^2 \tag{6-69}$$

b. 架空线的悬挂点高差 $h\geqslant 10\%l$ 时，有

$$b=(2\sqrt{f_\varphi}-\sqrt{a})^2 \tag{6-70}$$

**［案例 10］**　设某观测档内不联有耐张绝缘子串的弧垂计算值 $f=7.0\text{m}$，取 $a=3.5\text{m}$。试求 $b$ 值。

**解**

$$b=(2\sqrt{f_\varphi}-\sqrt{a})^2=(2\sqrt{7}-\sqrt{3.5})^2=11.70(\text{m})$$

2）观测档内有耐张绝缘子串，$b$ 值计算公式如表 6-4 所示。

**表 6-4　观测档内有耐张绝缘子串时的异长法观测弧垂及数据计算公式**

| 观测档图示 | 观测档条件 | 计算公式 |
|---|---|---|
| 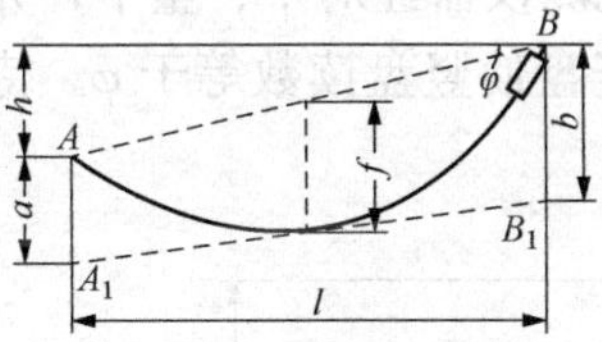<br>观测点在不联耐张绝缘子串侧 | $h<10\%l$ | $b=(2\sqrt{f_0}-\sqrt{a})^2+4f_0\frac{\lambda^2}{l^2}\cdot\frac{g_0-g}{g}$ |
| | $h\geqslant 10\%l$ | $b=(2\sqrt{f_\varphi}-\sqrt{a})^2+4f_\varphi\frac{\lambda^2\cos^2\varphi}{l^2}\cdot\frac{g_0-g}{g}$ |
| 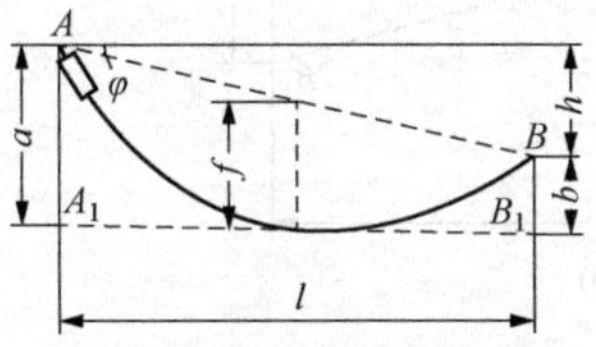<br>观测点在联有耐张绝缘子串侧 | $h<10\%l$ | $b=\left(2\sqrt{f_0}-\sqrt{a-4f_0\frac{\lambda^2}{l^2}\cdot\frac{g_0-g}{g}}\right)^2$ |
| | $h\geqslant 10\%l$ | $b=\left(2\sqrt{f_\varphi}-\sqrt{a-4f_\varphi\frac{\lambda^2\cos^2\varphi}{l^2}\cdot\frac{g_0-g}{g}}\right)^2$ |
| 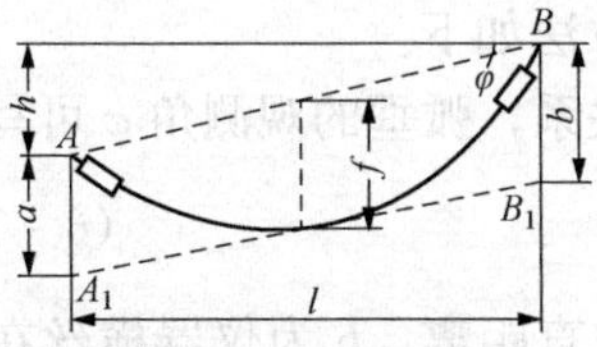<br>观测档两侧均联有耐张绝缘子串 | $h<10\%l$ | $b=\left(2\sqrt{f_0}-\sqrt{a-4f_0\frac{\lambda^2}{l^2}\cdot\frac{g_0-g}{g}}\right)^2+4f_0\frac{\lambda^2}{l^2}\cdot\frac{g_0-g}{g}$ |
| | $h\geqslant 10\%l$ | $b=\left(2\sqrt{f_\varphi}-\sqrt{a-4f_\varphi\frac{\lambda^2\cos^2\varphi}{l^2}\cdot\frac{g_0-g}{g}}\right)^2+4f_\varphi\frac{\lambda^2\cos^2\varphi}{l^2}\cdot\frac{g_0-g}{g}$ |

气温变化时，采用异长法观测弧垂应做调整，即视点端的弧垂板保持不动，测站端的弧垂板应移动一段距离 $\Delta a$，其值计算公式为

$$\Delta a=2\sqrt{\frac{a}{f}}\Delta f \tag{6-71}$$

**［案例 11］**　设原绑扎弧垂板时的弧垂值 $f=7.0\text{m}$，取 $a=3.5\text{m}$，因气温变化弧垂改变为 $7.3\text{m}$，改变量 $\Delta f=0.3\text{m}$。试求 $\Delta a$ 值。

**解**

$$\Delta a = 2\sqrt{\frac{a}{f}}\Delta f = 2\sqrt{\frac{3.5}{7}} \times 0.3 = 0.424(\mathrm{m})$$

由以上计算结果可知，本案例目测侧的弧垂板由原绑扎点向下移动0.42m。

(3) 角度法。角度法观测弧垂是指用观测架空线弧垂的角度以替代观测垂直距离，实现用经纬仪在地面直接控制架空线的弧垂。对于大档距，用目视观测架空线切点比较模糊，用经纬仪比较清晰，观测比较准确。角度法根据观测档的地形条件和弧垂大小、经纬仪设置位置不同，分为档端、档内、档外、档侧几种方式。四种角度法中，应优先使用档端角度法。因档端角度法的经纬仪摆放在观测档一端的杆塔中心处，观测方便，计算简单，方便信号联络。只有在档端角度法不允许使用的情况下，方选择其他几种方法。接下来分别介绍档端、档内、档外、档侧角度法观测弧垂。

1) 档端角度法。档端角度法观测弧垂如图6-78所示。其观测步骤为：将仪器安置在架空线悬挂点的垂直下方，用测竖直角测定架空线的弧垂。紧线前，按弧垂观测时的预计气温计算出不同气温时的弧垂 $f$，制成弧垂观测表；紧线时，当观测仪器经对中、整平，并量取仪高后，按当时气温查取弧垂值，计算观测竖直角 $\varphi$，调整竖盘使竖盘读数等于 $\varphi$。待架空线弧垂稳定正好与视线相切，观测档的弧垂即确定。

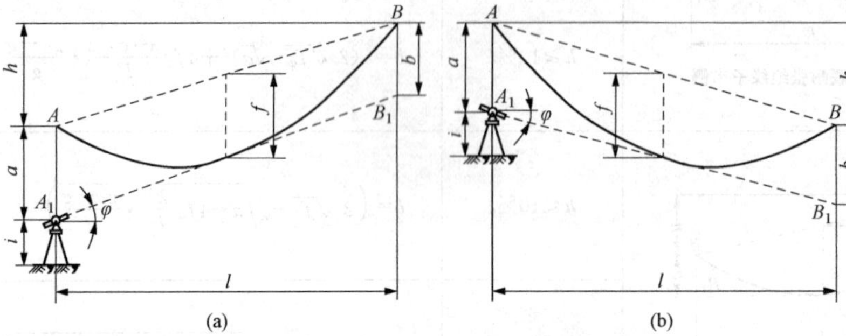


图6-78 档端角度法观测弧垂

(a) 低悬挂点侧观测弧垂；(b) 高悬挂点侧观测弧垂

针对观测档有、无耐张绝缘子串的不同情况，其 $\varphi$ 值计算方法如下。

a. 观测档内不联有耐张绝缘子串。根据图6-78三角函数关系，弧垂的观测角 $\varphi$ 可写为

$$\varphi = \arctan\frac{\pm h + a - b}{l} \tag{6-72}$$

式中：$\varphi$ 为观测竖直角。$a$ 为仪器横轴中心至架空线悬挂点的垂直距离。$b$ 为仪器横丝在对侧杆塔悬挂点的铅垂线的交点至架空线悬挂点的垂直距离。

当仪器在低侧时，$h$ 前取"+"号；当仪器在高侧时，$h$ 前取"－"号。计算出 $\varphi$ 角，正值为仰角，负值为俯角。

由异长法观测弧垂时的 $b$ 值计算公式可知

$$b = (2\sqrt{f} - \sqrt{a})^2 = 4f - 4\sqrt{fa} + a \tag{6-73}$$

即得

$$\varphi = \arctan\frac{\pm h + a - (4f - 4\sqrt{fa} + a)}{l} = \arctan\frac{\pm h - 4f + 4\sqrt{fa}}{l} \tag{6-74}$$

式（6-74）中 $f$ 可按式（6-58）或式（6-59）计算。

紧线前，按弧垂观测时的预计气温计算出不同气温时的弧垂 $f$，制成弧垂观测表；紧线时，当观测仪器经整平、对中，并量取仪高后，按当时气温查取弧垂值，计算观测竖直角 $\varphi$，调整竖盘使竖盘读数等于 $\varphi$。待架空线弧垂稳定正好与视线相切，弧垂 $f$ 即已测定。

**[案例 12]**　如图 6-78（a）所示，设已知某送电线路观测档的弧垂 $f=12.35\text{m}$，档距 $l=316\text{m}$，导线悬挂点高差 $h=20.75\text{m}$，$a=24\text{m}$。试求弧垂观测角 $\varphi$ 值。

**解**

$$\varphi=\arctan\frac{h-4f+4\sqrt{fa}}{l}=\arctan\frac{20.75-4\times12.35+4\sqrt{12.35\times24}}{316}$$

$$=\arctan\frac{40.215}{316}=7°15'10''$$

b. 观测档内联有耐张绝缘子串。观测档内一侧或两侧联有耐张绝缘子串的弧垂观测方法与观测档内不联耐张绝缘子串的观测方法完全相同，但观测档弧垂 $f$ 值计算公式不同，应分别按之前观测档弧垂计算内容进行，其相应的弧垂观测角 $\varphi$ 值的计算方法如下。

a）仪器在不联耐张绝缘子串侧，如图 6-79 所示。

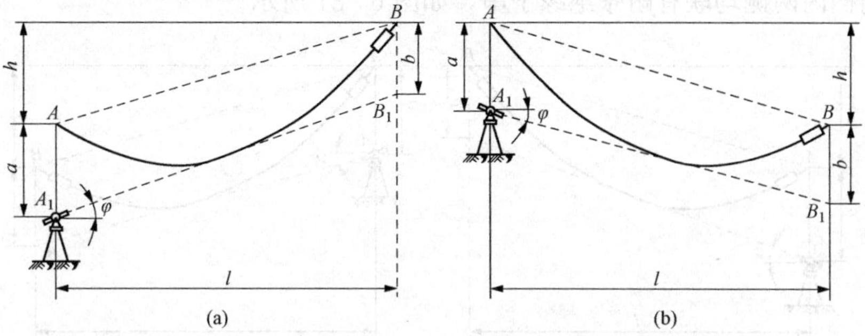


图 6-79　档端角度法仪器在不联耐张绝缘子串侧观测弧垂

（a）低悬挂点侧观测弧垂；（b）高悬挂点侧观测弧垂

观测档架空线的悬挂点高差 $h<10\%l$ 时，有

$$\varphi=\arctan\frac{\pm h-4f_0\left(1+\frac{\lambda^2}{l^2}\times\frac{g_0-g}{g}\right)+4\sqrt{af_0}}{l} \tag{6-75}$$

观测档架空线的悬挂点高差 $h\geqslant10\%l$ 时，有

$$\varphi=\arctan\frac{\pm h-4f_\varphi\left(1+\frac{\lambda^2\cos^2\varphi}{l^2}\times\frac{g_0-g}{g}\right)+4\sqrt{af_\varphi}}{l} \tag{6-76}$$

b）仪器在联有耐张绝缘子串侧，如图 6-80 所示。

观测档架空线的悬挂点高差 $h<10\%l$ 时，有

$$\varphi=\arctan\frac{\pm h-4f_0\left(1-\frac{\lambda^2}{l^2}\times\frac{g_0-g}{g}\right)+4\sqrt{\left(a-4f_0\frac{\lambda^2\cos^2\varphi}{l^2}\times\frac{g_0-g}{g}\right)f_0}}{l} \tag{6-77}$$

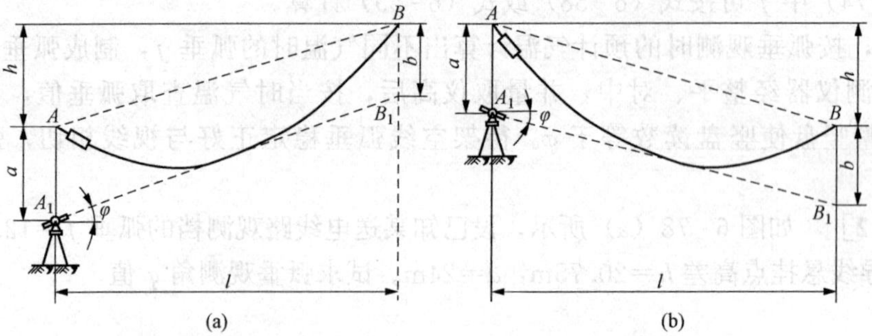


图 6-80 档端角度法仪器在联有耐张绝缘子串侧观测弧垂

(a) 低悬挂点侧观测弧垂；(b) 高悬挂点侧观测弧垂

观测档架空线的悬挂点高差 $h \geqslant 10\% l$ 时，有

$$\varphi = \arctan \frac{\pm h - 4f_{\varphi}\left(1 - \frac{\lambda^2 \cos^2\varphi}{l^2} \times \frac{g_0 - g}{g}\right) + 4\sqrt{\left(a - 4f_{\varphi}\frac{\lambda^2 \cos^2\varphi}{l^2} \times \frac{g_0 - g}{g}\right) f_{\varphi}}}{l} \tag{6-78}$$

c) 观测档内两侧均联有耐张绝缘子串，如图 6-81 所示。

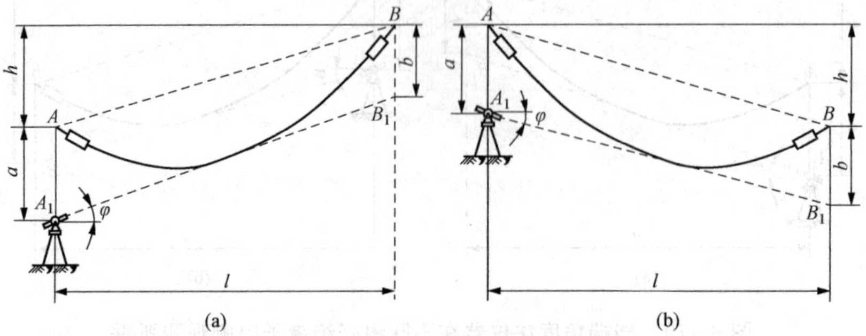


图 6-81 档端角度法两侧联有耐张绝缘子串观测弧垂

(a) 低悬挂点侧观测弧垂；(b) 高悬挂点侧观测弧垂

观测档架空线的悬挂点高差 $h < 10\% l$ 时，有

$$\varphi = \arctan \frac{\pm h - 4f_0 + 4\sqrt{\left(a - 4f_0 \frac{\lambda^2}{l^2} \times \frac{g_0 - g}{g}\right) f_0}}{l} \tag{6-79}$$

观测档架空线的悬挂点高差 $h \geqslant 10\% l$ 时，有

$$\varphi = \arctan \frac{\pm h - 4f_{\varphi} + 4\sqrt{\left(a - 4f_{\varphi}\frac{\lambda^2 \cos^2\varphi}{l^2} \times \frac{g_0 - g}{g}\right) f_{\varphi}}}{l} \tag{6-80}$$

c. 仪器在架空线中线垂直下方，偏转观测两边线时，观测角计算公式为

$$\varphi' = \arctan\left(\tan\varphi \sqrt{\frac{\frac{l^2}{4}\ \frac{a}{f}}{\frac{l^2}{4}\ \frac{a}{f} + D^2}}\right) \tag{6-81}$$

式中：$\varphi$为仪器摆在中线垂直下方观测中线的观测角；$\varphi'$为仪器摆在中线垂直下方观测边线的观测角；$D$为观测档中相线与边相线间的距离。

限制弧垂误差率在0.5%以内时，仪器在中线下方观测边线时不做调整（以$\varphi$代替$\varphi'$）的条件式为

$$D \leqslant 0.07\sqrt{la\left(2-\frac{\sqrt{a}}{f}\right)\cot\varphi} \tag{6-82}$$

档端角度法的适用范围同异长法。

2）档内角度法。档内角度法观测弧垂时，将仪器安置在观测档内近悬挂点低端或高端架空线下方的位置上，如图6-82所示。调整架空线的张力，使架空线稳定时的弧垂与望远镜的弧垂观测竖直角$\varphi$的视线相切，观测档的弧垂即确定。

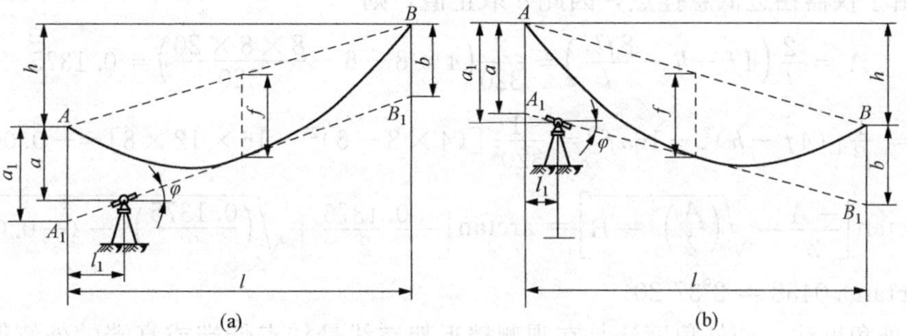


图6-82　档内角度法观测弧垂

（a）近低悬挂点侧观测弧垂；（b）近高悬挂点侧观测弧垂

由图6-82可知，弧垂观测角$\varphi$的计算式为

$$\tan\varphi=\frac{h+a-b}{l-l_1} \tag{6-83}$$

根据异长法求$b$值的原理，可求得

$$\varphi=\arctan\left[-\frac{A}{2}+\sqrt{\left(\frac{A}{2}\right)^2-B}\right] \tag{6-84}$$

其中：

$$A=\frac{2}{l}\left(4f-h+\frac{8fl_1}{l}\right) \tag{6-85}$$

$$B=\frac{1}{l^2}[(4f-h)^2-16af] \tag{6-86}$$

式中：$f$为按弧垂计算公式计算弧垂观测值。$l_1$为仪器至近观测档杆塔的水平距离。$a$为仪器横轴中心至近观测档杆塔架空线悬挂点的垂直距离。$h$为观测档悬挂点高差，仪器在近架空线低悬挂点时，$h$取正值；仪器在近架空线高悬挂点时，$h$取负值。$\varphi$为当角值为正时，$\varphi$角为仰角；当角值为负时，$\varphi$角为俯角。

采用档内角度法观测弧垂时，在选定弧垂观测点后，需实测图6-82中的$l_1$值及复测$a$和$h$值，其复测方法如图6-83所示。

则$a$、$h$值分别为

$$a=l_1\tan\varphi_1 \tag{6-87}$$

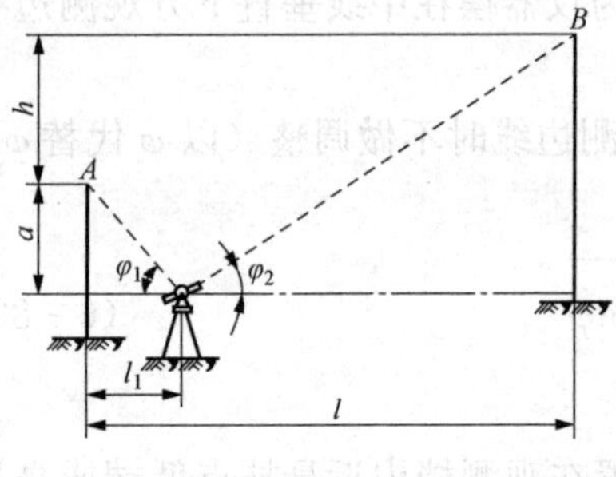


图 6-83　测量观测档两悬挂点的高差

$$h=(l-l_1)\tan\varphi_2-a \tag{6-88}$$

式中：$\varphi_1$、$\varphi_2$ 为观测架空线悬挂点的竖直角。

仪器置于中相线垂直下方，偏转观测两边线时，仪器的观测角计算式为

$$\varphi'=\arctan\left[\tan\varphi\sqrt{\frac{(X-l_1)^2}{(X-l_1)^2+D^2}}\right] \tag{6-89}$$

式中：$X$ 为近仪器的架空线悬挂点至视线切点间的距离；$D$ 为中相线与边相线间的水平距离。

**［案例 13］**　如图 6-82（a）所示，设已知 $l=320\text{m}$，$l_1=20\text{m}$，$f=8\text{m}$，$a=12\text{m}$，$h=6\text{m}$。试求弧垂观测角 $\varphi$ 值。

**解**　由于仪器在近低悬挂点，因此 $h$ 取正值，则

$$A=\frac{2}{l}\left(4f-h-\frac{8fl_1}{l}\right)=\frac{2}{320}\left(4\times8-6-\frac{8\times8\times20}{320}\right)=0.1375$$

$$B=\frac{1}{l^2}[(4f-h)^2-16af]=\frac{1}{320^2}[(4\times8-6)^2-16\times12\times8]=-0.0084$$

$$\varphi=\arctan\left[\frac{-A}{2}+\sqrt{\left(\frac{A}{2}\right)^2-B}\right]=\arctan\left[-\frac{0.1375}{2}+\sqrt{\left(\frac{0.1375}{2}\right)^2-(-0.0084)}\right]$$

$$=\arctan0.0458=2°37'20''$$

3）档外角度法。档外角度法是在观测档近架空线悬挂点低端或高端的外侧架空线的下方，选定一个弧垂观测点安置仪器，如图 6-84 所示。紧线时调整架空线的张力，使架空线稳定时的弧垂与望远镜的弧垂观测竖直角 $\varphi$ 的视线相切，观测档的弧垂即确定。

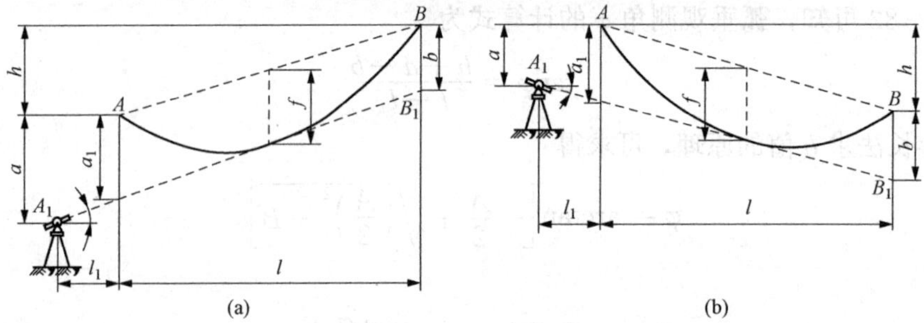


图 6-84　档外角度法观测弧垂

（a）近低悬挂点侧观测弧垂；（b）近高悬挂点侧观测弧垂

由图 6-84 可知，弧垂观测角 $\varphi$ 的计算式为

$$\tan\varphi=\frac{h+a-b}{l+l_1} \tag{6-90}$$

根据异长法求 $b$ 值的原理，可求得

$$\varphi=\arctan\left[\frac{A}{2}\pm\sqrt{\left(\frac{A}{2}\right)^2-B}\right] \tag{6-91}$$

其中：

$$A=\frac{2}{l}\left(4f-h+\frac{8fl_1}{l}\right) \tag{6-92}$$

$$B=\frac{1}{l^2}[(4f-h)^2-16af] \qquad (6-93)$$

式中：$f$ 为按弧垂计算公式计算弧垂观测值。$l_1$ 为仪器至近观测档杆塔的水平距离。$a$ 为仪器横轴中心至近观测档杆塔架空线悬挂点的垂直距离。$h$ 为观测档悬挂点高差，仪器在近架空线低悬挂点时，$h$ 取正值；仪器在近架空线高悬挂点时，$h$ 取负值。$\varphi$ 为当角值为正时，$\varphi$ 角为仰角；当角值为负时，$\varphi$ 角为俯角。

采用档外角度法观测弧垂时，在选定弧垂观测点后，需实测图 6-84 中的 $l_1$ 值及复测 $a$ 和 $h$ 值，其复测方法如图 6-85 所示。

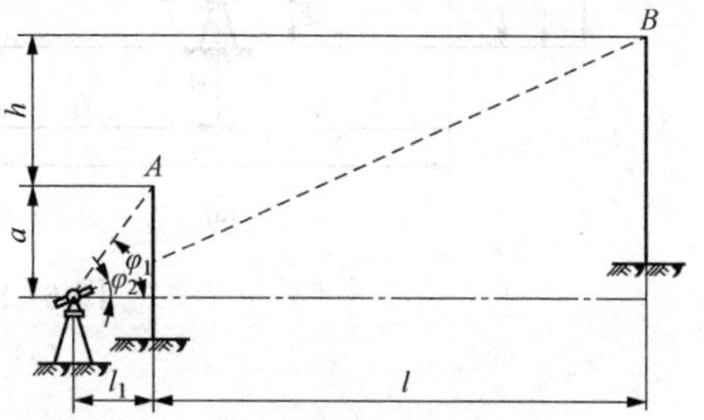

图 6-85　测量观测档两悬挂点的高差

则 $a$、$h$ 值分别为

$$a=l_1\tan\varphi_1 \qquad (6-94)$$

$$h=(l+l_1)\tan\varphi_2-a \qquad (6-95)$$

式中：$\varphi_1$、$\varphi_2$ 为观测架空线悬挂点的竖直角。

仪器置于中相线垂直下方，偏转观测两边线弧垂时，仪器的观测角计算式为

$$\varphi'=\arctan\left[\tan\varphi\sqrt{\frac{(l_1+X)^2}{(l_1+X)^2+D^2}}\right] \qquad (6-96)$$

其中：

$$X=\frac{1}{2}\sqrt{\frac{a-l_1\tan\varphi}{f}} \qquad (6-97)$$

式中：$X$ 为近仪器的架空线悬挂点至视线切点间的距离；$D$ 为中相线与边相线间的水平距离。

仪器置于中相线垂直下方，偏转观测两边线弧垂时，仪器的观测角 $\varphi$ 不做调整的计算式为（限制弧垂误差率为 0.5%）

$$D\leqslant 0.2\sqrt{f(l_1+X)\left(1-\frac{X}{l}\right)\left(\frac{X}{l}\cot\varphi\right)} \qquad (6-98)$$

**［案例 14］**　如图 6-84（b）所示，设已知 $l=320$m，$l_1=70$m，$f=12$m，$a=10$m，$h=15$m。试求弧垂观测角 $\varphi$ 值。

**解**　仪器安置在近高悬挂点外侧，所以 $h$ 取负值。

$$A=\frac{2}{l}\left[4f-(-h)+\frac{8fl_1}{l}\right]=\frac{2}{320}\left(4\times 12+15+\frac{8\times 12\times 70}{320}\right)=0.525$$

$$B=\frac{1}{l^2}[(4f+h)^2-16af]=\frac{1}{320^2}[(4\times 12+15)^2-16\times 10\times 12]=0.02$$

弧垂观测角 $\varphi$ 为

$$\varphi=\arctan\left[-\frac{A}{2}+\sqrt{\left(\frac{A}{2}\right)^2-B}\right]=\arctan\left[-\frac{0.525}{2}+\sqrt{\left(\frac{0.525}{2}\right)^2-0.02}\right]=-2°22'5''$$

4）档侧角度法。档侧角度法是在线路任一侧任一点观测弧垂的一种方法，如图 6-86 所示。

从图 6-86 中的几何关系可知

$$H_A=l_1\tan\beta_1+i_M \qquad (6-99)$$

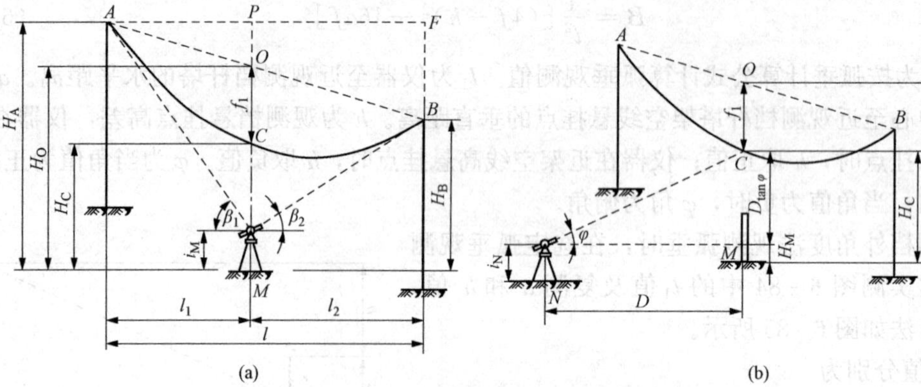


图 6-86　档侧角度法观测弧垂

(a) 示意图 1；(b) 示意图 2

$$H_B = l_2 \tan\beta_2 + i_M \tag{6-100}$$

从图 6-86（a）中$\triangle APO$和$\triangle AFB$的相似三角形关系可知

$$\frac{l_1}{l} = \frac{H_A - H_O}{H_A - H_B} \tag{6-101}$$

$$H_O = H_A - \frac{l_1}{l}(H_A - H_B) \tag{6-102}$$

$C$点的弧垂$f_1$按架空线任一点弧垂的计算公式为

$$f_1 = 4f\frac{l_1}{l}\left(1 - \frac{l_1}{l}\right) \tag{6-103}$$

式中：$f$为架空线中点弧垂值。

$C$点的高程为

$$H_C = H_O - f_1 \tag{6-104}$$

观测中线弧垂的竖直角，如图 6-86（b）所示为

$$\varphi = \arctan\frac{H_C - H_M}{D} = \arctan\frac{H_O - f_1 - H_M}{D} \tag{6-105}$$

如架空线水平排列，设$M$点在中线上，与边导线间的距离为$E$，则近边线的弧垂观测角$\varphi_1$和远边线的弧垂观测角$\varphi_2$可由下式计算

$$\varphi_1 = \arctan\frac{H_O - f_1 - H_M}{D - E} \tag{6-106}$$

$$\varphi_2 = \arctan\frac{H_O - f_1 - H_M}{D + E} \tag{6-107}$$

观测方法和步骤如下：

a. 根据架空线悬挂点高差和地形，在线路中心线上选定$M$点，并安置仪器，分别测出$M$点至两侧杆塔架空线悬挂点间的水平距离$l_1$和$l_2$，使望远镜瞄准架空线悬挂点$A$、$B$，测出$\beta_1$和$\beta_2$，按前述公式计算$H_A$、$H_B$和$H_O$，并分别计算出$f_1$和$H_C$。

b. 通过在线路垂直方向测设$N$点作为弧垂观测站。

c. 在$N$点上安置仪器，量取仪高$i_N$，将视距尺或棱镜立于$M$点，读取数据并计算$M$点高程，旋平望远镜，按公式计算出中线和两边线的弧垂观测角$\varphi$、$\varphi_1$和$\varphi_2$。

d. 弧垂观测时，使望远镜对准 $M$ 点，调整竖盘使竖直角为 $\varphi$。紧线时，调整中导线张力，使弧垂恰好与视线相切，即测定了中导线弧垂 $f$。调整 $\varphi_1$ 和 $\varphi_2$，按同样方法测定两边线的弧垂。

使用本方法公式计算高程 $H_O$ 时，若悬挂点 $A$ 低于 $B$，则

$$H_O = \frac{l_1}{l}(H_B - H_A) + H_A \tag{6-108}$$

根据 $M$ 点的位置不同，各相架空线的铅垂线与 $M$ 点的水平距离不同，则由实际的 $E$ 值进行弧垂观测角计算。

**［案例15］** 如图6-86所示，设某送电线路架设导线，采用档侧角度法观测，两侧铁塔三相导线呈“上”字形布置，已知档距 $l=320$m，按预计弧垂观测时的气温为+20℃，算得中点弧垂 $f=5.76$m，并测得 $l_1=125$m，$\beta_1=13°42'30''$，$\beta_2=5°59'12''$，$i=1.56$m，上导线与塔位中心线的水平距离为2.3m，两下导线与塔位中心线的水平距离均为2.8m，上下导线间的垂直距离为3.5m，$D=60$m，$H_M=1.56$m，上导线在仪器侧，$M$ 点位于上导线下方。试求弧垂观测角 $\varphi$、$\varphi_1$ 和 $\varphi_2$ 值。

**解**

$$l_2 = l - l_1 = 320 - 125 = 195(\text{m})$$

$$H_A = l_1\tan\beta_1 + i_M = 125 \times \tan 13°42'30'' + 1.56 = 32.05(\text{m})$$

$$H_B = l_2\tan\beta_2 + i_M = 195 \times \tan 5°59'12'' + 1.56 = 22.01(\text{m})$$

$$H_O = H_A - \frac{l_1}{l}(H_A - H_B) = 32.05 - \frac{125}{320}(32.05 - 22.01) = 28.13(\text{m})$$

$$f_1 = 4f\frac{l_1}{l}\left(1 - \frac{l_1}{l}\right) = 4 \times 5.76 \times \frac{125}{320}\left(1 - \frac{125}{320}\right) = 5.48(\text{m})$$

上导线弧垂观测角为

$$\varphi = \arctan\frac{H_O - f_1 - H_M}{D} = \arctan\frac{28.13 - 5.48 - 1.56}{60} = 19°22'0''$$

近边线弧垂观测角为

$$\varphi_1 = \arctan\frac{(H_O - 3.5) - f_1 - H_M}{D - (E - 2.3)} = \arctan\frac{(28.13 - 3.5) - 5.48 - 1.56}{60 - (2.8 - 2.3)} = 16°28'9''$$

远边线弧垂观测角为

$$\varphi_2 = \arctan\frac{(H_O - 3.5) - f_1 - H_M}{D + (E + 2.3)} = \arctan\frac{(28.13 - 3.5) - 5.48 - 1.56}{60 + (2.8 + 2.3)} = 15°7'13''$$

(4) 平视法。平视法观测弧垂是角度法观测弧垂的一种特殊形式。两者的相同点都是用经纬仪观测弧垂，但前者的观测角为0°，而后者的观测角为与弧垂相适应的某特定角度。在架线施工中，应优先选择等长法、异长法及角度法观测弧垂。当架空线经过大高差、大档距及特殊地形情况下，上述三种方法实施有困难或者不允许时，可选用平视法观测弧垂。

平视法适用条件：特殊地形，架空线弧垂较大，$f$ 为杆塔高度2倍以上时；悬挂点的高差 $h$ 值小于4倍弧垂 $f$ 值时；利用角度法往往由于视线切点距悬挂点过近，不能确保弧垂质量时。

1）平视法观测弧垂。平视法观测弧垂如图6-87所示。其观测步骤为：在观测档内，根据设计弧垂值计算出仪器的测站位置 $M$。将仪器安置在预先测定的弧垂观测站 $M$ 点上，

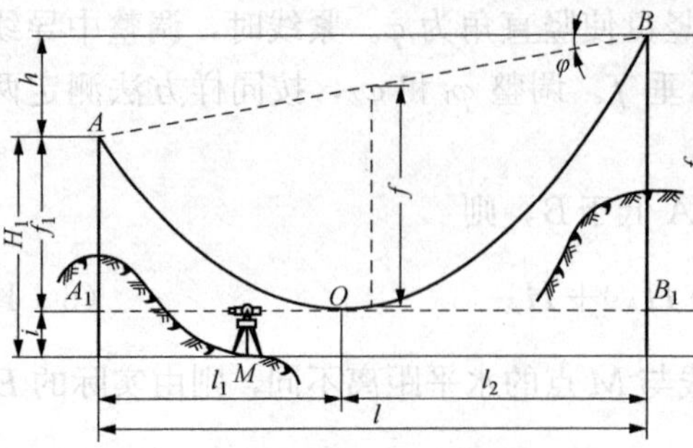


图 6-87 平视法观测弧垂

使望远镜调至水平状态。紧线时调整架空线的张力，待架空线稳定时，其最低点与望远镜水平横丝相切，即测定了观测档的弧垂。仪器横轴中心至架空线低侧悬挂点的垂直距离 $f_1$ 称为小平视弧垂，至架空线高侧悬挂点的垂直距离 $f_2$ 称为大平视弧垂，$f_1$ 和 $f_2$ 分别由下面所述的公式计算。

a. 观测档内不联耐张绝缘子串，如图 6-87 所示。

观测档架空线的悬挂点高差 $h<10\%l$ 时，有

$$f_1=f_0\left(1-\frac{h}{4f_0}\right)^2 \tag{6-109}$$

$$f_2=f_0\left(1+\frac{h}{4f_0}\right)^2 \tag{6-110}$$

观测档架空线的悬挂点高差 $h\geqslant10\%l$ 时，有

$$f_1=f_\varphi\left(1-\frac{h}{4f_\varphi}\right)^2 \tag{6-111}$$

$$f_2=f_\varphi\left(1+\frac{h}{4f_\varphi}\right)^2 \tag{6-112}$$

式中：$f_0$、$f_\varphi$为档距中点弧垂，按前述弧垂计算公式进行计算；$h$ 为观测档两侧悬挂点间的高差。

b. 观测档内联有耐张绝缘子串。

a）高悬挂点侧联有耐张绝缘子串，如图 6-88 所示。

观测档架空线的悬挂点高差 $h<10\%l$ 时，有

$$f_1=f_0\left(1+\frac{\lambda^2}{l^2}\times\frac{g_0-g}{g}-\frac{h}{4f_0}\right)^2 \tag{6-113}$$

$$f_2=f_0\left[\left(1+\frac{\lambda^2}{l^2}\times\frac{g_0-g}{g}+\frac{h}{4f_0}\right)^2-\frac{h}{f_0}\times\frac{\lambda^2}{l^2}\times\frac{g_0-g}{g}\right] \tag{6-114}$$

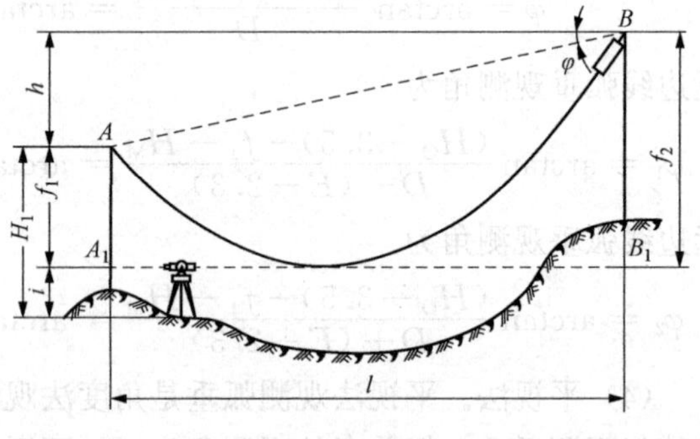


图 6-88 高悬挂点侧联有耐张绝缘子串平视法观测弧垂

式中：$g_0$ 为耐张绝缘子串的比载，N/m·mm²；$\lambda$ 为耐张绝缘子串的长度，m。

观测档架空线的悬挂点高差 $h\geqslant10\%l$ 时，有

$$f_1=f_\varphi\left(1+\frac{\lambda^2\cos^2\varphi}{l^2}\times\frac{g_0-g}{g}-\frac{h}{4f_\varphi}\right)^2 \tag{6-115}$$

$$f_2=f_\varphi\left[\left(1+\frac{\lambda^2\cos^2\varphi}{l^2}\times\frac{g_0-g}{g}+\frac{h}{4f_\varphi}\right)^2-\frac{h}{f_\varphi}\times\frac{\lambda^2\cos^2\varphi}{l^2}\times\frac{g_0-g}{g}\right] \tag{6-116}$$

b）低悬挂点侧联有耐张绝缘子串，如图 6-89 所示。

观测档架空线的悬挂点高差 $h<10\%l$ 时，有

$$f_1=f_0\left[\left(1+\frac{\lambda^2}{l^2}\times\frac{g_0-g}{g}-\frac{h}{4f_0}\right)^2+\frac{h}{f_0}\times\frac{\lambda^2}{l^2}\times\frac{g_0-g}{g}\right] \quad (6-117)$$

$$f_2=f_0\left(1+\frac{\lambda^2}{l^2}\times\frac{g_0-g}{g}+\frac{h}{4f_0}\right)^2 \quad (6-118)$$

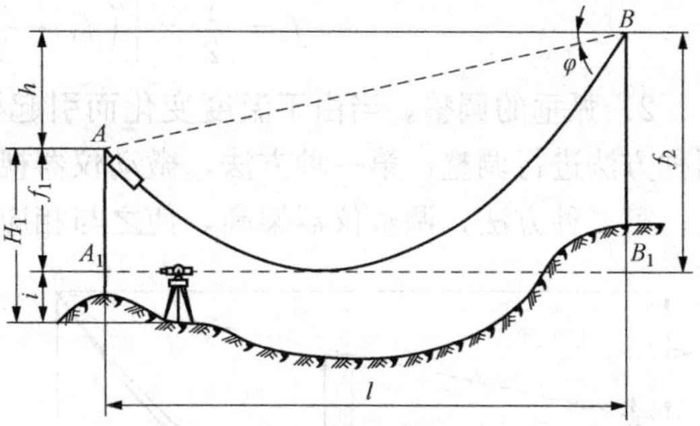


图6-89　低悬挂点侧联有耐张绝缘子串平视法观测弧垂

观测档架空线的悬挂点高差 $h\geqslant10\%l$ 时，有

$$f_1=f_\varphi\left[\left(1+\frac{\lambda^2\cos^2\varphi}{l^2}\times\frac{g_0-g}{g}-\frac{h}{4f_\varphi}\right)^2+\frac{h}{f_\varphi}\times\frac{\lambda^2\cos^2\varphi}{l^2}\times\frac{g_0-g}{g}\right] \quad (6-119)$$

$$f_2=f_\varphi\left(1+\frac{\lambda^2\cos^2\varphi}{l^2}\times\frac{g_0-g}{g}+\frac{h}{4f_\varphi}\right)^2 \quad (6-120)$$

c）观测档内两侧均联有耐张绝缘子串，如图6-90所示。

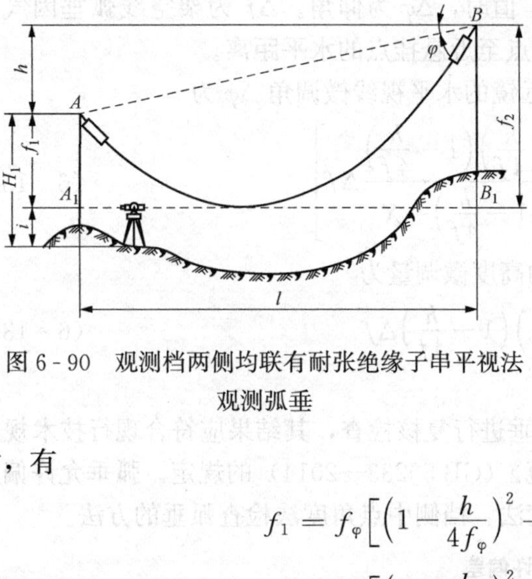


图6-90　观测档两侧均联有耐张绝缘子串平视法观测弧垂

观测档架空线的悬挂点高差 $h<10\%l$ 时，有

$$f_1=f_0\left[\left(1-\frac{h}{4f_0}\right)^2+4\frac{\lambda^2}{l^2}\times\frac{g_0-g}{g}\right] \quad (6-121)$$

$$f_2=f_0\left[\left(1+\frac{h}{4f_0}\right)^2+4\frac{\lambda^2}{l^2}\times\frac{g_0-g}{g}\right] \quad (6-122)$$

观测档架空线的悬挂点高差 $h\geqslant10\%l$ 时，有

$$f_1=f_\varphi\left[\left(1-\frac{h}{4f_\varphi}\right)^2+4\frac{\lambda^2\cos^2\varphi}{l^2}\times\frac{g_0-g}{g}\right] \quad (6-123)$$

$$f_2=f_\varphi\left[\left(1+\frac{h}{4f_\varphi}\right)^2+4\frac{\lambda^2\cos^2\varphi}{l^2}\times\frac{g_0-g}{g}\right] \quad (6-124)$$

采用本法观测弧垂时，正确地测定观测点 $M$ 的位置是关键，不但需预先实测两悬挂点的高差 $h$ 值，还应根据 $f_1$ 和 $f_2$ 值的大小及观测档两杆塔周围的地形情况，选择安置仪器的位置。一般选在小平视弧垂 $f_1$ 侧，预设仪器的高度 $i$，使仪器视线至两侧架空线悬挂点的垂直距离应恰好等于 $f_1$、$f_2$，即可精确地测定弧垂观测点地面到近仪器侧架空线悬挂点高差 $H_1$（$H_2$），如图6-87所示，其值应满足下列条件

$$H_1=i+f_1 \quad (6-125)$$

$$H_2=i+f_2 \quad (6-126)$$

如果已知大、小平视弧垂 $f_1$、$f_2$，推算架空线弧垂的计算公式为

$$f=\frac{1}{2}\times\left[\left(f_2-\frac{h}{2}\right)+\sqrt{f_1(f_1-h)}\right] \quad (6-127)$$

$$f=\frac{1}{2}\times\left[\left(f_1+\frac{h}{2}\right)+\sqrt{f_2(f_2+h)}\right] \tag{6-128}$$

2）弧垂的调整。当由于温度变化而引起档距中点弧垂变化时，如图 6-91 所示，可用两种方法进行调整：第一种方法，微动仪器视角而不动仪器高度或位置，其会增加计算工作量；第二种方法，调整仪器架高，使之与相应气温下计算的 $f_1$、$f_2$相配合。

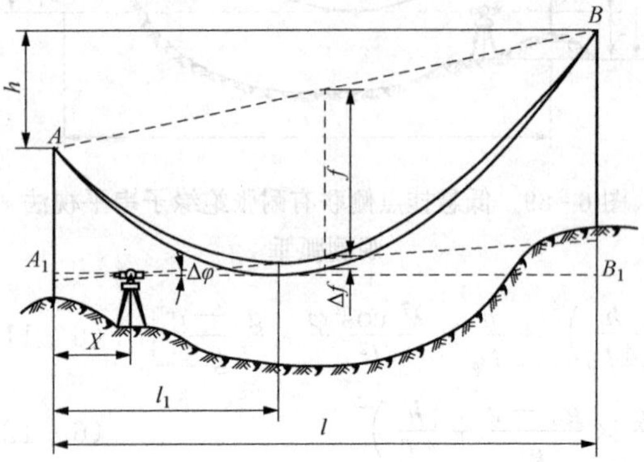


图 6-91 平视法观测弧垂的误差分析

a. 第一种方法的调整计算。

a）当仪器置于高悬挂点一端时，仪器望远镜的水平视线微调角 $\Delta\varphi$ 为

$$\Delta\varphi=\arctan\left[\frac{\left(1+\frac{h}{4f}\right)\left(1-\frac{h}{4f}\right)}{\frac{l}{2}\left(1+\frac{h}{4f}\right)-X}\Delta f\right] \tag{6-129}$$

式中：$\Delta\varphi$ 为仪器的水平视线微调角度，当 $\Delta f$ 为增大值时，$\Delta\varphi$ 为俯角；当 $\Delta f$ 为减少值时，$\Delta\varphi$ 为仰角。$\Delta f$ 为架空线弧垂因气温变化而引起的增加值或减少值。$X$ 为仪器安置点至近悬挂点的水平距离。

b）当仪器置于低悬挂点一端时，仪器望远镜的水平视线微调角 $\Delta\varphi$ 为

$$\Delta\varphi=\arctan\left[\frac{\left(1+\frac{h}{4f}\right)\left(1-\frac{h}{4f}\right)}{\frac{l}{2}\left(1-\frac{h}{4f}\right)-X}\Delta f\right] \tag{6-130}$$

b. 采用第二种方法时，仪器望远镜中心的高度微调量为

$$\Delta C=\left(1+\frac{h}{4f}\right)\left(1-\frac{h}{4f}\right)\Delta f \tag{6-131}$$

4. 弧垂检查

架线工程竣工后，应对导线、避雷线的弧垂进行复核检查，其结果应符合现行技术规范《110kV～750kV 架空输电线路施工及验收规范》（GB 50233—2014）的规定。弧垂允许偏差如表 6-5 所示。下面将介绍异长法、档端角度法、档侧中点角度法检查弧垂的方法。

**表 6-5　　弧垂允许偏差**

| 测量项目 | | 允许偏差 | | |
| --- | --- | --- | --- | --- |
| 对交叉跨越物及对地距离 | | 符合设计要求 | | |
| 导地线弧垂（紧线时） | 110kV | −1.0%～+2.5%设计弧垂 | | |
| | 220kV 及以上 | 1.0%设计弧垂 | | |
| | 大跨越 | 0.5%设计弧垂，且不大于 0.5m | | |
| 导地线相间弧垂偏差（mm） | 110kV | 200 | | |
| | 220kV 及以上 | 300 | | |
| | 大跨越 | 500 | | |
| 同相子导线间弧垂偏差（mm） | | 无间隔棒双分裂导线 | | 0～+100 |
| | | 有间隔棒其他分裂形式导线 | 220kV | 80 |
| | | | 330～500kV | 50 |

(1) 异长法检查弧垂。用异长法观测弧垂，是根据观测档的弧垂 $f$ 计算值选定适当的 $a$ 值，计算出 $b$ 值。而检查弧垂时，根据 $a$、$b$ 值反过来推算实际弧垂 $f$ 值。

异长法检查弧垂如图 6-92 所示，在检查档一侧选定适当的 $a$ 值，作为观测点，如 $A_1$ 点，水平绑扎一块弧垂板，从弧垂板的上部边缘透视架空线弧垂 $O$ 点，使 $A_1O$ 视线的延长线相交于另一侧杆塔 $B_1$ 处，量出架空线悬挂点 $B$ 至 $B_1$ 点的垂直距离 $b$ 值，则该档的实际弧垂值按下式计算

$$f=\frac{1}{4}(\sqrt{a}+\sqrt{b})^2 \qquad (6-132)$$

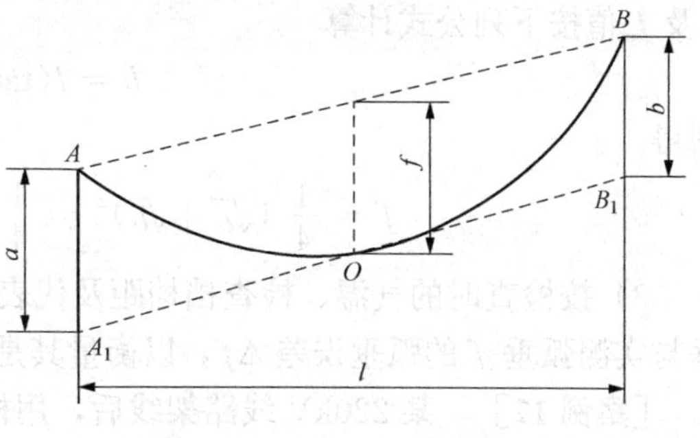


图 6-92　异长法检查弧垂

以导线为例，如果所检查的三相导线水平排列，只需检查一相导线的弧垂 $f$ 值；如果不是水平排列，则应分别测出 $b$ 值，并分别计算 $f$ 值，然后与该档的标准弧垂相比较，以判定弧垂是否符合质量标准。

**[案例 16]**　设检查 110kV 线路某观测档弧垂时，测得 $a=8$m，$b=4$m。试求检查档的实际弧垂 $f$ 值。

**解**

$$f=\frac{1}{4}(\sqrt{a}+\sqrt{b})^2=\frac{1}{4}(\sqrt{8}+\sqrt{4})^2=5.83(\mathrm{m})$$

设检查时的标准弧垂为 5.88m，则

$$\text{弧垂偏差值}=\frac{5.83-5.88}{5.88}\times 100\%=-0.85\%$$

本案例弧垂偏差小于表 6-5 中的允许偏差值，所以实际弧垂符合质量标准的要求。

(2) 档端角度法检查弧垂。采用档端角度法检查弧垂时，先测出实际弧垂观测角 $\varphi$ 值，然后反算出检查档的实际弧垂 $f$ 值，视其实际弧垂值与该气温时的计算弧垂值的误差是否符合表 6-5 的规定。档端角度法检查方法及步骤如下：

1) 将仪器安置在架空线悬挂点 $A$ 的垂直下方，如图 6-93 (a) 或 (b) 所示。量出 $A$ 点至仪器横轴中心的垂直距离 $a$ 值，及实测检查档的水平距离 $l$。

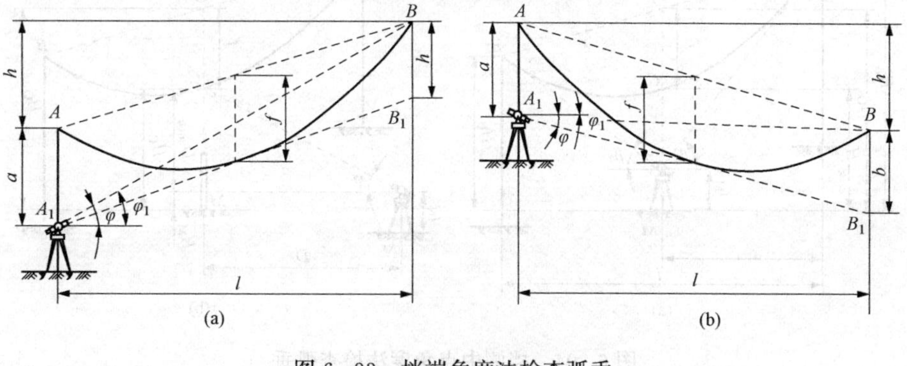


图 6-93　档端角度法检查弧垂

(a) 观测点在低悬挂点；(b) 观测点在高悬挂点

2）使望远镜视线瞄准对侧架空线的悬挂点 $B$，用测竖直角的方法测出图 6-93 中的竖直角 $\varphi_1$ 值；再使望远镜视线与架空线弧垂相切，测出平均竖直角 $\varphi$ 值，则图 6-93（a）中的 $b$ 及 $f$ 值按下列公式计算

$$b = l(\tan\varphi_1 - \tan\varphi) \tag{6-133}$$

则得

$$f = \frac{1}{4}(\sqrt{a}+\sqrt{b})^2 = \frac{1}{4}\left[\sqrt{a}+\sqrt{l(\tan\varphi_1-\tan\varphi)}\right]^2 \tag{6-134}$$

3）按检查时的气温、检查档档距及代表档距，用弧垂计算公式计算出检查档的计算弧垂与实测弧垂 $f$ 的弧垂误差 $\Delta f$，以衡量其是否符合弧垂的质量标准。

**［案例 17］**　某 220kV 线路架线后，用档端角度法检查了导线水平排列的某档中导线弧垂。检查时所测得的数据为 $a=20\text{m}$，$f=350\text{m}$，$\varphi_1=3°38'$，$\varphi=3°12'$，气温为＋10℃。试求中导线弧垂是否符合质量标准。

**解**

$$\begin{aligned} f &= \frac{1}{4}\left[\sqrt{a}+\sqrt{l(\tan\varphi_1-\tan\varphi)}\right]^2 \\ &= \frac{1}{4}\left[\sqrt{20}+\sqrt{350(\tan3°38'-\tan3°12')}\right]^2 \\ &= \frac{1}{4}\times 37.235 = 9.309(\text{m}) \end{aligned}$$

设气温为＋10℃时该档的标准弧垂 $f_x=9.125\text{m}$，则弧垂误差为

$$\Delta f = f - f_x = 9.309 - 9.125 = 0.184(\text{m})$$

$$\frac{\Delta f}{f_x}\times 100\% = \frac{0.184}{9.125}\times 100\% = 2.02\%$$

由计算结果可知，该档弧垂偏差小于 2.5% 的允许范围，因此，符合质量标准的要求。

(3) 档侧中点角度法检查弧垂。档侧中点角度法是档侧角度法的特殊情况（$l_1=l_2$），这种方法同样适用于检查弧垂。所不同的是，在弧垂观测时，根据弧垂 $f$ 值计算出观测角 $\varphi$ 值并进行测量；而在检查弧垂时，实测出 $\varphi$ 角，反求其弧垂 $f$ 值，如图 6-94 所示。

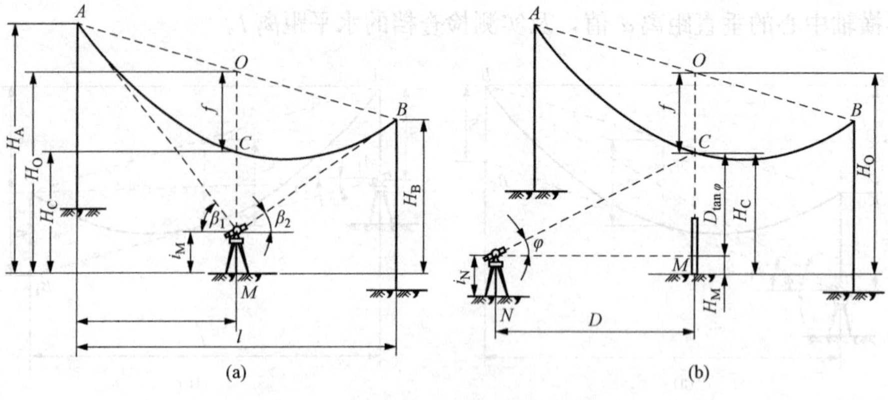


图 6-94　档侧中点角度法检查弧垂

（a）示意图 1；（b）示意图 2

档侧中点角度法检查方法及步骤如下：

1）在弧垂检查时，依弧垂观测时的方法和步骤测设 $M$ 点和 $N$ 点。仪器在 $M$ 点测得 $H_A$、$H_B$ 和 $H_O$ 各数据后，再将仪器移至 $N$ 点，将视距尺或棱镜立于 $M$ 点，读取数据并计算 $M$ 点高程，以及 $M$ 至 $N$ 点间的水平距离 $D$，然后望远镜瞄准中导线弧垂，测出 $\varphi$ 角，则

$$H_C = D\tan\varphi + H_M \tag{6-135}$$

$$f = H_O - H_C = H_O - D\tan\varphi - H_M \tag{6-136}$$

2）测出近边导线和远边导线的弧垂观测角 $\varphi_1$ 和 $\varphi_2$，设两边导线至中导线的距离（线间距离）为 $E$，则近边导线弧垂为

$$f_1 = H_O - (D-E)\tan\varphi - H_M \tag{6-137}$$

远边导线弧垂为

$$f_2 = H_O - (D+E)\tan\varphi - H_M \tag{6-138}$$

3）按检查时的气温等条件计算出检查档的标准弧垂 $f_x$，与实测弧垂 $f$、$f_1$、$f_2$ 值相比较，如有误差，则计算出弧垂误差 $\Delta f$。当 $f$、$f_1$、$f_2$ 大于 $f_x$ 时，$\Delta f$ 为正；如小于 $f_x$，$\Delta f$ 为负。如 $\Delta f$ 误差在允许范围内，可不调整，否则应进行调整，使其弧垂符合质量要求。

**[案例18]**　某220kV线路架线后，用档侧中点角度法检查了某档导线弧垂，如图6-94所示。三相导线水平排列，仪器先后在 $M$、$N$ 点测得的数据为 $H_O=36.569\text{m}$，$D=80\text{m}$，$H_M=1.60\text{m}$，中导线弧垂观测角 $\varphi=18°30'15''$，$\varphi_1=19°54'10''$，$\varphi_2=17°16'48''$，$E=6\text{m}$，检查时气温为+20℃。试求各相导线弧垂是否符合质量标准。

**解**　(1) 计算中导线弧垂 $f$ 和两边导线弧垂 $f_1$、$f_2$，得

$$f = H_O - D\tan\varphi - H_M = 36.569 - 80\times\tan18°30'15'' - 1.6 = 8.195(\text{m})$$

$$f_1 = H_O - (D-E)\tan\varphi_1 - H_M = 36.569 - (80-6)\times\tan19°54'10'' - 1.6 = 8.177(\text{m})$$

$$f_2 = H_O - (D+E)\tan\varphi_2 - H_M = 36.569 - (80+6)\times\tan17°16'48'' - 1.6 = 8.216(\text{m})$$

(2) 计算检查档标准弧垂，设检查时气温为+20℃时的标准弧垂为

$$f_x = 8.312\text{m}$$

(3) 计算弧垂误差。

中导线弧垂误差为

$$\Delta f = f - f_x = 8.195 - 8.312 = -0.117(\text{m})$$

近边导线弧垂误差为

$$\Delta f_1 = f_1 - f_x = 8.177 - 8.312 = -0.135(\text{m})$$

远边导线弧垂误差为

$$\Delta f_2 = f_2 - f_x = 8.216 - 8.312 = -0.096(\text{m})$$

按表6-5的允许偏差不大于-2.5%的规定，其允许偏差值为 $8.312\times(-2.5\%)=-0.208\%$，三相导线的弧垂误差均在允许偏差范围内，该观测档各相导线弧垂符合质量标准。

5. 弧垂观测注意事项

(1) 选择合适的观测方法。对于档距较小、弧垂不大（弧垂最低点高于两杆塔根部连线）、架空线两悬挂点高差不大、地形较平坦的观测，一般采用异长法或等长法。其操作简便，减少了现场的计算量（特别是等长法）。但由于是目视（或望远镜）进行观测，精度不高，三点一线时会产生误差，影响弧垂。所以，当档距大、弧垂大及架空线两悬挂点高差较

大时，一般采用角度法观测。由于是用仪器测竖直角来观测弧垂，因此精度较高，操作也简单。档端法因计算工作量小，使用最多，当 $a<3f$ 时优先选用档端角度法。

当观测档存在大高差 $h$、大弧垂 $f$、大档距、特殊地形，且高差值小于4倍弧垂值（$h<4f$）时可以采用平视法观测弧垂。其操作简便，计算工作量小，精度高，但要注意仪器的竖盘指标差，因为会影响视线的水平。

（2）观测弧垂时宜采用两次测量平均值。观测弧垂的温度必须足以代表导线、避雷线的真实情况，当采用一般温度计测量气温时，应将温度计悬挂在现场开阔通风距地面约2m处实测，且应避免阳光直射。

（3）紧线时，由于放线滑车的摩擦阻力，往往是前面弧垂已满足要求而后侧还未达到。因此，在弧垂观察时，应先观察距操作（紧线）场地较远的观察档，使之满足要求，然后观察、调整近处观测档弧度。

（4）当多档紧线时，几个弧垂观测档的弧垂不能都达到各自要求值时，如弧垂相差不大，对两个观测档的按较远的观测档达到要求为准，三个观察档的则以中间一个观测档达到要求为准。如弧垂相差较大，应查找原因后再做处理。

（5）对复导线的弧垂观察，应采用仪器进行，以免因目视弧垂的误差较大，造成复导线两线距离不匀。

（6）观测弧垂时，应顺着阳光且宜从低处向高处观察，并尽可能选择前方背景较清晰的位置观察。

（7）观测弧垂应在白天进行，如遇大风、雾、雪等天气影响弧垂观测时，应暂停观测。

# 参 考 文 献

[1] 唐云岩．送电线路测量［M］．北京：中国电力出版社，2004.
[2] 申屠柏水，李健．输电线路测量实用技术［M］．北京：中国电力出版社，2015.
[3] 韩崇，吴安官，韩志军．架空输电线路施工实用手册［M］．北京：中国电力出版社，2008.
[4] 戴泌．线路施工测量［M］．北京：中国电力出版社，2012.